U0939050

普通高等教育“十一五”电气信息类规划教材

自动控制系统计算机仿真

合肥工业大学 张晓江 黄云志 编 著
张崇巍 主 审

机 械 工 业 出 版 社

MATLAB 及其模块化仿真部件 Simulink 是优秀的数值计算和系统仿真软件。本书在充分考虑自动化专业课程设置的情况下，以 MATLAB 语言（MATLAB 7.0/Simulink 6.0）为主要工具，较为全面地介绍了自动控制系统的建模、分析、仿真与设计的基本原理和方法。全书共分 8 章，内容包括自动控制系统仿真概述、控制系统计算机数字仿真基础、MATLAB 语言的基础知识、控制系统数学模型及其转换、Simulink 在系统仿真中的应用、自动控制系统计算机辅助分析、自动控制系统计算机辅助设计、电力系统工具箱及其应用实例。

本书是“普通高等教育‘十一五’电气信息类规划教材”。本书的显著特点是注重介绍仿真的应用和实例，在阐述控制系统仿真原理的同时，通过大量的有代表性的例题来讲解相应的内容，使学生感觉生动有趣，不枯燥，便于学生掌握所学的内容。本书配有电子课件，欢迎选用本书作教材的老师登录 www. cmpedu. com 注册下载。

本书可作为大学本科自动化专业以及电气信息类其他专业的专业课教材，也可供相关领域的工程技术和研究人员参考。

图书在版编目（CIP）数据

自动控制系统计算机仿真/张晓江，黄云志编著. —北京：机械工业出版社，2009.4（2013.1 重印）

普通高等教育“十一五”电气信息类规划教材

ISBN 978-7-111-26648-8

Ⅰ. 自… Ⅱ. ①张…②黄… Ⅲ. 自动控制系统-计算机仿真-高等学校-教材 Ⅳ. TP273

中国版本图书馆 CIP 数据核字（2009）第 042827 号

机械工业出版社（北京市百万庄大街 22 号 邮政编码 100037）

策划编辑：王保家 责任编辑：王雅新 谷玉春 版式设计：霍永明

责任校对：申春香 封面设计：张 静 责任印制：杨 曦

北京中兴印刷有限公司印刷

2013 年 1 月第 1 版第 3 次印刷

184mm×260mm · 11 印张 · 265 千字

标准书号：ISBN 978-7-111-26648-8

定价：21.00 元

凡购本书，如有缺页、倒页、脱页，由本社发行部调换

电话服务	网络服务
社服务中心:(010)88361066	门户网:http://www. cmpbook. com
销售一部:(010)68326294	教材网:http://www. cmpedu. com
销售二部:(010)88379649	
读者购书热线:(010)88379203	封面无防伪标均为盗版

前　　言

自动控制系统仿真是近20多年来发展起来的一门新兴技术。随着计算机科学与技术的快速发展，计算机的运行速度越来越快，功能日益强大，价格日趋大众化，目前计算机已经十分普及。在此基础之上，控制系统计算机仿真已经成为对自动控制系统进行分析、设计和综合研究中的一种常规手段。随着控制系统的日益复杂，控制功能和任务多样化，传统的控制系统分析方法已经无法胜任。使用计算机进行自动控制系统的分析计算和仿真研究，已经成为从事自动控制以及相关专业的研究人员和工程技术人员所必须掌握的一门技术。

在工业、农业、交通运输、国防军事、科学研究等领域，都离不开自动控制系统与装置。控制理论与控制工程已经成为现代科学技术中不可缺少的重要组成部分，而自动控制系统计算机仿真技术则是自动控制系统建模、分析和设计过程中极其重要的工具。计算机的发展（包括计算机仿真技术的发展）不仅在技术层面，而且在理论层面，都深刻地影响着控制理论与控制工程学科的发展。相信在未来，计算机技术必将在更大程度上改变控制系统分析和设计的理论与方法。

MATLAB语言是美国Math Works公司的产品，是优秀的控制系统仿真软件。历经20多年的发展，几乎每年都有升级的版本推出，对其不断充实和改进。本书以MATLAB 7.0/Simulink 6.0为背景，较为全面地介绍了MATLAB/Simulink的基础知识及其常用的工具箱在控制系统仿真中的应用。

本书是按照教育部本科自动化专业教学大纲编写而成的。教学参考学时约为36学时。本书的内容是作者多年来从事控制系统计算机仿真课程教学和研究的经验总结。在选材上，力争做到内容全面充实，重点突出，兼顾基本理论方法和实际应用。全书共分8章：第1章为自动控制系统仿真概述；第2章为控制系统计算机数字仿真基础；第3章为MATLAB语言的基础知识；第4章为控制系统数学模型及其转换；第5章为Simulink在系统仿真中的应用；第6章为自动控制系统计算机辅助分析；第7章为自动控制系统计算机辅助设计；第8章为电力系统工具箱及其应用实例。带星号（*）的章节为选学内容。其中，张晓江副教授编写第1、5、6、7、8章，并且负责全书统稿；黄云志副教授编写第2、3、4章。全书由张崇巍教授主审，他对本书提出了许多宝贵意见，在此表示衷心感谢。在本书的编写过程中，还得到了合肥工业大学电气与自动化工程学院的支持，在此也表示感谢。

本书为“普通高等教育‘十一五’电气信息类规划教材”。为了配合课堂教学，本书配有电子课件，由张晓江副教授和黄云志副教授分别制作。欢迎选用本书作教材的老师登录www.cmpedu.com注册下载。

由于编者水平有限，疏漏及谬误之处在所难免，希望同行及读者不吝赐教。

编　者

目 录

前言
第 1 章 自动控制系统仿真概述 …… 1
1.1 自动控制系统简介 …… 1
1.1.1 系统与自动控制系统 …… 1
1.1.2 自动控制系统建模 …… 1
1.2 自动控制系统仿真的基本概念 …… 2
1.2.1 仿真的定义 …… 2
1.2.2 自动控制系统仿真的分类 …… 2
1.2.3 自动控制系统仿真的过程 …… 3
1.3 仿真技术在控制系统设计中的应用及其重要意义 …… 3
1.3.1 自动控制理论简介 …… 3
1.3.2 仿真技术与 CAD 在自动控制系统设计中的重要意义 …… 4
1.3.3 仿真技术在自动控制系统设计中的应用现状和发展趋势 …… 4
1.4 MATLAB 语言及其在控制系统设计中的应用 …… 4
小结 …… 5
习题 …… 5
第 2 章 控制系统计算机数字仿真基础 …… 6
2.1 连续系统数值积分方法 …… 6
2.1.1 欧拉法 …… 6
2.1.2 龙格－库塔法 …… 7
2.1.3 数值积分法的稳定性 …… 10
2.1.4 数值积分法的选择 …… 11
2.2 控制系统的结构及其描述 …… 12
2.2.1 控制系统中的典型结构 …… 12
2.2.2 控制系统的典型环节 …… 13
2.2.3 控制系统的连接矩阵 …… 14
2.3 控制系统的建模 …… 16
小结 …… 20
习题 …… 20
第 3 章 MATLAB 语言的基础知识 …… 21
3.1 MATLAB 的安装和启动 …… 21
3.1.1 MATLAB 的安装 …… 21
3.1.2 MATLAB 7.x 的启动 …… 21
3.2 MATLAB 7.x 的系统界面 …… 22
3.2.1 MATLAB 7.x 的系统界面窗口 …… 22
3.2.2 MATLAB 7.x 的菜单项和工具栏 …… 24
3.2.3 MATLAB 7.x 的帮助系统 …… 24
3.3 MATLAB 基础知识 …… 25
3.3.1 矩阵的生成 …… 25
3.3.2 变量、常量和语句 …… 28
3.3.3 数值显示格式 …… 29
3.3.4 字符串 …… 30
3.4 矩阵的运算 …… 30
3.4.1 矩阵的数学运算 …… 30
3.4.2 矩阵的数组运算 …… 31
3.4.3 矩阵操作 …… 34
3.4.4 矩阵元素的数据变换 …… 35
3.5 流程控制结构 …… 36
3.5.1 for 语句 …… 36
3.5.2 while 语句 …… 37
3.5.3 if-else-end 语句 …… 38
3.5.4 switch-case 语句 …… 39
3.6 m 文件 …… 39
3.6.1 脚本文件 …… 39
3.6.2 函数文件 …… 40
3.7 MATLAB 的绘图功能 …… 41
3.7.1 二维图形的绘制 …… 41
3.7.2 三维图形的绘制 …… 44
3.7.3 图形的输出 …… 45
3.8 MATLAB 的应用 …… 45
3.8.1 矩阵的分解 …… 45
3.8.2 多项式处理 …… 46
3.8.3 曲线拟合与插值 …… 46
3.8.4 常微分方程求解 …… 48
小结 …… 49
习题 …… 50
第 4 章 控制系统数学模型及其转换 …… 51
4.1 控制系统类型 …… 51

4.2 控制系统常用的数学模型 …… 52
4.2.1 连续系统数学模型 …… 52
4.2.2 离散系统数学模型 …… 54
4.2.3 系统模型参数的获取 …… 55
4.3 系统数学模型的转换 …… 55
4.3.1 系统模型向状态方程形式转换 …… 56
4.3.2 系统模型向传递函数形式转换 …… 56
4.3.3 系统模型向零极点形式转换 …… 57
4.3.4 传递函数形式与部分分式形式的转换 …… 58
4.3.5 连续系统和离散系统之间的转换 …… 59
4.4 控制系统模型的连接 …… 60
4.4.1 模型串联 …… 60
4.4.2 模型并联 …… 60
4.4.3 反馈连接 …… 61
4.5 系统模型的实现 …… 62
4.5.1 能控标准型 …… 62
4.5.2 能观标准型 …… 65
4.5.3 对角线标准型 …… 65
4.5.4 标准型的实现 …… 65
小结 …… 66
习题 …… 66
第5章 Simulink在系统仿真中的应用 …… 68
5.1 Simulink建模的基础知识 …… 68
5.1.1 Simulink 6.0常用模块简介 …… 69
5.1.2 Simulink其他工具箱、模块集 …… 79
5.2 Simulink建模与仿真 …… 79
5.2.1 Simulink建模方法简介 …… 79
5.2.2 仿真算法与控制参数选择 …… 80
5.2.3 Simulink在控制系统仿真研究中的应用举例 …… 83
5.3 子系统与模块封装技术 …… 85
5.3.1 子系统概念及构成方法 …… 85
5.3.2 模块封装方法 …… 86
5.3.3 模块库构造 …… 90
5.4 S函数及其应用 …… 90
5.4.1 S函数的基本结构 …… 91
5.4.2 用MATLAB编写S函数举例 …… 92
小结 …… 96
习题 …… 96
第6章 自动控制系统计算机辅助分析 …… 97
6.1 自动控制系统的稳定性分析 …… 97
6.1.1 求取特征方程的根 …… 97
6.1.2 控制系统的能控性和能观性分析 …… 99
6.1.3 利用传递函数的极点判别系统稳定性 …… 100
6.1.4 利用李亚普诺夫第二法判别系统稳定性 …… 101
6.2 控制系统时域分析 …… 102
6.2.1 时域分析的一般方法 …… 102
6.2.2 常用时域分析函数 …… 103
6.2.3 时域分析应用实例 …… 104
6.3 控制系统频域分析 …… 107
6.3.1 频域分析的一般方法 …… 108
6.3.2 频域分析应用实例 …… 108
6.4 根轨迹分析方法 …… 111
6.4.1 幅值条件和相角条件 …… 112
6.4.2 绘制根轨迹的常用函数及其应用实例 …… 113
6.5* 基于计算机仿真的非线性定常控制系统新型稳定性判据 …… 116
6.5.1 问题的提出 …… 116
6.5.2 新型稳定性判据 …… 117
6.5.3 在单级倒立摆模糊控制系统中的应用 …… 119
6.5.4 结论和展望 …… 120
小结 …… 121
习题 …… 121
第7章 自动控制系统计算机辅助设计 …… 122
7.1 概述 …… 122
7.2 超前校正、滞后校正以及滞后-超前校正的伯德图设计 …… 122
7.2.1 超前校正器的伯德图设计 …… 123
7.2.2 滞后校正器的伯德图设计 …… 126
7.2.3 滞后—超前校正器的伯德图设计 …… 128
7.3 PID控制器设计 …… 132
7.3.1 PID控制器的传递函数 …… 132
7.3.2 PID控制器各参数对控制性能的影响 …… 133

7.3.3 使用 Ziegler - Nichols 经验整定公式进行 PID 控制器设计 ………… 135
7.4 基于状态空间模型的控制器设计方法 …………………………… 137
7.4.1 状态空间表达式的基本概念以及状态方程的解 ………………… 137
7.4.2 状态反馈极点配置控制器设计 … 139
7.4.3 状态观测器设计 ………………… 140
7.4.4 基于状态观测器状态反馈控制系统 ………………………… 141
7.5* 线性二次型指标最优控制系统设计 ………………………………… 146
7.5.1 线性二次型指标与黎卡提方程 … 146
7.5.2 设计线性二次型最优控制的 MATLAB 函数 ………………… 147
7.5.3 最优控制系统设计实例 ………… 147
小结 ……………………………………………… 148
习题 ……………………………………………… 148

第 8 章 电力系统工具箱及其应用实例 ……………………………… 149

8.1 SimPowerSystems（电力系统）模块集简介 ……………………… 149
8.1.1 Electrical Sources（电源）模块子集 …………………………… 149
8.1.2 Elements（电路元件）模块子集 ……………………………… 150
8.1.3 Machines（电机）模块子集 …… 151
8.1.4 Measurements（测量）模块子集 ……………………………… 152
8.1.5 Power Electronics（电力电子）模块子集 ………………………… 152
8.1.6 Phasor Elements（相量元件）模块子集 ………………………… 152
8.1.7 Extra Library（其他模块子集） … 153
8.2 使用电力系统工具箱进行仿真的实例 ………………………………… 153
小结 ……………………………………………… 166
习题 ……………………………………………… 166

参考文献 …………………………………………… 167

第1章　自动控制系统仿真概述

自动控制系统仿真是一门新兴的技术学科。它已经成为对自动控制系统进行分析、设计与综合研究的一种重要手段。经过数十年的高速发展，今天的计算机无论是硬件配置，还是软件功能都已经达到了一个相当高的水平。在自动控制系统的分析和设计过程中，利用计算机进行仿真实验和研究，已经成为从事控制领域以及相关行业的工程技术及科研人员所必须掌握的一门技术。而且，随着计算机技术的进一步发展，仿真软件的功能将更加强大，计算机仿真对于从事自动控制领域的科技人员将更加重要，成为他们必不可少的工具。

在自动控制系统的设计与分析过程中，有大量繁琐的计算和曲线绘制工作。即使有了计算机这样先进的计算工具，在仿真软件出现之前，人们不得不与计算机程序打交道，而使用通常的计算机语言（如 Basic、C、FORTRAN 等）编写自动控制系统仿真程序并非易事。随着 MATLAB 的出现，它的主程序和它附带的各种工具箱以及 Simulink 仿真工具，为控制系统的设计、计算、图形绘制以及仿真提供了方便快捷的、功能强大的工具，使自动控制系统的设计与仿真方法出现了革命性的变化。目前，MATLAB 已经成为全世界自动控制领域流行的设计与仿真软件。

1.1　自动控制系统简介

1.1.1　系统与自动控制系统

在不同的学科领域中，“系统”的定义是不同的。在控制工程中，系统的定义为：系统是由相互联系、相互作用的物体所形成的具有特定功能和运动规律的有机整体。

自动控制系统是指在没有人直接参与的情况下，利用外加的设备或装置（控制器），使机器、设备或产生过程（被控对象）的工作状态和参数（被控量）自动地按照预定的规律运行。

例如，一个电动机的转速控制系统使转速保持在设定值上而不受负载波动的影响，就是一个自动控制系统。焊接机器人也是一个自动控制系统，它可以按照预先设定的程序沿着一条曲线将两块金属板焊接在一起。

1.1.2　自动控制系统建模

自动控制系统的模型是对该控制系统的特征与变化规律的一种定量抽象表示，是人们为了认识事物所采用的一种手段。通常有以下几种模型：

1）物理模型：根据相似原理，把真实系统按比例放大或缩小制成的模型。

例如，在研制新型飞机时，要将飞机的实物模型放在风洞中进行试验研究，以确定其空气动力学性能。

使用物理模型做仿真实验研究的优点是效果逼真、精度高；缺点是造价高昂。

2）数学模型：用数学方程、结构图来描述系统特性的模型。随着计算机技术的发展，人们越来越多地采用数学模型，在计算机上进行仿真试验研究。

3）数学模型和物理模型相结合的模型（半实物模型）：这种模型结合了数学模型和物理模型的优点，对某些数学模型不确切的关键部件采用物理模型，其他部分则由计算机根据其数学模型来构成。

自动控制系统建模就是以相关的理论为依据，把系统的运动规律概括为数学方程关系或函数关系。通常包括以下内容：

1）确定控制系统模型的结构，建立系统的约束条件，确定系统的属性与运动。

2）测取模型数据。

3）运用相关领域的理论建立系统的数学描述。

4）检验所建立的数学模型的准确性。

由于自动控制系统的数字仿真是以该系统的数学模型为基础的，因此仿真结果的可信度在很大程度上取决于系统建模的准确程度。可见，系统建模至关重要，它在很大程度上决定了数字仿真实验的成败。目前，在国际上流行的仿真软件 MATLAB/Simulink 中，集成了各个领域的专家学者对常见的被控对象所建的模型以及编写的程序模块（如电力系统模块集中的各种电机模块、电力电子器件模块等）。在 MATLAB/Simulink 环境下，通常建模的过程会变得十分方便快捷和真实准确，因而仿真结果也更加可信。

1.2 自动控制系统仿真的基本概念

1.2.1 仿真的定义

自动控制系统的计算机仿真是指以数字计算机为主要工具，编写并运行反映真实系统运行状况的程序。对计算机输出的信息进行分析和研究，从而对实际系统运行状态和演化规律进行综合评估与预测。它是非常重要的设计自动控制系统或者评价系统性能和功能的一种技术手段。

仿真的依据是相似原理，即真实系统与它的模型在某种意义上是相似的。

例如，我们在设计一个化工厂反应釜压力控制系统时，要确定采用何种控制方案才能够达到所要求的性能指标。可以先对该系统采用不同方案进行控制的效果进行仿真，经过分析比较之后，确定最佳控制方案。

1.2.2 自动控制系统仿真的分类

1. 按照仿真模型的属性分类

（1）物理仿真

按照实际系统的物理性质构造系统的物理模型，并且在该物理模型上进行实验研究，这种方法称为物理仿真。

例如，为了获得新型飞机的空气动力学特性的数据，要用按比例缩小的飞机模型在风洞实验室中进行实验。

（2）数学仿真

按照实际系统的运动规律构造系统的数学模型，并且在数字计算机上进行实验研究。

数学仿真具有经济、方便、使用灵活等特点，已经得到越来越广泛的应用。本书介绍的计算机仿真，就是指数学仿真。

(3) 数学—物理仿真

将系统部分用数学模型和部分用物理模型有机地组合起来构成仿真模型，进行实验研究，称为数学—物理仿真，也称为半实物仿真。

这种方法结合了数学仿真和物理仿真的特点，常常用在一些特定的场合，例如，培训飞行员时使用的飞行驾驶模拟舱。

2. 按系统状态的时间连续性分类

(1) 连续系统仿真

系统的各状态变量，以及输入、输出信号均为时间的连续函数，可以用微分方程、状态空间表达式、传递函数等具有连续特性的数学模型来描述。

(2) 离散事件系统仿真

系统的状态只能在离散时刻观测与控制的系统称为离散事件系统。

1.2.3 自动控制系统仿真的过程

自动控制系统的计算机仿真的过程包括以下几个步骤：

1. 建立控制系统的数学模型

根据系统的实际结构与系统各变量之间所遵循的物理、化学基本定律，例如，牛顿运动定律、基尔霍夫定律、电机学基本原理来列写变量间的数学表达式以建立系统的数学模型。

对于一些复杂的系统，需要通过实验的方法，利用系统辨识技术，忽略一些次要因素。使模型既能够准确地反映系统的动态本质，又能够简化分析计算的工作。

2. 建立自动控制系统的仿真模型

为自动控制系统所建立的数学模型，通常是用微分方程、差分方程、传递函数、状态方程等形式来描述的，还不能直接用来对系统进行仿真，应该将其转换成能够在计算机上对系统进行仿真的模型。

利用 MATLAB 及其模块化图形界面仿真部件 Simulink，以及附带的各种工具箱作为仿真工具，可以方便地构建自动控制系统仿真模型，用来研究和分析控制系统。

3. 在计算机上进行仿真实验并输出仿真结果

首先，将编制好的仿真程序（或者 Simulink 模型）设置初始参数；然后进行仿真实验；对仿真程序和仿真模型作必要的调整修改，再将最后的仿真结果以数据、曲线、图形、动画等方式输出；最后，进行仿真总结，提交系统仿真报告。

1.3 仿真技术在控制系统设计中的应用及其重要意义

1.3.1 自动控制理论简介

自动控制理论的发展大致经历了经典控制理论和现代控制理论两个阶段。其中，经典控制理论主要研究单输入单输出（SISO）系统，所涉及的系统大多是线性定常系统。控制系统设计的常用方法包括频率特性法和根轨迹法等。经典控制理论是与生产过程的局部自动化和单机自动化相适应的，主要依赖于图解法，采用手工进行分析和综合。这个特点是与 20 世纪 50 年代前后科学技术发展水平密切相关的。

现代控制理论可以用来解决多输入多输出（MIMO）系统的问题，系统可以是线性的或非线性的，定常的或时变的。其主要的研究方法是状态空间法，它的分析不仅限于单纯的闭环，而且可以扩展为自适应环、学习环等。现代控制理论的出现是从 20 世纪 60 年代开始的人类探索宇宙空间的需要，也是计算机飞速发展和普及的结果。

1.3.2 仿真技术与 CAD 在自动控制系统设计中的重要意义

从事控制系统分析和设计的技术人员在进行系统分析和设计时常常会面临巨大的、繁琐的计算工作量。随着计算机科学与技术的飞速发展，计算机越来越普及。自动控制系统仿真与 CAD 作为一门以计算机为工具进行设计与分析的技术得到广泛应用，极大地提高了工作效率和分析计算的精确度。

正如目前世界上已经很少有机械工程师只用纸和笔来手工绘制机械零件图那样，现在，也不可想象世界上会有控制工程师在设计和分析实际控制系统的性能时只用纸和笔而不用计算机。掌握自动控制系统仿真与 CAD 技术是当今控制系统工程师必须具有的基本技能。否则，就会被时代所淘汰。

1.3.3 仿真技术在自动控制系统设计中的应用现状和发展趋势

由于计算机技术的飞速发展，带动了仿真理论和方法的快速进步。控制系统仿真技术有以下发展趋势：

- 向更加广阔的时空发展。对大型复杂系统、分布系统、综合系统进行实时仿真。由于信息量大，需要对信息进行快速高效的处理和传输。多计算机并行的数字仿真系统将会有更多发展。以现代复杂军事系统为例，它涉及战略、战术决策系统；作战指挥、通信、作战人员运输、武器装备及其运载系统；战区地理环境、战时气象环境、地面与空中的各军兵种协同作战等。这种系统对实时性与实用性等的要求都很高。
- 向模型更加准确方向发展。通常为了方便快捷地建立系统模型，往往在系统建模过程中进行一些简化，系统模型和实际系统之间存在一定偏差。因此，需要有规范化的模型校核、验证和确认过程，来评价模型的正确性和可信度。并且通过反复多次地修正系统模型，提高其正确性和可信度。
- 向虚拟现实技术，以及智能化、一体化方向发展。虚拟现实是将真实环境、模型化物理环境、用户融为一体，为用户提供视觉、听觉、嗅觉和触觉感官以逼真感觉信息的仿真系统。虚拟现实技术可以使人产生如同身临其境的感受。需要将计算机仿真技术、传感器、各种类型的驱动器融为一体。

1.4 MATLAB 语言及其在控制系统设计中的应用

MATLAB 是由美国的 Math Works 公司推出的一个科技应用软件。它是由 Matrix Laboratory（矩阵实验室）两个单词，分别取前 3 个字母组合而成的。MATLAB 最显著的特点就是：功能强大、易学易用。它通常被称为演算纸式的科学工程计算语言。

初版的 MATLAB 软件是由 Cleve Moler 教授开发的。他曾经在美国密西根大学、斯坦福大学和新墨西哥大学任数学与计算机科学教授。1980 年前后，时任新墨西哥大学计算机系主任的 Moler 教授在讲授线性代数课程时，发现使用其他高级语言（如 Basic、FORTRAN、C 等）来编写矩阵运算程序，极为不方便。于是他构思并且开发了便于使用的、交互式的 MATLAB 软件。

1984 年，Math Works 公司推出了第一款 MATLAB 的商业版本，其核心是用 C 语言编写的。1990 年推出了 MATLAB 3.5 版，它是可以运行于 Microsoft Windows 下的版本，它又增加了丰富多彩的图形图像处理、多媒体、符号运算等功能，还增加了与其他流行软件的接口功能，使得 MATLAB 的功能越来越强大。

Math Works 公司于 1992 年推出了具有划时代意义的 MATLAB 4.0 版，于 1994 年又推出了 4.2 版，扩充了 4.0 版的功能，尤其在图形界面设计方面提供了新的方法。1997 年推出的 MATLAB 5.0 版支持更多的数据结构，使其成为一种更加方便的编程语言。1999 年推出的 MATLAB 5.3 版在很多方面又进一步改进了 MATLAB 的功能。2000 年 10 月，该公司推出了 MATLAB 6.0 版本，在操作界面上有了很大的改观，为用户提供了很大方便。2001 年 6 月，MATLAB 6.1 版以及 Simulink 4.0 版问世，功能进一步加强。2002 年 6 月，Math Works 公司推出了 MATLAB 6.5/ Simulink 5.0（即 MATLAB Release 13），其功能在原有基础上有了进一步改善。2004 年，Math Works 公司推出了 MATLAB 7.0/Simulink 6.0（即 MATLAB Release 14），其中，主要包括 12 个新产品模块，同时升级了 28 个产品模块。MATLAB/Simulink 产品仍然在不断的升级之中，2006 年推出了 MATLAB 2006a 和 MATLAB 2006b，扩充了一些模块。新的版本对计算机配置的要求也越来越高。如果计算机配置较低，新版本 MATLAB 的运行速度会大受影响。本书主要介绍 MATLAB 7.0/Simulink 6.0。

目前，MATLAB 已经成为国际上优秀的科学与工程计算软件之一。以其模块化的计算方法、可视化与智能化的人机交互功能、丰富的矩阵运算、图形绘制和数据处理函数，以及它所附带的模块化图形组态的动态系统仿真工具 Simulink，MATLAB 已经成为控制系统设计和仿真领域最受欢迎的软件。

小　结

本章简要地介绍了控制系统仿真的基本概念和意义，阐述了控制系统仿真的几种主要的方法。并且着重介绍了当前在世界上流行的控制系统仿真软件 MATLAB 的发展历史、特点及功能。

习　题

1-1 什么是仿真？它的主要优点是什么？它所遵循的基本原则是什么？

1-2 你认为计算机仿真的发展方向是什么？

1-3 计算机数字仿真包括哪些要素？它们的关系如何？

第 2 章　控制系统计算机数字仿真基础

2.1　连续系统数值积分方法

连续系统的主要特征是系统的状态变化在时间上是连续的，通常用微分方程或差分方程来描述系统的模型，如过程控制系统、调速系统、随动系统等。在数字计算机上对连续系统进行仿真时，首先遇到的问题是，数字计算机的数值及时间均具有离散性，而被仿真系统的数值及时间均具有连续性，后者如何用前者实现。从根本意义上讲，连续系统数字仿真要从时间和数值两方面对原系统进行离散化，并选择合适的数值计算方法来近似积分运算。连续系统数字仿真的离散化方法有两类，即数值积分法和离散相似法。数值积分法就是利用数值积分的方法对常微分方程（组）建立离散化形式的数学模型——差分方程，并求其数值解，也称为数值解法。基于离散相似法的连续系统仿真和数值积分法不同，它首先将连续系统模型离散化，再借用离散系统仿真算法。本节主要讨论数值积分法。

设一阶常微分方程

$$\begin{cases} \dfrac{\mathrm{d}y}{\mathrm{d}t}=f(t,y) \\ y(t_0)=y_0 \end{cases} \tag{2-1}$$

式（2-1）的解 $y(t)$ 在区间 $[a,b]$ 上是连续变化的。将区间分成若干个小区间，时间间隔为 h，在 $[t_k,\ t_{k+1}]$ 区间积分，得

$$y_{k+1} = y_k + \int_{t_k}^{t_{k+1}} f(t,y)\,\mathrm{d}t \quad k = 0,1,2,\cdots,N \tag{2-2}$$

这样在区间 $[a,\ b]$ 上每一个离散点 t_k，均可求出对应的 y_k，并将这些 $y_k(k=1,2,\cdots,N)$ 作为解 $y(t)$ 的近似值。数值积分法的主要问题就是如何求式（2-2）中定积分的近似解。为此，首先要把连续变量问题用数值积分方法转化成离散的差分方程的初值问题，然后根据已知的初始条件，逐步地递推计算后续时刻的数值解。采用不同的递推算法，就出现各种不同的数值积分方法。

2.1.1　欧拉法

欧拉（Euler）法是最简单的一种数值积分方法。我们用它来说明数值积分法的基本思想。

已知一阶常微分方程如式（2-1）所示，由微分的定义知

$$\frac{\mathrm{d}y}{\mathrm{d}t} = \lim_{h\to 0}\frac{y(t+h)-y(t)}{h} \tag{2-3}$$

在 $t=t_k$ 时刻，当 $h=\Delta t=t_{k+1}-t_k$ 足够小时，可以用差分的形式近似代替微分，即

$$\frac{\mathrm{d}y}{\mathrm{d}t}=f(t,y)\approx\frac{\Delta y}{\Delta t}=\frac{y_{k+1}-y_k}{h} \tag{2-4}$$

式中，$y_{k+1}=y(t+\Delta t)$；$y_k=y(t)$。将式（2-4）改写，得

$$y_{k+1}=y_k+hf(t_k,y_k) \quad k=0,1,2,\cdots,N \tag{2-5}$$

比较式（2-5）和式（2-2），$hf(t_k,y_k)$部分近似代替了积分部分，其几何意义是把$f(t,y)$在$[t_k,t_{k+1}]$区间内的曲边面积用矩形面积近似代替，如图 2-1 所示。当 h 很小时，可以认为产生的误差在允许范围内。这样式（2-5）可以从 t_0 开始，逐点递推求得 t_1 时的 y_1，t_2 时的 y_2……直到 t_N 时的 y_N，称为欧拉递推公式，利用递推公式进行数值求解的过程如图 2-2所示。从图中可以看出，当 h 很小时，是利用 $y(t)$ 在 t_k 处的切线方程获得 t_{k+1}处 $y(t)$ 的近似值 y_{k+1}，因此，欧拉法也称为折线法。

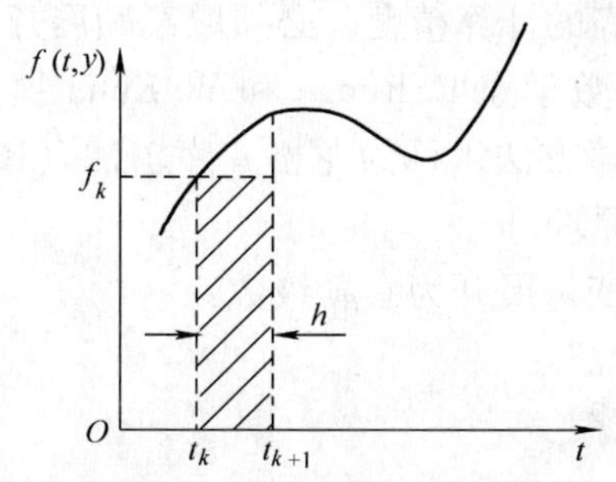

图 2-1　欧拉法的几何意义

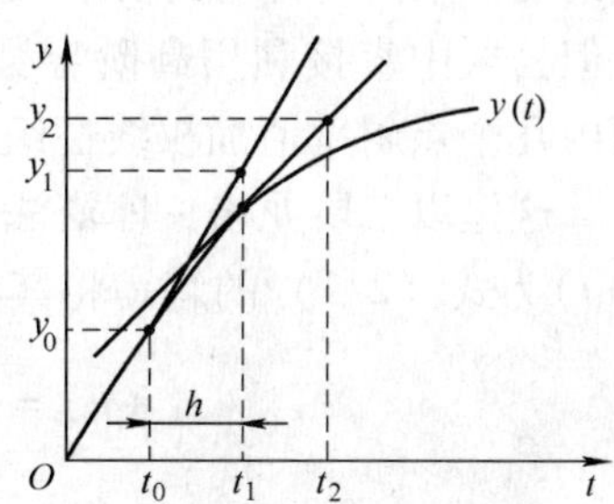

图 2-2　欧拉法数值积分过程

欧拉法方法简单，计算量小，只要给定初始条件 y_0 和步长 h，就可以进行递推运算，由前一点值 y_k 仅一步递推就可以求出后一点值 y_{k+1}，为单步显式法，可以自启动。但是欧拉法的精度较差，欧拉法与泰勒展开式

$$y(t+\Delta t)=y(t)+\dot{y}(t)\Delta t+\frac{1}{2!}\ddot{y}(t)(\Delta t)^2+\cdots \tag{2-6}$$

当 $t=t_k$，且取 $h=\Delta t$ 时的对应式

$$y_{k+1}=y_k+h\dot{y}_k+\frac{1}{2!}h^2\ddot{y}_k+\cdots \tag{2-7}$$

中的一阶近似展开式相同，即

$$y_{k+1}=y_k+h\dot{y}_k+o(h^2)\approx y_k+h\dot{y}_k \tag{2-8}$$

其误差 $o(h^2)$与 h^2 同数量级，称其具有一阶精度。尽管欧拉法的精度很差，但欧拉法仍然很重要，许多高精度的数值积分方法都是以它为基础推导得到的。

2.1.2　龙格 – 库塔法

由图 2-1 可清楚地看出，欧拉法是用前一点的斜率值f_k 确定下一点的值 $y(t_{k+1})$，精度较低。为了提高精度，可以使用两点斜率的平均值确定 $y(t_{k+1})$，即

$$y_{k+1}=y_k+\frac{h}{2}(f(t_k,y_k)+f(t_{k+1},y_{k+1})) \tag{2-9}$$

由式（2-9）可知，求解 y_{k+1}的算式中隐含 y_{k+1}本身，称为隐式算法，不能自启动。在实际计算中，首先用欧拉法预估 y_{k+1}^* 的值，然后再进行校正。这就是预估 – 校正算法，其几何意义是把$f(t,y)$在$[t_k,t_{k+1}]$区间内的曲边面积用梯形面积近似代替，即

$$\begin{cases}\text{预估}: y_{k+1}^* = y_k + hf(t_k, y_k) \\ \text{校正}: y_{k+1} = y_k + \dfrac{h}{2}(f(t_k, y_k) + f(t_{k+1}, y_{k+1}^*))\end{cases} \tag{2-10}$$

又

$$y_{k+1} = y_k + \frac{h}{2}(\dot{y}_k + (\dot{y}_{k+1}^*)) = y_k + h\dot{y}_k + \frac{h^2}{2}\ddot{y}_k + o(h^3) \tag{2-11}$$

显然具有二阶精度，平均斜率达到了提高精度的目的。

欧拉法取泰勒展开式的前两项进行近似计算求微分方程的数值解，预估－校正算法取泰勒展开式的前三项进行近似计算。可见，要想得到较高的计算精度，必须取泰勒展开式的前若干项，但公式中直接利用高阶导数，计算不方便。数学家 C. Runge 和 W. Kutta 提出，用计算区间内几个点斜率值加权线性组合的数值积分计算方法，称为龙格－库塔法（Runge－Kutta 法）。这里以二阶龙格－库塔法为例介绍其基本原理。

设 $y(t)$ 为式（2-1）的解，将其在 t_k 附近以 h 为变量展开为泰勒级数：

$$y(t_k + h) = y(t_k) + h\dot{y}(t_k) + \frac{h^2}{2!}\ddot{y}(t_k) + \cdots \tag{2-12}$$

其中

$$\dot{y}(t_k) = f(t_k, y_k) = f_k$$

$$\ddot{y}(t_k) = \left.\frac{\mathrm{d}f(t,y)}{\mathrm{d}t}\right|_{\substack{t=t_k \\ y=y_k}} = \left.\left(\frac{\partial f}{\partial t} + \frac{\partial f}{\partial y}f\right)\right|_{\substack{t=t_k \\ y=y_k}} = f'_{t_k} + f'_{y_k}f_k$$

并记

$$y(t_k + h) = y_{k+1}, y(t_k) = y_k$$

则

$$y_{k+1} = y_k + hf_k + \frac{h^2}{2!}(f'_{t_k} + f'_{y_k}f_k) + \cdots \tag{2-13}$$

将式（2-13）用斜率 k_i 的线性组合表示，则

$$y_{k+1} = y_k + h\sum_{i=1}^{r} w_i k_i \tag{2-14}$$

式中，r 为精度阶次；w_i 为待定系数；k_i 用式（2-15）表示：

$$k_i = f(t_k + a_i h, y_k + h\sum_{j=1}^{i-1} b_j k_j) \qquad i = 1,2,3,\cdots,r \tag{2-15}$$

式中，a_i、b_j 为待定系数，一般取 $a_1 = 0$。

当 $r=1$ 时，式（2-14）变成欧拉数值积分公式：

$$y_{k+1} = y_k + hf(t_k, y_k)$$

当 $r=2$ 时，

$$\begin{cases}k_1 = f(t_k, y_k) \\ k_2 = f(t_k + a_2 h, y_k + hb_1 k_1) \\ y_{k+1} = y_k + w_1 hk_1 + w_2 hk_2\end{cases} \tag{2-16}$$

将 k_2 按照二元函数展开并带入 y_{k+1}，得

$$
\begin{aligned}
y_{k+1} &= y_k + w_1 h f_k + w_2 h(f_k + a_2 h f'_{t_k} + h b_1 k_1 f'_{y_k}) \\
&= y_k + (w_1 + w_2) h f_k + w_2 a_2 h^2 f'_{t_k} + w_2 b_1 h^2 f_k f'_{y_k}
\end{aligned}
$$

与二阶近似公式比较，即得到以下关系式：

$$
w_1 + w_2 = 1 \qquad w_2 a_2 = \frac{1}{2} \qquad w_2 b_1 = \frac{1}{2}
$$

式中，待定系数的个数超过方程数，因此解不唯一，有以下几种取法：

（1）$w_1 = w_2 = \frac{1}{2}$，$a_2 = 1$，$b_1 = 1$ 时，则

$$
\begin{cases}
y_{k+1} = y_k + \frac{h}{2}(k_1 + k_2) \\
k_1 = f(t_k, y_k) \\
k_2 = f(t_k + h, y_k + hk_1)
\end{cases}
$$

（2）$w_1 = 0$，$w_2 = 1$，$a_2 = \frac{1}{2}$，$b_1 = \frac{1}{2}$时，则

$$
\begin{cases}
y_{k+1} = y_k + hk_2 \\
k_1 = f(t_k, y_k) \\
k_2 = f(t_k + \frac{h}{2}, y_k + \frac{h}{2}k_1)
\end{cases}
$$

（3）$w_1 = \frac{1}{4}$，$w_2 = \frac{3}{4}$，$a_2 = \frac{2}{3}$，$b_1 = \frac{2}{3}$时，则

$$
\begin{cases}
y_{k+1} = y_k + \frac{h}{4}(k_1 + 3k_2) \\
k_1 = f(t_k, y_k) \\
k_2 = f(t_k + \frac{2}{3}h, y_k + \frac{2}{3}hk_1)
\end{cases}
$$

以上几种形式均称为二阶龙格－库塔法公式。

当 $r = 4$ 时，四阶龙格－库塔法公式：

$$
\begin{cases}
y_{k+1} = y_k + \frac{h}{6}(k_1 + 2k_2 + 2k_3 + k_4) \\
k_1 = f(t_k, y_k) \\
k_2 = f(t_k + \frac{h}{2}, y_k + \frac{h}{2}k_1) \\
k_3 = f(t_k + \frac{h}{2}, y_k + \frac{h}{2}k_2) \\
k_4 = f(t_k + h, y_k + hk_3)
\end{cases}
\tag{2-17}
$$

式（2-17）有较高的精度，所以在数字仿真中应用比较普遍。

所有的龙格－库塔法的公式都有以下特点：

1）在计算 y_{k+1}时只用到 y_k，而不直接用 y_{k-1}、y_{k-2}等项，即前一点值一步递推就可以求出后一点值，为单步法，显然它不仅能使存储量减小，而且此法可以自启动，即已知初值后，就能由初值逐步计算得到后续各时间点上的数值。实际上在逐步递推的过程中，计算

y_{k+1}之前就已经产生了y_{k-1}、y_{k-2}等项，利用这些结果计算y_{k+1}的方法就是多步法。多步法利用的信息量大，因而比单步法更精确，但无法自启动。本章不单独讨论多步法，有兴趣的读者可参阅相关参考文献。

2）步长h在整个计算中并不要求固定，可以根据精度要求改变，但是在一步中计算若干系数k_i（俗称龙格－库塔系数），则必须用同一个步长h。

3）龙格－库塔法的精度取决于步长h的大小及方法的阶次。许多计算实例表明：为达到相同的精度，四阶方法的h可以比二阶方法的h大10倍，而四阶方法的每步计算量仅比二阶方法大1倍，所以总的计算量仍比二阶方法小。正是由于上述原因，一般系统进行数字仿真常用四阶龙格－库塔公式。值得指出的是：高于四阶的方法由于每步计算量将增加较多，而精度提高不多，因此使用得也比较少。

2.1.3 数值积分法的稳定性

利用数值积分法进行仿真时常常会出现这样的情况，一个系统本来是稳定的，可是仿真结果却是发散的。这种情况通常是由积分步长选得不合适造成的。那么，为什么计算步长选得不合适会引起数值解不稳定呢？这就需要分析各种数值解法的稳定性。

首先来看一个例子，用欧拉法求一阶系统

$$\dot{y}+10y=0 \qquad y(0)=1$$

的数值解。

设计算步长为h，则欧拉递推公式为

$$y_{k+1}=y_k+h(-10y_k)=(1-10h)y_k=(1-10h)^{k+1}y_0=(1-10h)^{k+1}$$

当$h>0.2$时，$|1-10h|>1$，数值解是发散的；

当$h=0.2$时，$|1-10h|=1$，数值解等幅振荡；

当$0<h<0.2$时，$|1-10h|<1$，数值解是收敛的；

原来系统是稳定的，时间常数为0.1，解析解$y(t)=e^{-10t}$，用欧拉法进行仿真时，当步长$h\geqslant 0.2$时，由于步长太大引起截断误差过大，造成数值解不稳定。

微分方程（组）的数值解法，实质上就是将微分方程差分化，然后从初值开始进行迭代运算。显然，要使迭代运算正常进行，首先必须保证这一数值解法的稳定件。所谓数值解法的稳定性，是指在扰动（如初始误差、舍入误差、截断误差等）影响下，其计算过程中的累积误差不会随计算步数的增加而无限增长。不同的数值解法对应着不同的差分递推公式。一个数值法是否稳定取决于该差分方程的特征根是否满足稳定性要求。为了说明这个问题，我们讨论一个简单的微分方程：

$$\frac{dy}{dt}=f(t,y)=\lambda y \tag{2-18}$$

式中，$\lambda=\alpha+j\beta$（$\alpha<0$）为方程的特征根。

仍以欧拉法为例，将式（2-18）代入欧拉递推公式，得

$$y_{k+1}=y_k+h\lambda y_k=(1+h\lambda)y_k \tag{2-19}$$

两边进行z变换，得

$$zY(z)=(1+h\lambda)Y(z)$$

差分方程得特征值为

$$z = 1 + h\lambda$$

由差分方程的稳定性条件得

$$|z| = |1 + h\lambda| \leqslant 1 \tag{2-20}$$

式（2-20）所对应的差分方程稳定解区域如图 2-3a 所示。将 $\lambda = \alpha + j\beta(\alpha < 0)$ 带入式(2-20)得

$$|1 + (\alpha + j\beta)h| < 1$$

即

$$\left(\alpha + \frac{1}{h}\right)^2 + \beta^2 < \frac{1}{h^2} \tag{2-21}$$

式（2-21）表明，在 λ 平面，欧拉法稳定域为一个圆，圆心为$\left(-\frac{1}{h}, 0\right)$，半径为$\frac{1}{h}$，如图 2-3b 所示。显然，该算法的稳定条件是 $h \leqslant \left|\frac{2}{\alpha}\right|$ 或 $h \leqslant 2\tau$，$\tau = \left|\frac{1}{\alpha}\right|$ 为系统的时间常数。

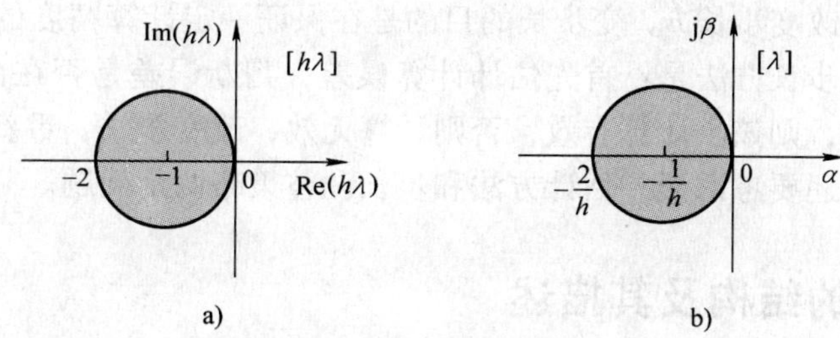

图 2-3　欧拉法的稳定域

对其他数值算法，都可以按上述方法分析其数值稳定性，不同算法对应的稳定域也不相同。

2.1.4　数值积分法的选择

为了有效地对连续系统进行数字仿真，必须针对具体问题，合理地选择算法和计算步长。一般来说，选用数值方法从以下几个原则考虑：

（1）精度

影响数值积分精度的因素有以下几方面：

- 截断误差：与积分方法、方法阶次、步长大小等因素有关。
- 舍入误差：与计算机字长、步长大小等因素有关。
- 累积误差：由以上两项误差随计算时间累积情况决定。
- 初始误差：由初始值准确度确定。

当步长 h 取定时，算法阶次越高，截断误差越小；当算法阶次取定后，多步法精度比单步法高，隐式精度比显式高。当要求高精度仿真时，可采用高阶的隐式多步法，并取较小的步长。但步长 h 不能太小，因为步长太小会增加迭代次数，增加计算量，同时也会加大舍入误差和累积误差。

总之，实际应用时应视仿真精度要求合理地选择数值算法和阶次，当算法和阶次确定后，从控制累积误差的角度考虑，选择恰当的计算步长。

(2) 计算速度

计算速度取决于所用的数值算法和步长大小。在满足精度要求的前提下，选择多步法、显式计算法可以提高速度。当算法取定时，在保证精度的前提下，选择较大步长可以减少仿真计算次数，提高速度。

(3) 稳定性

数值算法的稳定性主要与计算步长有关，不同的数值方法对步长有不同的限制范围，且与仿真对象的时间常数也有关。一般来说步长 h 与系统最小时间常数 τ 有以下关系：

$$h \leqslant (2 \sim 3)\tau$$

在工程应用中有一些经验公式，如

$$h \leqslant \frac{t_r}{10} \text{或} \ h \leqslant \frac{1}{5\omega_c}$$

式中，t_r 为系统阶跃响应上升时间；ω_c 为系统幅值穿越频率。

需要说明的是，数值算法求解的过程中，步长有固定步长和变步长两种工作方式。固定步长就是在整个仿真计算过程中，步长 h 始终保持不变。变步长就是在仿真计算的每一步，根据计算误差的大小改变步长 h。变步长的目的是在保证一定计算精度的前提下，尽可能地选取较大的步长。变步长方法是：首先估计计算误差；判断误差是否在允许的误差范围内；若在允许误差范围内，则该步计算有效，否则计算无效，改变步长，重新计算。因此，在变步长的数值计算中，还要考虑误差估计方法和步长调整策略两个问题。

2.2 控制系统的结构及其描述

2.2.1 控制系统中的典型结构

一般来说，一个控制系统是由许多环节或子系统按一定方式连接起来组合而成的。控制系统的结构错综复杂，但基本的连接方式只有串联、并联和反馈连接 3 种。

1. 串联连接

传递函数分别为 $G_1(s)$ 和 $G_2(s)$，若 $G_1(s)$ 的输出量作为 $G_2(s)$ 的输入量，则 $G_1(s)$ 与 $G_2(s)$ 为串联连接，如图 2-4 所示。

2. 并联连接

传递函数分别为 $G_1(s)$ 和 $G_2(s)$，如果它们有相同的输入量，而输出量等于两个传递函数输出量的代数和，则 $G_1(s)$ 与 $G_2(s)$ 为并联连接，如图 2-5 所示。

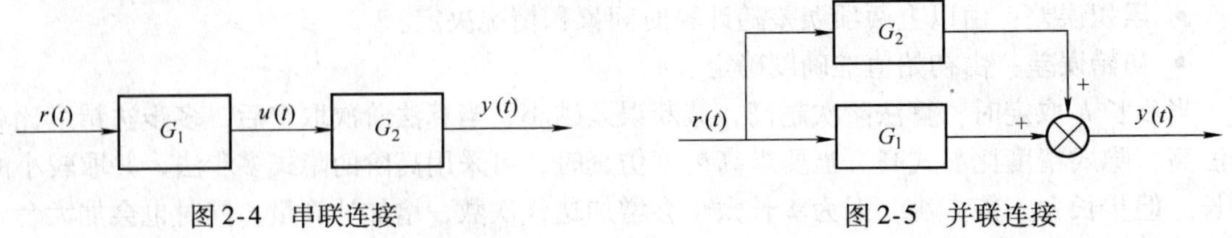

图 2-4 串联连接　　图 2-5 并联连接

3. 反馈连接

若传递函数分别为 $G_1(s)$ 和 $G_2(s)$，如图 2-6 所示的连接称为反馈连接。“+”号为正反馈，表示输入信号与反馈信号相加，“-”号则表示相减，是负反馈。大多数控制系统为保证相应的控制精度，达到要求的性能指标，都采用这种闭环负反馈形式。

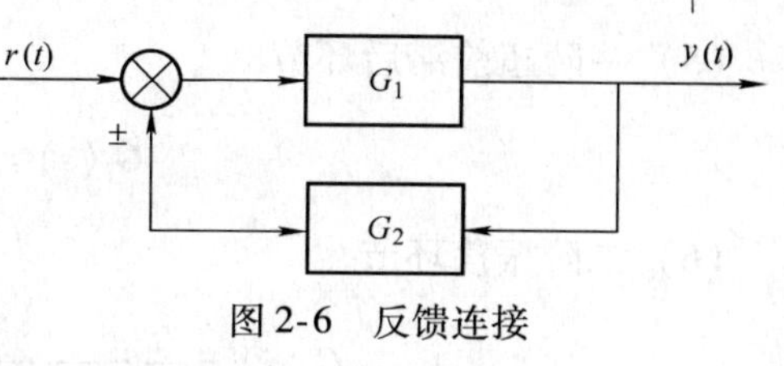

图2-6　反馈连接

不同环节或子系统按照基本连接方式组合在一起，可以构成较复杂的控制系统。单输入单输出控制系统结构图如图2-7所示，多输入多输出控制系统结构图如图2-8所示。

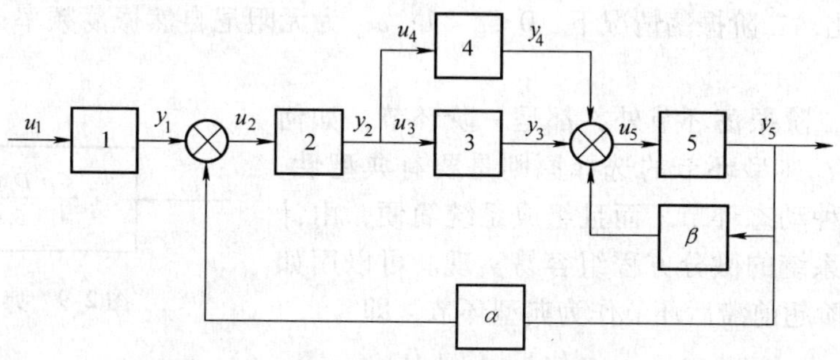

图2-7　单输入单输出控制系统结构图

利用结构图可以很清楚地描述复杂系统，给系统仿真带来极大的方便。

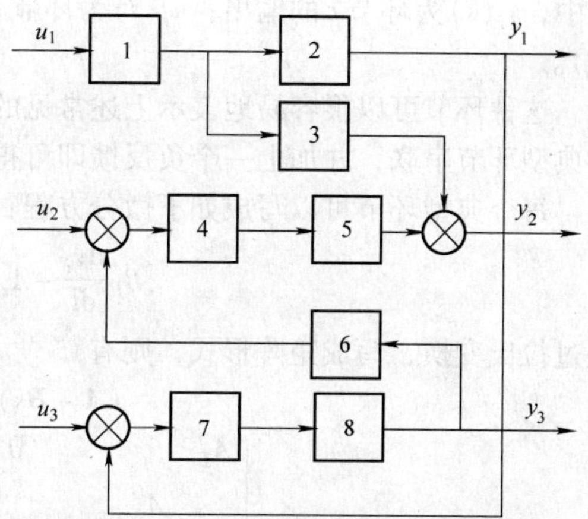

图2-8　多输入多输出控制系统结构图

2.2.2　控制系统的典型环节

任何一个复杂的线性控制系统，都是由一些简单的不同类型的具体线性环节组合而成的，若对常见的一些简单线性环节能准确地加以定量描述，则复杂线性系统的描述也只是复杂在各部分的相互连接关系上。经典控制理论中常见的动态环节如下：

（1）比例环节

$$G_i(s)=\frac{y_i}{u_i}=K_i$$

（2）积分环节

$$G_i(s)=\frac{y_i}{u_i}=\frac{K_i}{T_i s}$$

（3）积分比例环节

$$G_i(s)=\frac{y_i}{u_i}=\frac{K_i(\tau_i s+1)}{T_i s}$$

（4）惯性环节

$$G_i(s)=\frac{y_i}{u_i}=\frac{K_i}{T_i s+1}$$

（5）一阶超前滞后环节

$$G_i(s)=\frac{y_i}{u_i}=\frac{K_i(\tau_i s+1)}{T_i s+1}$$

（6）二阶振荡环节

$$G_i(s)=\frac{y_i}{u_i}=\frac{K_i\omega_n^2}{s^2+2\zeta\omega_n s+\omega_n^2}=\frac{K_i}{T_i^2 s^2+2\zeta T_i s+1}$$

式中，ζ 为阻尼比，二阶振荡情况下，$0\leqslant\zeta<1$；ω_n 为无阻尼自然振荡频率；T_i 为无阻尼自然振荡周期。

可见，除了二阶振荡环节外，都是一阶环节，如何选择典型环节呢？典型环节的选择原则是要有典型性，即由它可组成各种动态环节，而且组成系统简便，由计算机将它转换成系统的微分方程组容易实现。可以用如图 2-9 所示的一阶超前滞后环节作为典型环节，即

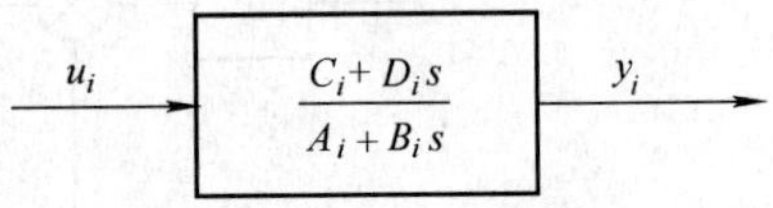

图 2-9 典型环节

$$G_i(s)=\frac{y_i(s)}{u_i(s)}=\frac{C_i+D_i s}{A_i+B_i s}\quad(i=1,2,\cdots,n)\tag{2-22}$$

式中，$y_i(s)$为环节 i 的输出；$u_i(s)$为环节 i 的输入；n 为系统中的环节数（也就是系统的阶次）。

这种环节可以很容易地表示上述常见的动态环节，至于二阶振荡环节则只要用两个这样的典型环节串联，并加上一个负反馈即可得到。

每个典型环节可以写成如下微分方程：

$$B_i\frac{dy_i}{dt}+A_i y_i=D_i\frac{du_i}{dt}+C_i u_i\tag{2-23}$$

经过拉氏变换，写成矩阵形式，则有

$$(\boldsymbol{A}+\boldsymbol{B}s)\boldsymbol{Y}=(\boldsymbol{C}+\boldsymbol{D}s)\boldsymbol{U}\tag{2-24}$$

式中，

$$\boldsymbol{A}=\begin{bmatrix}A_1 & & 0\\ & A_2 & \\ & & \ddots \\ 0 & & A_n\end{bmatrix};\ \boldsymbol{B}=\begin{bmatrix}B_1 & & 0\\ & B_2 & \\ & & \ddots \\ 0 & & B_n\end{bmatrix};$$

$$\boldsymbol{C}=\begin{bmatrix}C_1 & & 0\\ & C_2 & \\ & & \ddots \\ 0 & & C_n\end{bmatrix};\ \boldsymbol{D}=\begin{bmatrix}D_1 & & 0\\ & D_2 & \\ & & \ddots \\ 0 & & D_n\end{bmatrix}。$$

输入向量 $\boldsymbol{U}=[u_1,u_2,\cdots,u_n]^{\mathrm{T}}$，各分量表示各环节输入量；输出向量 $\boldsymbol{Y}=[y_1,y_2,\cdots,y_n]^{\mathrm{T}}$，各分量表示各环节输出量。

2.2.3 控制系统的连接矩阵

对如图 2-7 和图 2-8 所表示的线性系统，各环节均为线性的，在各自的输入量 u_i 作用下，给出各自的输出量 y_i，这种作用关系是通过各环节的数学描述体现出来的。注意到各个

环节之间也存在相互作用，u_i 不是孤立的，只要与其他环节有连接关系，就要受到相应 y_i 变化的影响。因此，要将控制系统完整的描述出来，还应该分析各环节输出 y_i 对其他环节有无输入作用，即环节之间的连接关系。

以图 2-7 所示的线性系统为例，根据 u_i、y_i 的连接关系，可以写出每个环节输入 u_i 受到哪些环节输出 y_i 的制约和影响，如

$$\begin{cases} u_1 = r \\ u_2 = y_1 - \alpha y_5 \\ u_3 = y_2 \\ u_4 = y_2 \\ u_5 = y_3 + y_4 - \beta y_5 \end{cases} \tag{2-25}$$

由式（2-25）可见，除 u_1 只与参考输入 r 有直接联系外，其余各环节输入 u_i 都可能与其他环节输出 y_i 有关。把式（2-25）写成如下的形式可以很清楚地看出各环节之间的连接关系：

$$\begin{cases} u_1 = 0 \cdot y_1 + 0 \cdot y_2 + 0 \cdot y_3 + 0 \cdot y_4 + 0 \cdot y_5 + 1 \cdot r \\ u_2 = 1 \cdot y_1 + 0 \cdot y_2 + 0 \cdot y_3 + 0 \cdot y_4 - \alpha \cdot y_5 + 0 \cdot r \\ u_3 = 0 \cdot y_1 + 1 \cdot y_2 + 0 \cdot y_3 + 0 \cdot y_4 + 0 \cdot y_5 + 0 \cdot r \\ u_4 = 0 \cdot y_1 + 1 \cdot y_2 + 0 \cdot y_3 + 0 \cdot y_4 + 0 \cdot y_5 + 0 \cdot r \\ u_5 = 0 \cdot y_1 + 0 \cdot y_2 + 1 \cdot y_3 + 1 \cdot y_4 - \beta \cdot y_5 + 0 \cdot r \end{cases}$$

图 2-7 中凡与其他环节没有连接关系的环节，其输出 y_i 的系数均为 0；凡与其他环节有连接关系的环节，其输出 y_i 的系数不全为 0；凡与参考输入 r 不直接连接的环节，r 的系数为 0；凡与参考输入 r 连接的环节，r 的系数不为 0。

把环节之间的关系和环节与参考输入之间的关系表示成矩阵的形式，

$$\begin{bmatrix} u_1 \\ u_2 \\ u_3 \\ u_4 \\ u_5 \end{bmatrix} = \begin{bmatrix} 0 & 0 & 0 & 0 & 0 \\ 1 & 0 & 0 & 0 & -\alpha \\ 0 & 1 & 0 & 0 & 0 \\ 0 & 1 & 0 & 0 & 0 \\ 0 & 0 & 1 & 1 & -\beta \end{bmatrix} \begin{bmatrix} y_1 \\ y_2 \\ y_3 \\ y_4 \\ y_5 \end{bmatrix} + \begin{bmatrix} 1 \\ 0 \\ 0 \\ 0 \\ 0 \end{bmatrix} r$$

即

$$\boldsymbol{U} = \boldsymbol{W}\boldsymbol{Y} + \boldsymbol{W}_0 r$$

式中，$\boldsymbol{W}$ 为连接矩阵（$n \times n$ 维），表示各环节之间的连接关系；$\boldsymbol{W}_0$ 为输入连接矩阵（单输入条件下 $n \times 1$ 维），表示环节与参考输入之间的连接关系；$\boldsymbol{U} = [u_1, u_2, \cdots, u_n]^{\mathrm{T}}$，为各环节输入向量；$\boldsymbol{Y} = [y_1, y_2, \cdots, y_n]^{\mathrm{T}}$ 为各环节输出向量。

分析连接矩阵 $\boldsymbol{W}$，设 i 为行下标，代表被作用环节；j 为列下标，代表作用环节；W_{ij} 的值表示了环节之间的连接关系，即

$W_{ij} = 0$，环节 j 不与环节 i 相连；

$W_{ij} \neq 0$，环节 j 与环节 i 有连接关系；

$W_{ij} > 0$，环节 j 与环节 i 直接相连（$W_{ij} = 1$）或通过比例系数相连；

$W_{ij}<0$，环节 j 与环节 i 直接负反馈相连（$W_{ij}=-1$）或通过比例系数负反馈相连；

$W_{ii}\neq0$，环节 i 单位自反馈（$W_{ii}=1$ 或 $W_{ii}=-1$）或通过比例系数自反馈。

以连接矩阵表示复杂系统各环节之间的连接关系，结合各环节的数学描述，可以构造复杂系统的仿真模型，使得对复杂结构控制系统的仿真变得简单方便。

2.3 控制系统的建模

控制系统种类繁多，为通过仿真手段进行分析和设计，首先要建立各类系统的数学模型。控制系统计算机仿真是建立在控制系统数学模型基础之上的，控制系统数学模型建立的是否恰当，将直接影响数字仿真分析与设计的准确性和可靠性。控制系统的建模方法很多，归纳起来有三类：机理建模法、实验建模法和综合建模法。

1. 机理建模法

所谓机理建模法，实际上就是采用由一般到特殊的推理演绎方法，对已知结构、参数的物理系统运用相应的物理定律或定理，经过合理分析简化而建立起来的描述系统各物理量动、静态变化性能的数学模型。

因此，机理建模法主要是通过理论分析推导方法建立系统模型。根据元件或系统行为所遵循的自然机理，如牛顿第二定律、能量守恒定律、基尔霍夫定律等，对系统各种运动规律的本质进行描述，从而建立起变量间相互制约又相互依存的精确数学关系。通常情况下，是给出微分方程、传递函数或者状态方程。

建模过程中，必须对控制系统进行深入的分析研究，善于提取系统本质，忽略一些非本质、次要的因素，合理确定对系统性能有决定性影响的物理变量及其相互作用关系，适当舍弃对系统性能影响微弱的物理变量。建模过程中还要注意所研究系统模型的线性化问题。大多数情况下，实际系统由于种种因素的影响，都存在非线性现象，如电气系统中的磁路饱和。在一定条件下，可以通过合理的简化、近似，用线性系统模型近似描述非线性系统。但是，如果系统本身包含非线性环节，就需要采取特殊的研究方法。

下面以电磁悬浮系统为例，说明机理建模方法。

【例 2-1】 建立电磁悬浮系统数学模型。电磁悬浮控制系统如图2-10所示。

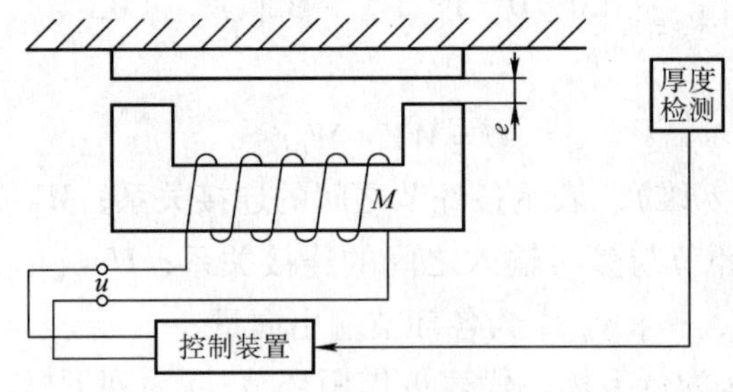

图 2-10 电磁悬浮控制系统

整个磁路的磁阻近似为

$$R=\frac{2e}{\mu_0 S} \tag{2-26}$$

式中，μ_0 为空气中的磁导率；e 为空气隙厚度；S 为空气隙的截面积。

空气隙中的磁感应强度为

$$B=\frac{\Phi}{S} \tag{2-27}$$

式中，Φ 为磁通量。

电磁线圈产生的对质量为 M 的电磁铁产生的电磁吸力为

$$F=\frac{B^2S}{\mu_0} \tag{2-28}$$

由磁路理论知

$$NI=R\Phi \tag{2-29}$$

式中，N 为线圈匝数；I 为线圈中流过的电流。

由式（2-29）得：$\Phi=\frac{NI}{R}$，将其代入式（2-27），得

$$B=\frac{NI}{RS} \tag{2-30}$$

将式（2-26）和式（2-30）代入式（2-28），得

$$F=\frac{\mu_0SN^2I^2}{4e^2} \tag{2-31}$$

对式（2-31）线性化，得

$$\Delta F=F-F_0=K_1(I-I_0)+K_2(e-e_0)=\left.\frac{\partial F}{\partial I}\right|_{e_0}\Delta I+\left.\frac{\partial F}{\partial e}\right|_{I_0}\Delta e \tag{2-32}$$

式中，$F=K_1I+K_2e$；$F_0=K_1I_0+K_2e_0$。

在 $e=e_0$ 处，有

$$I_0=\frac{2e_0}{N}\sqrt{\frac{Mg}{\mu_0S}} \tag{2-33}$$

在式（2-32）中：

$$K_1=\left.\frac{\partial F}{\partial I}\right|_{I_0,e_0}=\frac{\mu_0SI_0N^2}{2e_0^2} \tag{2-34}$$

$$K_2=\left.\frac{\partial F}{\partial e}\right|_{I_0,e_0}=\frac{-\mu_0SI_0^2N^2}{2e_0^3} \tag{2-35}$$

由牛顿运动定律（$\sum F=ma$），得到电磁铁的运动方程为

$$K_1I+K_2e-Mg=M\frac{\mathrm{d}^2(-e)}{\mathrm{d}t^2} \tag{2-36}$$

对式（2-36）进行拉普拉斯变换（将 Mg 看成为 $Mg\cdot1(t)$），得

$$K_1I(s)+K_2e(s)-Mg\frac{1}{s}=-s^2Me(s) \tag{2-37}$$

整理后得

$$I(s)=\frac{1}{K_1}\left[\frac{Mg}{s}-K_2e(s)-Ms^2e(s)\right] \tag{2-38}$$

电路的电压平衡方程式为

$$u(t)=rI(t)+\frac{\mathrm{d}\Phi(t)}{\mathrm{d}t} \tag{2-39}$$

式中，$\Phi(t)=L(t)I(t)$

则

$$u(t)=rI(t)+L_0\frac{\mathrm{d}I(t)}{\mathrm{d}t}+I_0\frac{\mathrm{d}L}{\mathrm{d}e}\frac{\mathrm{d}e}{\mathrm{d}t} \tag{2-40}$$

而 $L=\frac{\mu_0N^2S}{2e}$，$\frac{\mathrm{d}L}{\mathrm{d}e}=\frac{-\mu_0N^2S}{2e^2}$，所以

$$u(t)=rI(t)+L_0\frac{\mathrm{d}I(t)}{\mathrm{d}t}+\frac{I_0(-\mu_0N^2S)}{2e^2}\frac{\mathrm{d}e}{\mathrm{d}t}$$

即

$$u(t)=rI(t)+L_0\frac{\mathrm{d}I(t)}{\mathrm{d}t}-K_1\frac{\mathrm{d}e}{\mathrm{d}t} \tag{2-41}$$

对式（2-41）进行拉普拉斯变换，得

$$U(s)=(r+L_0s)I(s)-K_1se(s) \tag{2-42}$$

将式（2-38）代入式（2-42），得

$$K_1U(s)=(r+L_0s)\left[\frac{Mg}{s}-K_2e(s)-Ms^2e(s)\right]-K_1^2se(s)$$

$$=-L_0Ms^3e(s)-Mrs^2e(s)-(L_0K_2+K_1^2)se(s)-rK_2e(s)+(r+L_0s)\frac{Mg}{s} \tag{2-43}$$

将式（2-43）还原微分方程（注：忽略 $L_0Mg\delta(t)$ 项），得

$$L_0M\dddot{e}(t)+Mr\ddot{e}(t)+(L_0K_2+K_1^2)\dot{e}(t)+rK_2e(t)=rMg-K_1u(t) \tag{2-44}$$

对式（2-44）进行代换如下：

设 $y(t)=e(t)-e_0,\dot{y}=\dot{e},\ddot{y}=\ddot{e},\dddot{y}=\dddot{e}$

$$v(t)=\frac{rMg-rK_2e_0-K_1u(t)}{ML_0}$$

则式（2-44）可变为

$$\dddot{y}+\frac{r}{L_0}\ddot{y}+\frac{L_0K_2+K_1^2}{ML_0}\dot{y}+\frac{rK_2}{ML_0}y=v \tag{2-45}$$

对式（2-45）进行拉普拉斯变换，得

$$s^3y(s)+\frac{r}{L_0}s^2y(s)+\frac{L_0K_2+K_1^2}{ML_0}sy(s)+\frac{rK_2}{ML_0}=v \tag{2-46}$$

则被控对象传递函数为

$$\frac{y(s)}{v(s)}=\frac{1}{s^3+\frac{r}{L_0}s^2+\frac{L_0K_2+K_1^2}{ML_0}s+\frac{rK_2}{ML_0}} \tag{2-47}$$

2. 实验建模法

所谓实验建模法，就是采用由特殊到一般的逻辑归纳方法，根据一定数量的在系统运行过程中实测、观察的物理量数据，运用统计规律、系统辨识等理论估计出反映系统各物理量相互制约关系的数学模型。其主要依据是来自系统的大量实测数据，因此又称为实验测定法。

当对所研究系统的内部结构和特性尚不清楚，甚至无法了解时，系统内部的机理变化规律就不能确定，通常称为“黑箱”或“灰箱”问题，机理建模法也就无法应用。而根据所测到的系统输入输出数据，采用一定方法进行分析及处理来获得数学模型的实验建模法正好适应这种情况。通过对系统施加激励，观察和测取其响应，了解其内部变量的特性，并建立能近似反映同样变化的模拟系统的数学模型，就相当于建立起实际系统的数学描述（方程、曲线或图标等）。

（1）频率特性法

频率特性法是研究控制系统的一种应用广泛的工程实用方法。其特点在于通过建立系统频率响应与正弦输入信号之间的稳态特性关系，不仅可以反映系统的稳态性能，而且可以用来研究系统的稳定性和暂态性能；可以根据系统的开环频率特性，判别系统闭环后的各种性能；可以较方便地分析系统参数对动态性能的影响，并能大致指出改善系统性能的途径。

频率特性物理意义十分明确，对稳定的系统或元件、部件都可以用实验方法确定其频率特性，尤其对一些难以列写动态方程、建立机理模型的系统，有特别重要的意义。

（2）系统辨识法

系统辨识法是现代控制理论与系统建模中常用的方法，它是依据测量到的输入与输出数据来建立静态与动态系统的数学模型，但其输出响应不局限于频率响应，阶跃响应或脉冲响应等时间响应都可作为反映系统模型静态与动态特性的重要信息；而且，确定模型的过程更依赖于各种高效率的最优算法及如何保证所测取数据的可靠性。因其在实践中能得到很好的运用，故已被广泛接受，并逐渐发展成为较成熟且日臻完善的一门学科。

所谓系统辨识，就是按照一定的准则，在一类假设模型中选择一个与实验数据拟合（或逼近）得最好的一个模型，如图 2-11 所示。

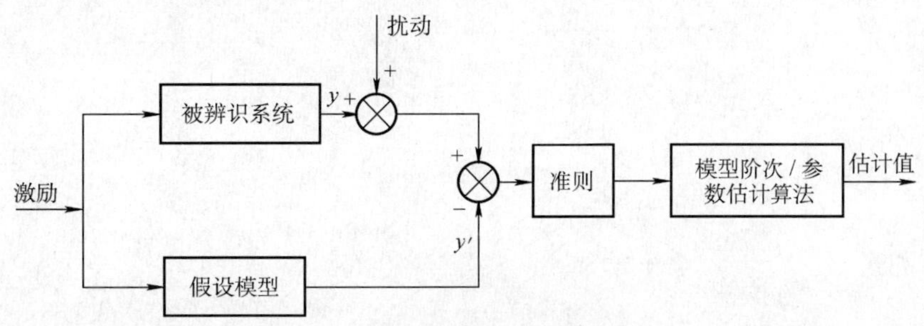

图 2-11 系统辨识建模法的基本原理

辨识系统的实验数据、假设模型、准则是系统辨识建模过程的三要素。这里需要说明，在系统建模时，首先要对实验数据进行预处理。对于确定的系统，用实验的方法建立模型时，人们只能测取有限的数据；如何用有限的数据建立起相应的数学描述（或模型），以尽可能精确地反映实际系统的特性，我们简称这一问题为逼近，所用基本方法为插值。所谓插值，就是求取两测量点之间函数值的计算方法，常用的有线性插值和三次样条插值。在 MATLAB 中提供了插值的功能函数。

3. 综合建模法

在许多工程实际问题的建模过程中，经常会遇到这样的问题：人们对其内部的结构与特性有部分了解，但又难以完全用机理建模的方法来描述，需要结合一定的实验方法确定另一部分不了解的结构与特性，或者通过实际测定来求取模型参数。这一建模方法实际上就是将机理建模法与实验建模法有机地结合起来，故又称为综合建模法。

小 结

本章主要介绍了连续系统数值积分方法、控制系统的结构描述以及控制系统建模的基本方法。数值积分法就是利用数值积分的方法如欧拉法、龙格－库塔法等方法对常微分方程（组）建立离散化形式的数学模型——差分方程，并求其数值解。重点掌握数值积分方法的基本原理及工程中选择数值积分方法的基本原则，包括精度、计算速度及稳定性。在控制系统结构描述中介绍了典型结构、典型环节和连接矩阵，连接矩阵结合各环节的数学描述，可以构造复杂系统的仿真模型，在仿真中起着重要的作用。

习 题

2-1 控制算法的步长应该如何选择？

2-2 通常控制系统的建模有哪几种方法？

2-3 用欧拉法求以下系统的输出响应 $y(t)$ 在 $0 \leqslant t \leqslant 1$ 上，$h=0.1$ 时的数值解。

$$\dot{y}+y=0 \qquad y(0)=0.8$$

2-4 用二阶龙格－库塔法对 2-3 题求数值解，并且比较两种方法的结果。

第 3 章　MATLAB 语言的基础知识

控制系统计算机数字仿真离不开仿真软件，我们在第 1 章中简单介绍了 MATLAB 7. x 的特点及应用。本章将进一步介绍 MATLAB 7. x 的使用方法与基本应用，并通过实例学习，使读者对 MATLAB 有更进一步的认识，为控制系统的分析与设计打下坚实的基础。

3.1　MATLAB 的安装和启动

3.1.1　MATLAB 的安装

MATLAB 只有在适当的环境下才能正常运行。因此适当配置外部系统是保证 MATLAB 运行的先决条件。下面给出安装和运行 MATLAB 7. x 所需要的计算机系统配置。

（1）MATLAB 7. x 对硬件的要求

CPU：Pentium II、Pentium III、AMD Athlon 或者更高；

光驱：8 倍速以上；

内存：推荐 512MB 以上；

硬盘：视安装方式不同要求不统一，但至少留 2GB 用于安装。

（2）MATLAB 7. x 对软件的要求

操作系统：Windows XP、Windows 2000 或 Windows NT；

Word：Word 2000 或 Word 2003 等，用于使用 MATLAB Notebook；

PDF：Adobe Acrobat Reader 用于阅读 MATLAB 的 PDF 的帮助信息。

MATLAB 的安装和其他应用软件类似，一般来说，在光盘插入光驱后，会自动启动"安装向导"程序。如果没有自动启动，可以运行光盘上的"setup. exe"应用程序来启动"安装向导"程序。在安装过程中用户只要按照屏幕提示操作即可。

3.1.2　MATLAB 7. x 的启动

与常规的应用软件相同，MATLAB 的启动也有多种方式，首先常用的方法就是双击桌面的 MATLAB 图标，也可以在开始菜单的程序选项中选择 MATLAB 组件中的快捷方式，当然也可以在 MATLAB 的安装路径的子目录中选择可执行文件"MATLAB. exe"。

启动 MATLAB 后，将打开一个 MATLAB 的欢迎界面，随后打开 MATLAB 的系统界面（Desktop），如图 3-1 所示。

在某些 PC 上常常会遇到 MATLAB 7. x 启动后自动关闭的情况，这是由于系统的 CPU 类型不同导致的。MATLAB 默认是 Intel 的 CPU，当使用 Sempron 和 AMD 的 CPU 时，就会遇到自动关闭的情况，可以使用下面方法解决该问题：假设 MATLAB 安装在 D 盘，在"我的电脑"上鼠标右键单击"属性"命令，再在"高级"选项中单击"环境变量"按钮，在"系统变量"中鼠标单击"新建"按钮，输入以下信息：变量名为 BLAS_ VERSION；变量值：

D：\ MATLAB 7.0 \ bin \ win32 \ atlas_ Athlon.dll。

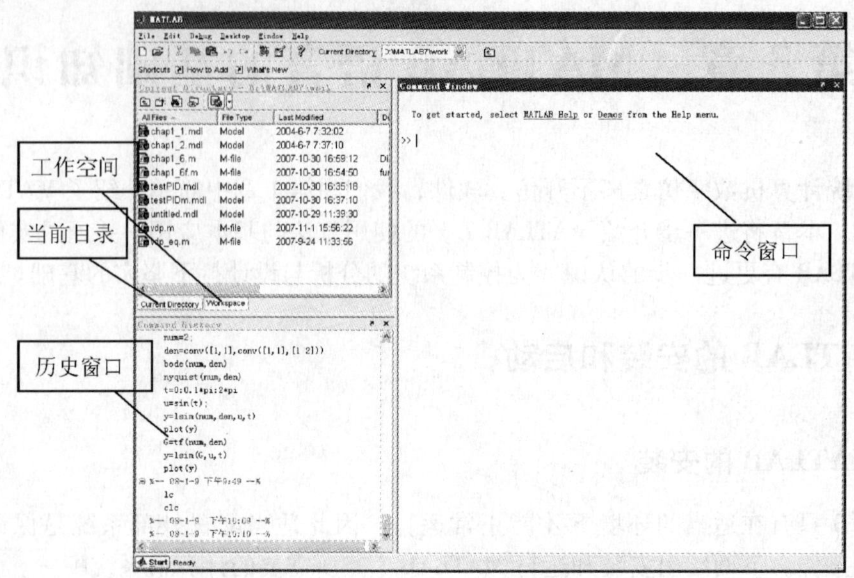

图 3-1 MATLAB 的系统界面

3.2 MATLAB 7.x 的系统界面

3.2.1 MATLAB 7.x 的系统界面窗口

默认设置情况下，MATLAB 7.x 系统界面包括 4 个窗口。具体如下：

(1) 命令窗口

命令窗口（Command Window）是对 MATLAB 进行操作的主要载体，默认的情况下，启动 MATLAB 时就会打开命令窗口，显示形式如图 3-1 所示。一般来说，MATLAB 的所有函数和命令都可以在命令窗口中执行。在 MATLAB 命令窗口中，命令的实现不仅可以由菜单操作来实现，也可以由命令行操作来执行，下面就详细介绍 MALTAB 命令行操作。

实际上，掌握 MATLAB 命令行操作是走入 MATLAB 世界的第一步，命令行操作实现了对程序设计而言简单而又重要的人机交互，通过对命令行操作，避免了编程序的麻烦，体现了 MATLAB 特有的灵活性。MATLAB 命令窗口中的“ >> ”为命令提示符，表示 MATLAB 正在处于准备状态。在命令提示符后输入命令并按下回车键后，MATLAB 就会解释执行所输入的命令，并在命令后面给出计算结果。

例如，% 在命令窗口中输入 cos（pi/3），然后按回车键，则会得到该表达式的值。

```
>> cos(pi/3)
ans =
    0.5000
```

可以看出，为求得表达式的值，只需按照 MATLAB 语言规则将表达式输入即可，结果会自动返回，而不必像其他的程序设计语言那样，编制冗长的程序来执行。当需要处理相当繁琐的计算时，可能在一行之内无法写完表达式，可以换行表示，此时需要使用续行符“......”（标点符号要在英文状态下输入），否则MATLAB将只计算一行的值，而不理会该行是否已输入完毕。

例如：

```
>> cos(1/9 * pi) + cos(2/9 * pi) + cos(3/9 * pi) + ......
cos(4/9 * pi) + cos(5/9 * pi) + cos(6/9 * pi)
ans =
    1.7057
```

使用续行符之后MATLAB会自动将前一行保留而不加以计算，并与下一行衔接，等待完整输入后再计算整个输入的结果。

在MATLAB命令行操作中，有一些键盘按键可以提供特殊而方便的编辑操作。例如，“↑”键可用于调出前一个命令行，“↓”键可调出后一个命令行，避免了重新输入的麻烦。当然下面即将讲到的历史窗口也具有此功能。用户可以用“clc”命令清除命令窗口，但“clc”命令只清除了显示，并不清除工作空间，仍然可以按“↑”键看到以前发出的命令。

(2) 历史命令窗口

默认设置下历史命令（Command History）窗口会保留自安装时起所有命令的历史记录，并标明使用时间，以方便使用者查询。而且双击某一行命令，即在命令窗口中执行该命令。

(3) 当前目录窗口

在当前目录（Current Directory）窗口中可显示或改变当前目录，还可以显示当前目录下的文件，包括文件名、文件类型、最后修改时间以及该文件的说明信息等并提供搜索功能。MATLAB启动后的默认当前目录通常是：MATLAB 7.0 \ work。在该默认当前目录上允许用户存放文件，但为了管理方便，我们建议：用户尽量为自己建立一个专门的工作目录，即“用户目录”用来存放自己创建的应用文件，同时在MATLAB开始工作时，将“用户目录”设置成当前目录。

(4) 工作空间窗口

在MATLAB中，工作空间是一个重要的概念。工作空间（Workspace）是指运行MATLAB的程序或命令所生成的所有变量和MATLAB提供的常量构成的空间。工作空间在MATLAB运行期间一直存在，关闭MATLAB后自动消失，当运行MATLAB程序时，程序中的变量将被加载到工作空间中，只有特定的命令才可以删除某一变量，否则该变量在关闭MATLAB之前一直存在。由此可见，在一个程序中的运算结果以变量的形式保存在工作空间后，在MATLAB关闭之前该变量还可以被别的程序调用。在工作空间窗口中将显示所有目前保存在内存中的MATLAB变量的变量名、数据结构、字节数以及类型，而不同的变量类型分别对应不同的变量名图标。

用户可用命令对工作空间中的变量进行显示、删除或保存等操作。例如，在MATLAB命令窗口直接输入“Who”和“Whos”命令，将可以看到目前工作空间的所有变量；用“Save”命令可以保存工作空间的变量；用“Clear”命令可以删除工作空间的变量。也可以在工作空间窗口用鼠标右键来对选定的变量进行操作。

3.2.2 MATLAB 7.x 的菜单项和工具栏

MATLAB 的系统界面上有 6 个功能菜单和带有 9 个快捷按钮的工具栏组。

6 个功能菜单（File，Edit，Debug，Desktop，Window，Help）各自有下一层的功能。“File”和“Edit”实现对文件的管理和编辑；“Help”可检索帮助信息；“Debug”是调试程序工具；“Desktop”及“Window”可设置 MATLAB 窗口显示界面的形式及窗口。MATLAB 的菜单及选择方式与 Windows 下各种软件环境中的文件管理方式相同。

9 个快捷按钮均有对应的菜单命令，但比菜单命令使用起来更快捷、方便。

3.2.3 MATLAB 7.x 的帮助系统

MATLAB 作为一个优秀的科学计算软件，具有比较完备的帮助体系，通过获取帮助信息，用户可以更好地运用 MATLAB 资源，快捷、可靠、有效地解决各种问题。

用户可以通过系统界面的“Help”菜单来获得帮助，也可以通过工具栏的帮助选项获得帮助。此外，MATLAB 也提供了在命令窗口获得帮助的方法，在命令窗口中获得 MATLAB 帮助的命令及说明列于表 3-1 中。其调用格式为：命令 + 指定参数。

表 3-1 MATLAB 帮助命令

命 令	说 明
doc	在帮助浏览器中显示指定函数的参考信息
help	在命令窗口中显示 m 文件帮助
helpbrowser	打开帮助浏览器，无参数
helpwin	打开帮助浏览器，并且见初始界面置于 MATLAB 函数的 m 文件帮助信息
lookfor	在命令窗口中显示具有指定参数特征函数的 m 文件帮助
web	显示指定的网络页面，默认为 MATLAB 帮助浏览器

例如：

```
>> help fft
FFT Discrete Fourier transform.
  FFT(X) is the discrete Fourier transform(DFT) of vector X. For
  matrices,the FFT operation is applied to each column. For N - D
  arrays,the FFT operation operates on the first non - singleton
  dimension.
```

另外，也可以通过调用演示（Demos）模型来获得特殊帮助。在命令窗口运行“Demos”指令，或单击“Help”菜单中的“Demos”命令，就可以引出如图 3-2 所示的“Demos”演示系统。

在 MATLAB 的“Demos”命令里还提供了新的视频帮助材料，专门介绍新特点。它形象、生动、直观，便于用户了解和掌握最新版本的功能。选择“Demos”窗口中的“New Features in Version 7”命令，直接导出 VIDEO 视频演示“点播台”；根据需要选择栏目，就可以导出视频播放器。用户很容易学会各种操作的关系和 MATLAB 各种新功能的使用。

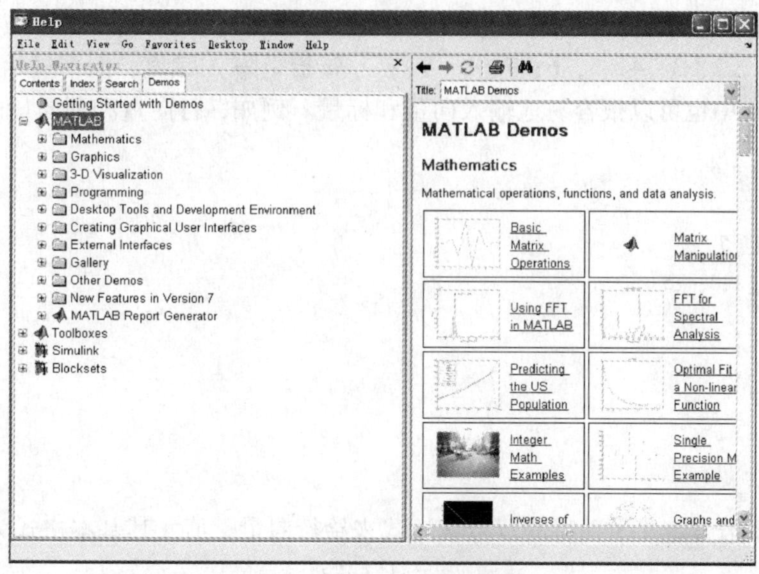

图3-2 “Demos”演示系统

3.3 MATLAB基础知识

3.3.1 矩阵的生成

矩阵是MATLAB数据存储的基本单元，而矩阵的运算是MATLAB语言的核心，在MATLAB中几乎一切运算均是以对矩阵的操作为基础的。下面首先介绍矩阵的生成。

1. 直接输入法

从键盘上直接输入矩阵是最方便、最常用的创建数值矩阵的方法，尤其适合较小的简单矩阵。在用此方法创建矩阵时，应当注意以下几点：

1）输入矩阵时要以“[]”为其标识符号，矩阵的所有元素必须都在括号内。

2）矩阵同行元素之间由空格或逗号分隔，行与行之间用分号或回车键分隔。

3）矩阵大小不需要预先定义。

4）矩阵元素可以是运算表达式。

5）若“[]”中无元素表示空矩阵。

例如，矩阵

$$\boldsymbol{A}=\begin{bmatrix}1&2&3\\4&5&6\\7&8&9\end{bmatrix}$$

可以由下面的MATLAB语句直接输入到工作空间中。

```
>> A = [1,2,3;4,5,6;7,8,9]
A =

     1     2     3
     4     5     6
     7     8     9
```

如果不想显示输入结果，则应该在语句末尾加一个分号，例如：

>> A = [1, 2, 3; 4, 5, 6; 7, 8, 9];　　%给矩阵 A 赋值，但不显示结果

在 MATLAB 中也可以很容易地输入向量和标量。例如，行向量和列向量的输入：

```
>> row = [1  3,4  5]
row =
    1   3   4   5
>> column = [1;3;4;5]
column =
     1
     3
     4
     5
```

另外，MATLAB 语言定义了独特的冒号表达式来给行向量赋值，其基本格式为

$$a = s1: s2: s3$$

式中，s1 为起始值；s2 为步距；s3 为终止值。默认设置步距为 1。

例如：

```
>> a = 0:0.5:4
a =
  Columns 1 through 7
         0    0.5000    1.0000    1.5000    2.0000    2.5000    3.0000
  Columns 8 through 9
    3.5000    4.0000
```

其次，通过使用冒号，可以截取指定矩阵中的部分。

例如：

```
>> B = A(1:2,:)
B =
     1     2     3
     4     5     6
```

通过上例可以看到矩阵 B 是由矩阵 A 的 1 到 2 行和相应的所有列的元素构成的一个新的矩阵。在这里，冒号代替了矩阵 A 的所有列。

矩阵的输入也可以用表达式，例如：

```
>> b = 2;c = 3;d = 4;
>> X = [5  b  c;b * c + d  c/b  d]
X =
     5.0000    2.0000    3.0000
    10.0000    1.5000    4.0000
```

复数矩阵的输入同样也很简单，在 MATLAB 下定义了两个记号 i 和 j，可以直接输入复数矩阵。确切地说，MATLAB 是以复数矩阵为最基本的变量单元。例如，输入矩阵：

$$C=\begin{bmatrix}1+2\mathrm{i} & 3+5\mathrm{i}\\ 6+4\mathrm{i} & 5+5\mathrm{i}\end{bmatrix}$$

则可以通过下面的 MATLAB 语句直接进行输入：

```
>> c = [1 +2i,3 +5i;6 +4j   5 +5j]
c =
      1.0000 +2.0000i      3.0000 +5.0000i
      6.0000 +4.0000i      5.0000 +5.0000i
```

2. 外部文件读入法

MATLAB 语言允许用户调用在 MATLAB 环境之外定义的矩阵。可以利用任意的文本编辑器编辑所要使用的矩阵，矩阵元素之间以特定分断符分开，并按行列布置，保存成“ *. txt”，“ *. csv” 或 “ *. dat” 等类型的文件，然后通过 MATLAB 的数据输入向导（Import Wizard）或通过 MATLAB 函数实现数据读入。

通过数据输入向导编辑器读入数据时，单击系统界面上的 “File” 菜单中的 “Import Data” 选项打开输入向导编辑器，按向导提示进行操作完成整个数据的输入，则用户可以在 MATLAB 开发环境中使用该数据。

在命令窗口或 m 文件中调用相应的函数也可以实现数据的读入，如 textread，调用格式如下：

```
[A,B,C,…] = textread('filename','format',N)
```

常用格式有以下几种：

- %d：读入有符号的整型数据。
- %u：读入整型数据。
- %f：读入浮点数据。
- %s：读入包含空格或分隔符的字符串。
- %q：读入包含双引号的字符串。
- %c：读入含空格的字符数据。

另外也可以利用 load 函数，其调用方法为

Load + 文件名 ［参数］

Load 函数将会从文件名所指定的文件中读取数据，并将输入的数据赋给以文件名命名的变量，如果不给定文件名，则将自动认为 matlab. mat 文件为操作对象，如果该文件在 MATLAB 搜索路径中不存在时，系统将会报错。

例如：建立文件 data. txt：
```
1  2  3
4  5  6
```

在 MATLAB 命令窗口中输入：

```
>> load data. txt
>> data
data =
    1    2    3
    4    5    6
```

3. 利用 MATLAB 提供的函数

对于一些比较特殊的矩阵（单位阵、矩阵中含 1 或 0 较多），由于其具有特殊的结构，MATLAB 提供了一些函数用于生成这些矩阵。常用的有下面几个：

- zeros(*m*)：生成 *m* 阶全 0 矩阵。
- eye(*m*)：生成 *m* 阶单位矩阵。
- ones(*m*)：生成 *m* 阶全 1 矩阵。
- rand(*m*)：生成 *m* 阶均匀分布的随机阵。
- randn(*m*)：生成 *m* 阶正态分布的随机矩阵。
- magic(*m*)：生成 *m* 阶魔方矩阵。

还可以利用 MATLAB 的函数生成标准矩阵：

- diag(*X*)：生成对角矩阵。
- logspace(x1,x2,N)：在区间 10^x1 ~ 10^x2 上生成 *N* 点对数分度的向量。
- linespace(x1,x2,N)：在区间 x1 ~ x2 上生成 *N* 点线性分度的向量。

在 MATLAB 命令窗口中键入“help elmat”命令，可以看到 MATLAB 提供的标准矩阵生成函数。

3.3.2 变量、常量和语句

变量是任何程序设计语言的基本要素之一，MATLAB 语言也不例外。与常规的程序设计语言不同的是，MATLAB 语言并不要求事先对所使用的变量进行声明，也不需要指定变量类型，MATLAB 语言会自动依据所赋予变量的值或对变量所进行的操作来识别变量的类型。在赋值过程中如果赋值变量已存在时，MATLAB 语言将使用新值代替旧值，并以新值类型代替旧值类型。

MATLAB 语言变量名应该由一个字母引导，后面可以跟字母、数字、下画线等，不能含有标点符号，且长度不能超过 31 位。例如，Temp10、Keyboard_ 01 和 Set_ para_ 均为有效的变量名，而 10Temp 和_ Temp10 为无效的变量名。在 MATLAB 中变量名是区分大小写的，也就是说，Abc 和 ABc 两个变量名表达的是不同的变量，所以在使用 MATLAB 语言编程时一定要注意。

在 MATLAB 中还有自己的一些特殊变量，称为常量，虽然这些常量都可以重新赋值，但建议编程时尽量避免对这些常量重新赋值。这些常量大致有以下几种：

- pi：圆周率 π 的双精度浮点表示。
- eps：机器的浮点运算误差限。PC 上 eps 的默认值为 2.2204×10^{-16}，若某个常量的绝对值小于 eps，则可以认为这个常量为 0。
- i 和 j：若 i 或 j 不被改写，则它们表示纯虚数 i。但在 MATLAB 编程中经常事先改写这两个变量的值，如在循环过程中常用这两个变量来表示循环变量，所以应该确认使用这两个变量时没有被改写。如果想恢复该变量，则可以用下面的形式设置：i = sqrt（-1），即对 -1 求平方根。
- inf：无穷大量“+∞”的 MATLAB 表示。同样地，“-∞”可以表示为 -inf。在 MATLAB 程序执行时，即使遇到了以 0 为除数的运算，也不会终止程序的运行，而只给出一个“Devided by 0”警告，并将结果赋成 inf，这样的定义方式符合 IEEE 的标准。从数值运算编程角度看，这样的实现形式明显优于像C语言这样的非专用语言。

- NaN：不定值（Not a Number），通常由0/0运算、Inf/Inf及其他可能的运算得出。NaN是一个很奇特的量，如NaN与Inf的乘积仍为NaN。
- lasterr：存放最新一次的错误信息。此变量为字符串型，如果在本次执行过程中没出现过错误，则此变量为空字符串。
- lastwarn：存放最新的警告信息。若未出现过警告，则此变量为空字符串。
- realmin：最小的可用正实数。
- realmax：最大的可用正实数。

在MATLAB语言中，定义变量时应避免与常量名重复，以防改变这些常量的值，如果已改变了某外常量的值，可以通过“clear+常量名”命令恢复该常量的初始设定值。

MATLAB语言的语句有下面两种结构：

（1）直接赋值语句

直接赋值语句的基本结构为

赋值变量=赋值表达式

实现功能：把等号右边的表达式直接赋给左边的赋值变量，并返回到MATLAB的工作空间。例如，$a=(1+\mathrm{sqrt}(10))/2$；$b=\mathrm{abs}(3+5\mathrm{i})$；$c=\sin(\exp(-2.3))$；$e=\mathrm{pi}*d$均为规范的表达式。

如果赋值表达式后面没有分号，则将在MATLAB命令窗口中显示表达式的运算结果。若不想显示运算结果，则应该在赋值语句的末尾加一个分号。如果省略了赋值变量和等号，则表达式运算的结果将赋给特殊变量ans，ans是用于结果的默认变量名。所以说，特殊变量ans将永远存放最近一次无赋值变量的表达式运算结果。

（2）函数调用语句

函数调用语句的基本结构为

[返回变量列表]=函数名(输入变量列表)

其中函数名的要求和变量名的要求是一致的，一般函数名应该对应在MATLAB路径下的一个文件，例如，函数名Vdp应该对应于Vdp.m文件。当然，还有一些函数名需对应于MATLAB内核中的内在（build-in）函数，如sum()函数等。

返回变量列表和输入变量列表均可以由若干个变量名组成，它们之间应该用逗号分开，返回变量还允许用空格分隔，例如，[Y,I]=max(A)，该函数求取给定矩阵列向量的最大值及下标，所得的结果由Y、I两个变量返回。如果不想显示函数调用的最终结果，在函数调用语句后仍应该加个分号，如“[Y,I]=max(A);”。

3.3.3 数值显示格式

MATLAB语言中数值有多种显示形式，在默认情况下，若数据为整数，则就以整数表示；若数据为实数，则以保留小数点后4位的精度近似表示。如果结果中的有效数字超出了这一范围，MATLAB以科学计数法显示结果。在MATLAB语言中，可以用format命令来改变显示格式。

MATLAB语言提供了10种数据显示格式，常用的有下述几种格式：

- short：小数点后 4 位（系统默认显示）。
- long：小数点后 14 位。
- short e：4 位指数形式。
- long e：15 位指数形式。
- hex：十六进制。
- rat：小数的有理分式近似。

3.3.4 字符串

字符和字符串运算是各种高级语言必不可少的部分，MATLAB 语言中的字符串是其进行符号运算表达式的基本构成单元。

在 MATLAB 语言中，字符串和字符数组基本上是等价的。所有的字符串都用单引号进行输入或赋值（当然也可以用函数 char 来生成）。字符串的每个字符（包括空格）都是字符数组的一个元素。例如：

```
>> s = 'MATLAB And SIMUL INK'
s =
MATLAB And SIMUL INK
>> size(s)
ans =
    1    19
```

3.4 矩阵的运算

3.4.1 矩阵的数学运算

如果一个矩阵 $\boldsymbol{A}$ 有 n 行、m 列元素，则称矩阵 $\boldsymbol{A}$ 为 $n \times m$ 矩阵；若 $n = m$，则矩阵 $\boldsymbol{A}$ 又称为方阵。MATLAB 语言中定义了下面各种矩阵的基本代数运算。

1. 矩阵转置

在数学公式中一般把一个矩阵的转置记作 A^{T}，假设矩阵 $\boldsymbol{A}$ 为一个 $n \times m$ 矩阵，则其转置矩阵 B 的元素定义为 $b_{ji} = a_{ij}$，$i = 1, \cdots, n$，$j = 1, \cdots, m$，故 $\boldsymbol{B}$ 为 $m \times n$ 矩阵。

如果矩阵 $\boldsymbol{A}$ 含有复数元素，其转置矩阵首先对各个元素进行转置，然后再逐项求取其共轭复数值，这种转置方式又称为 Hermit 转置。

【例 3-1】 求 $\boldsymbol{A} = \begin{bmatrix} 2-\mathrm{i} & 4+\mathrm{i} & 1 \\ 4 & 6\mathrm{i} & 8+\mathrm{i} \end{bmatrix}$ 的 Hermit 转置。

```
>> A = [2 - i,4 + i,1;4  6 * i,8 + i];B = A'
B =
    2.0000 + 1.0000i     4.0000
    4.0000 - 1.0000i          0 - 6.0000i
    1.0000               8.0000 - 1.0000i
```

2. 矩阵的四则运算

矩阵的加、减、乘运算符分别为“+”、“-”、“*”，用法与数字运算几乎相同，但计算时要满足其数学要求（如维数相同的矩阵才可以加、减；维数相容的矩阵才可以相乘）。如果常数与矩阵进行加、减、乘运算，即是同该矩阵的每一元素进行运算。

【例 3-2】　求矩阵 $\boldsymbol{A}=\begin{bmatrix}1 & 2\\3 & 4\end{bmatrix}$ 和矩阵 $\boldsymbol{B}=\begin{bmatrix}5 & 6\\7 & 8\end{bmatrix}$ 的乘积矩阵。

```
>> A = [1,2;3  4];B = [5,6;7 8];C = A * B
C =
      19      22
      43      50
```

如果矩阵 $\boldsymbol{A}$ 和矩阵 $\boldsymbol{B}$ 的维数不相容，如 $\boldsymbol{B}=\begin{bmatrix}5 & 6\\7 & 8\\9 & 0\end{bmatrix}$，则将给出错误信息。

```
>> B = [5  6;7  8;9  0];C = A * B
??? Error using = = > mtimes
Inner matrix dimensions must agree.
```

在 MATLAB 语言中，矩阵的除法有两种形式：左除“\”和右除“/”。它涉及矩阵的求逆运算。$A\backslash B$ 为方程 $AX=B$ 的解，若 A 为非奇异方阵，则 $X=A^{-1}B$。如果矩阵 A 不是方阵，这时使用最小二乘解法求取矩阵 X。B/A 相当于求 $XA=B$ 的解，若 A 为非奇异方阵，则 $X=BA^{-1}$。当常数与矩阵进行除运算时，常数通常只能作除数。

3. 矩阵的乘方运算

矩阵 A 为方阵时，其乘方矩阵可以由 A^x 求出，其中 x 为常数。

【例 3-3】　求矩阵 A 的乘方运算。

```
%矩阵平方
>> A = [1  2  3;4  5  6;7  8  9];A^2
ans =
      30      36      42
      66      81      96
     102     126     150
%矩阵开5次方
>> A^0.2
ans =
   0.7921 + 0.4335i   0.4016 + 0.1174i   0.0119 - 0.1982i
   0.5080 + 0.0477i   0.5620 + 0.0134i   0.6143 - 0.0221i
   0.2247 - 0.3376i   0.7207 - 0.0918i   1.2175 + 0.1546i
```

3.4.2　矩阵的数组运算

我们在进行工程计算时常常遇到矩阵对应元素之间的直接运算，这种运算不同于前面讲的数学运算，称为数组运算，又称点运算。

1. 矩阵的点转置

对于实数矩阵来说，点转置和转置完全相同。而对于复数矩阵来说，两种转置差别很大，点转置后不再取共轭。

【例 3-4】 求矩阵 $A=\begin{bmatrix}2-i & 4+i & 1\\ 4 & 6i & 8+i\end{bmatrix}$ 的点转置。

```
>> A = [2 - i,4 + i,1;4 6 * i,8 + i];B = A.'
B =
      2.0000 - 1.0000i      4.0000
      4.0000 + 1.0000i           0 + 6.0000i
      1.0000               8.0000 + 1.0000i
```

2. 基本运算

数组的加、减与矩阵的加、减运算完全相同，而乘、除法运算有相当大的区别。数组的乘除法是指两同维数组对应元素之间的乘、除法，它们的运算符为“. *”和“./”或“. \”。前面讲过常数与矩阵的除法运算中常数只能作除数。在数组运算中有了“对应关系”的规定，数组与常数之间的除法运算没有任何限制。

另外，矩阵的数组运算中还有幂运算（运算符为“.^”）、指数运算（exp）、对数运算（log）、和开方运算（sqrt）等基本初等函数运算。有了“对应元素”的规定，数组运算实质上就是针对矩阵的每个元素进行的。

【例 3-5】 求矩阵 ***A*** 的乘方和点乘方。

```
>>A = [2  1  -3;3  1  0; -1  2  4];
>>A^2
ans =
     10   -3   -18
      9    4    -9
      0    9    19
>>A.^2
ans =
      4    1     9
      9    1     0
      1    4    16
```

由上例可见矩阵的幂运算与数组的幂运算有很大的区别。

3. 逻辑关系运算

逻辑关系运算是 MATLAB 中数组运算所特有的一种运算形式，也是几乎所有的高级语言普遍适用的一种运算。它们的具体符号、功能及用法见表 3-2。

表 3-2 逻辑关系运算

符号运算符	功 能	函 数 名
&	逻辑与	and
|	逻辑或	or

（续）

符号运算符	功　能	函 数 名
~	逻辑非	not
	逻辑异或	xor
= =	等于	eq
~ =	不等于	ne
<	小于	lt
>	大于	gt
< =	小于等于	le
> =	大于等于	ge

在关系比较中，若比较的双方为同维数组，则比较的结果也是同维数组。它的元素值由0和1组成。当比较双方对应位置上的元素值满足比较关系时，则它的对应值为1，否则为0。当比较的双方中一方为常数，另一方为一数组，则比较的结果与数组同维。

需要说明的是，在算术运算、比较运算和逻辑（与、或、非）运算中，它们的优先级关系先后为：比较运算、算术运算、逻辑（与、或、非）运算。例如：

```
>> a = [1  2  3;4  5  6;7  8  9];
>> x = 5;
>> x = x < = a
x =
      0     0     0
      0     1     1
      1     1     1
>> b = [0  1  0;1  0  1;0  0  1];
>> ab = a&b
ab =
      0     1     0
      1     0     1
      0     0     1
```

MATLAB还提供了一些特殊的函数，如查询满足某关系的数组下标的find函数。

例如：

```
>> A = eye(2,3);
>> find(A ~ =0)
ans =
      1
      4
>> a = 10 :20;
>> find(a > 15)
ans =
      7     8     9     10     11
```

3.4.3 矩阵操作

1. 矩阵下标

MATLAB 通过确认下标，可以对矩阵进行插入子块、提取子块和重排子块的操作。为了提取矩阵 A 的第 n 行、第 m 列的元素值，使用 $A(n,m)$ 可以得到。同样，将矩阵 A 的第 n 行、第 m 列的元素赋值为 2，使用 $A(n,m)=2$ 命令。在矩阵赋值时，如果行或列超出矩阵的大小，则 MATLAB 自动扩充矩阵的规模，使得可以赋值，扩充部分以零填充。例如：

```
>> a = [1  2  3  4;5  6  7  8;9  10  11  12;13  14  15  16];
>> a(1,2) + a(3,4)
ans =
     14
```

利用矩阵下标，MATLAB 还提供了子矩阵功能。同样是上面的 $A(n,m)$，如果 n 和 m 是向量，而不是常数，则将获得指定矩阵的子块。例如：

```
>> a(3:4,1:2)
ans =
     9    10
    13    14
```

矩阵的子块还可以被赋值。如果在提取子块时，n 或 m 是“:”，则返回指定的所有行或列。如果在矩阵子块赋值为空矩阵（用 [ ] 表示），则相当于删除相应的行列。

例如：

```
>> a(1:2,: )
ans =
      1    2    3    4
      5    6    7    8
>> a(1:2,: ) = [ ]
a =
      9    10    11    12
     13    14    15    16
```

2. 矩阵大小

MATLAB 提供了获得矩阵或向量大小的函数 size( ) 和 length( )。

size 按照下面的形式使用：$[m,n]=\text{size}(a,x)$。一般情况下，函数的输入参量 x 不用。当只有一个输出变量时，size 返回一个行向量，第一个数为行数，第二个数为列数；如果有两个输出变量，第一个返回量为行数，第二个返回量为列数。当使用 x 时，$x=1$ 返回行数，$x=2$ 返回列数，这时只有一个返回值。length( ) 函数用以返回行数或者列数的最大值，即 $\text{length}(a)=\max(\text{size}(a))$。

3. 矩阵翻转

MATLAB 提供了矩阵翻转操作的函数。flipud( ) 使得矩阵上下翻转，fliplr( ) 使得矩阵左右翻转，rot90( ) 使得矩阵逆时针翻转 90°。例如：

```
>> a = [1  2  3;4  5  6;7  8  9];
>> flipud(a)
ans =
     7     8     9
     4     5     6
     1     2     3
>> fliplr(a)
ans =
     3     2     1
     6     5     4
     9     8     7
>> rot90(a)
ans =
     3     6     9
     2     5     8
     1     4     7
```

4. 矩阵函数

MATLAB 语言中还提供了矩阵的专用函数，见表 3-3。在 MATLAB 语言命令窗口中输入“help matfun”，即可以看到这些函数的在线帮助。

表 3-3　矩阵专用函数

名　称	含　义	名　称	含　义
norm	计算矩阵范数	poly	计算矩阵的特征多项式
rank	计算矩阵的秩	inv	计算矩阵的逆
det	计算矩阵行列式	pinv	计算矩阵的伪逆
trace	计算矩阵的迹	expm	矩阵的指数函数
eig	计算矩阵的特征值、特征向量	sqrtm	矩阵的开方根函数

3.4.4　矩阵元素的数据变换

在数据处理中，常遇到取整的情况。对由小数构成的矩阵 A 来说，取整有以下几种方案：

1) floor (A) 将 A 中元素按 $-\infty$ 方向取整，即取不足整数。

2) ceil (A) 将 A 中元素按 $+\infty$ 方向取整，即取过剩整数。

3) round (A) 将 A 中的元素按四舍五入取整。

4) fix (A) 将 A 中元素按离 0 近的方向取整。

【例 3-6】　随机数矩阵的数据变换。

```
>> A = -0.5 +2 * rand(2)
A =
     1.4003     0.7137
    -0.0377     0.4720
>> floor(A)
   ans =
```

```
     1    0
    -1    0
>> ceil(A)
ans =
     2    1
     0    1
>> round(A)
ans =
     1    1
     0    0
>> fix(A)
ans =
     1    0
     0    0
```

3.5 流程控制结构

和其他的程序设计语言一样，MATLAB 语言也给出了丰富的流程控制语句，以实现具体的程序设计。MATLAB 语言的流程控制语句主要有 for、while、if-else-end 及 switch-case 4 种语句。

3.5.1 for 语句

for 循环语句是流程控制语句中的基础，使用该循环语句可以以指定的次数重复执行循环体内的语句。

for 循环语句的调用格式为

```
for 循环控制变量 = 循环次数设定
    循环体
end
```

注意，这里的循环语句是以 end 结尾的，这和 C 语言的结构不同。在 C 语言循环中，循环体的内容是以 {} 括起来的。而在 MATLAB 语言中，循环体的内容是以循环语句和 end 语句括起来。

例如：

```
for i = 1:2:12
    s = s + i;
end
```

在例子中，循环次数由冒号表达式 1:2:12 决定，通常使用的格式为

初始值 s1：步长 h：终值 s2

初始值为循环变量的初始设定值，每执行循环体一次，循环控制变量将增加步长大小，直至循环控制变量的值大于终值时循环结束，这里步长是可以为负的。如果 h > 0，其效果和 C 语言中的 for(i = s1; i < = s2;i + = h)是一致的，而在 h < 0 时，它和 for(i = s1; i > = s2;

i + =h)是一致的。

在for循环语句中，循环体内不能出现对循环控制变量的重新设置，否则将会出错，for循环允许嵌套使用。

【例3-7】 创建Hilbert矩阵，该矩阵的元素表达式是 $a(i,j)=\frac{1}{i+j-1}$。下面给出利用for循环的程序。

```
k=5;
H=zeros(k,k);          %给矩阵预先分配存储空间,有利于提高运行速度
for m=1:k
    for n=1:k
        H(m,n)=1/(m+n-1);
    end
end
format
H
H =
    1       1/2      1/3      1/4      1/5
    1/2     1/3      1/4      1/5      1/6
    1/3     1/4      1/5      1/6      1/7
    1/4     1/5      1/6      1/7      1/8
    1/5     1/6      1/7      1/8      1/9
```

3.5.2 while语句

while循环语句与for循环语句不同的是，前者是以条件的满足与否来判断循环是否结束的，而后者则是以执行次数是否达到指定值为判断的。

while循环语句的基本格式为

```
while 循环判断的语句
    循环体
end
```

其中循环判断语句为某种形式的逻辑判断表达式，当该表达式的值为真时，就执行循环体内的语句；当表达式的逻辑值为假时，就退出当前的循环体。如果循环判断语句为矩阵时，当且仅当所有的矩阵元素非零时，逻辑表达式的值为真。

在while循环语句中，在语句内必须有可以修改循环控制变量的命令，否则该循环语言将陷入死循环中，除非循环语句中有控制退出循环的命令，如break语句。当程序流程运行至该命令时，则不论循环控制变量是否满足循环判断语句均将退出当前循环，执行循环后的其他语句。

与break语句对应，MATLAB语言还提供了continue命令用于控制循环，当程序运行至该命令时会忽略其后的循环体操作转而执行下一层次的循环。当循环控制语句为一空矩阵时，将不执行循环体的操作而直接执行其后的其他命令语句，即空矩阵被认为是假。

【例 3-8】 求满足 $(\sum_{i=1}^{m} i) > 1000$ 的最小 m 值。

```
accum = 0;
i = 1;
while accum < = 10000
    accum = accum + i;
    i = i + 1;
end
[i,accum]
ans =
      142          10011
```

3.5.3 ife-lse-end 语句

条件判断语句也是程序设计语言中流程控制语句之一。使用该语句，可以选择执行指定的命令，MATLAB 语言中的条件判断语句是 if-else-end 语句。

if-else-end 语句的基本格式为

```
if  逻辑判断语句
      逻辑值为“真”时执行的语句
else
      逻辑值为“假”时执行的语句
end
```

当逻辑判断表达式为“真”时，将执行 if 与 else 语句间的命令，否则将执行 else 与 end 语句间的命令。

例如：

```
if  x > 4
    x = x + 1
else
    x = x
end
```

在 MATLAB 语言的 if-else-end 语句中的 else 子句是可选项，即语句中可以不包括 else 子句的条件判断。在程序设计中，也经常碰到需要进行多重逻辑选择的问题，这时可以采用 if-else-end 语句的嵌套形式：

```
if  逻辑判断语句 1
    逻辑值 1 为“真”时的执行语句
elseif  逻辑判断语句 2
        逻辑值 2 为“真”时的执行语句
elseif  逻辑判断语句 3
        ……
else
```

```
        当以上所有的逻辑值均为假时的执行语句
end
```

在以上的各层次的逻辑判断中，若其中任意一层逻辑判断为真，则将执行对应的执行语句，并跳出该条件判断语句，其后的逻辑判断语句均不进行检查。

3.5.4　switch-case 语句

if-else-end 语句所对应的是多重判断选择，而有时也会遇到多分支判断选择的问题。MATLAB 语言为解决多分支判断选择提供了 switch-case 语句。

switch-case 语句的基本格式为

```
switch   选择判断量
    case   选择判断值 1
           选择判断语句 1
    case   选择判断值 2
           选择判断语句 2
    ……
otherwise
    判断执行语句
end
```

与其他程序设计语言的 switch-case 语句不同的是，在 MATLAB 语言中，当其中一个 case 语句后的条件为真时，switch-case 语句不对其后的 case 语句进行判断，也就是说在 MATLAB 语言中，即使有多条 case 判断语句为真，也只执行所遇到的第一条为真的语句。这样就不必像 C 语言那样，在每条 case 语句后加上 break 语句以防止继续执行后面为真的 case 条件语句。

3.6　m 文件

在 MATLAB 语言中，对于简单的问题，使用直接输入命令简单有效。而对复杂的和多次重复的应用问题，直接输入命令比较麻烦，MATLAB 语言提供了 m 文件编程方法。所谓 m 文件就是由 MATLAB 语言编写的以“.m”为扩展名，可在 MATLAB 语言环境下运行程序源代码文件。m 文件可以分为脚本文件（Script）和函数文件（Function）两种。m 文件不仅可以在 MATLAB 语言的程序编辑器中编写，也可以在其他的文本编辑器中编写。

3.6.1　脚本文件

脚本文件为文本形式，是若干命令或函数的集合，用于执行特定的功能。脚本的操作对象为 MATLAB 工作空间内的变量，并且在脚本执行结束后，脚本中对变量的一切操作均会被保留。在 MATLAB 语言中也可以在脚本内部定义变量，并且该变量将会自动地被加入到当前的 MATLAB 工作空间中，并可以为其他的脚本或函数引用，直到 MATLAB 被关闭或采用一定的命令将其删除。

脚本文件的执行方式非常简单，用户只要在 MATLAB 命令窗口的“ >> ”提示符下输入 m 文件文件名即可。

3.6.2 函数文件

MATLAB 语言中，相对于脚本文件而言，函数文件是较为复杂的。函数需要给定输入参数，并能够对输入变量进行若干操作，实现特定的功能，最后给出一定的输出结果或图形等，其操作对象为函数的输入变量和函数内的局部变量等。

MATLAB 语言的函数文件包含 5 个部分：

1）函数定义行：是函数语句的第一行，在该行中将定义函数名、输入变量列表及输出变量列表等。

2）H1 行：指函数帮助文本的第一行，为该函数文件的帮助主题，当使用 lookfor 命令时，可以查看到该行信息。

3）帮助文本：这部分提供了函数的完整的帮助信息，包括 H1 之后至第一个可执行行或空行为止的所有注释语句，通过 MATLAB 语言的帮助系统查看函数的帮助信息时，将显示该部分。

4）函数体；指函数代码段，也是函数的主体部分。

5）注释部分：指对函数体中各语句的解释和说明文本，注释语句是以%引导的。

例如：

```
function[output1,output2] = my_function(input1,input2)          %函数定义行
   %This is function to manipulate two matrices                 %H1 行
   %input1,input2 are input variables                           %帮助文本
   %output1,output2 are output variables                        %帮助文本
   output1 = input1 + input2;                                   %函数体
   output2 = input1 * input2;                                   %函数体
   %The end of this example function
```

调用函数文件：

```
>>[a,b] = my_function([1  2;3  4],[1  4;2  3])
a =
     2     6
     5     7
b =
      5    10
     11    24
```

在该函数定义行中，“function”为 MATLAB 语言中函数的标示符，而“my_ function”为函数名，“input1”、“input2”为输入变量，而“output1”、“output2”为输出变量，实际调用过程中，可以用有意义的变量替代使用。定义行有一定的格式要求的，输出变量是由中括号标识的，而输入变量是由小括号标识的，各变量间用逗号间隔。应该注意到，函数的输入变量引用的只是该变量的值而非其他值，所以函数内部对输入变量的操作不会带回到工作

空间中。MATLAB 语言提供了 nargin 函数和 varargin 函数来控制输入变量的个数，以实现不定个数参数输入的操作。在 MATLAB 语言中，函数内定义的变量均被视为局部变量，即不加载到工作空间中，如果希望使用全局变量，则应当使用 global 命令定义。

函数题头下的第一行注释语句为 H1 行，可以通过 lookfor 命令查看；函数的帮助信息可以通过 help 命令查看。

函数体是函数的主体部分，也是实现编程目的的核心所在，它包括所有可执行的一切 MATLAB 语言代码。

在函数体中“%”后的部分为注释语句，注释语句主要是对程序代码进行说明解释，使程序易于理解，也有利于程序的维护。MATLAB 语言中将一行内“%”后所有文本均视为注释部分，在程序的执行过程中不被解释，并且“%”出现的位置也没有明确的规定，可以是一行的首位，这样，整行文本均为注释语句，也可以是在行中的某个位置，这样其后所有文本将被视为注释语句，这也展示了 MATLAB 语言在编程中的灵活性。

尽管在上文中介绍了函数文件的 5 个组成部分，但是并不是所有的函数文件都需要全部的这 5 个部分。实际上，5 部分中只有函数题头是一个函数文件所必需的，而其他的 4 个部分均可省略。当然，如果没有函数体则为一个空函数，不能产生任何作用。

在 MATLAB 语言中，存储 m 文件时文件名应当与文件内主函数名相一致，这是因为在调用 m 文件时，系统查询的相应的文件而不是函数名，如果两者不一致，则或者打不开目的文件，或者打开的是其他文件。MATLAB 语言的文件查询方式和其他语言不同，在其他的语言系统中，函数的调用都是指对函数名本身的。所以，建议在存储 m 文件时，应将文件名与主函数名统一起来，以便于理解和使用。

3.7　MATLAB 的绘图功能

MATLAB 语言提供了强大的图形绘制功能，可以方便地实现数据的视觉化。本节着重介绍二维图形的画法。

3.7.1　二维图形的绘制

1. 基本形式

二维图形的绘制是 MATLAB 语言图形处理的基础。MATLAB 最常用的命令是 plot。线性坐标图绘制基本格式为

plot（x，y）

例如：

```
>> x = linspace(0,2 * pi,30);
>> y = sin(x);
>> plot(x,y)
```

生成的图形如图 3-3 所示，是［0，2π］上 30 个点连成的光滑的正弦曲线。

2. 多条曲线

在同一个画面上可以画许多条曲线，基本格式为

plot（x1，y1，x2，y2，…）。

例如:

```
>> x = 0: pi/15: 2 * pi;
>> y1 = sin(x);
>> y2 = cos(x);
>> plot(x,y1,x,y2)
```

结果如图 3-4 所示。多重线的另一种画法是利用 hold 命令。在已经画好的图形上，若设置 hold on，MATLAB 将把新的 plot 命令产生的图形画在原来的图形上。而 hold off 命令将结束这个过程。例如:

```
>> x = linspace(0,2 * pi,30);y = sin(x);   plot(x,y)
```

先画好图 3-3，然后用下述命令增加 cos(*x*)的图形，也可得到图 3-4。

```
>> hold on
>> z = cos(x);plot(x,z)
>> hold off
```

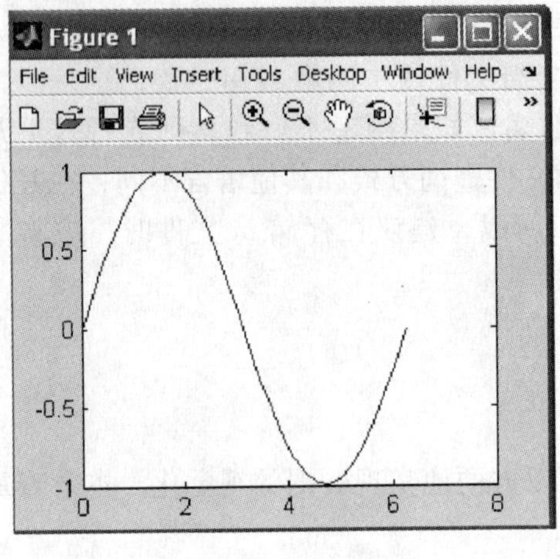

图 3-3　简单绘图

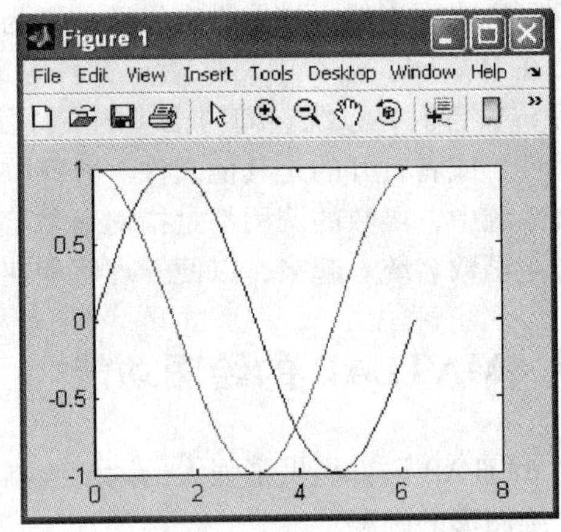

图 3-4　多条曲线

3. 线型和颜色

MATLAB 对曲线的线型和颜色有许多选择，标注的方法是在每一对数组后加一个字符串参数，基本格式：plot（x1，y1，'c1'，x2，y2，'c2'，…），颜色有：y 黄、r 红、g 绿、b 蓝、w 白、k 黑、m 紫、c 青，共 8 种。线型包含线方式和点方式，线方式有："-"实线、":"点线、"-."点画线、"--"虚线，共 4 种。点方式有："."圆点、"+"加号、"*"星号、"x" x 形、"o"小圆。

例如:

```
>> x = 0: pi/15: 2 * pi;
>> y1 = sin(x);   y2 = cos(x);
>> plot(x,y1,'b: +',x,y2,'g-. *')
```

结果如图 3-5 所示。

4. 网格和标记

在图形上可以添加加网格、标题、*x* 轴标记、*y* 轴标记和例图，使用命令如下:

```
>> x = linspace(0,2 * pi,30);y = sin(x);z = cos(x);
>> plot(x,y,x,z);
>> grid
>> title('sinx and cosx')
>> xlabel('x')
>> ylabel('y = sin(x) z = cos(x)')
>> legend('sinx','cosx')
```

结果如图 3-6 所示。

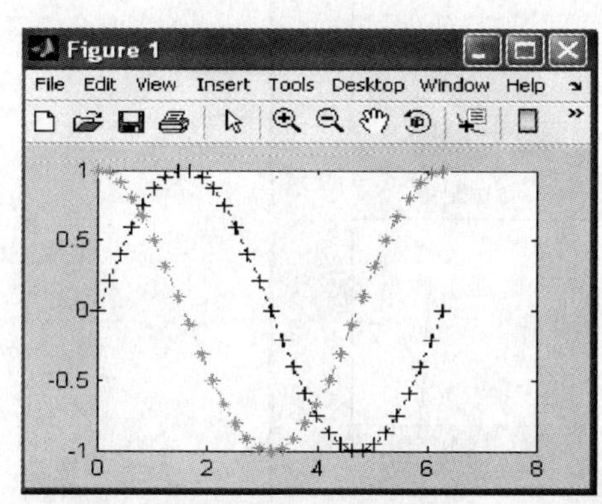

图 3-5　颜色线型控制

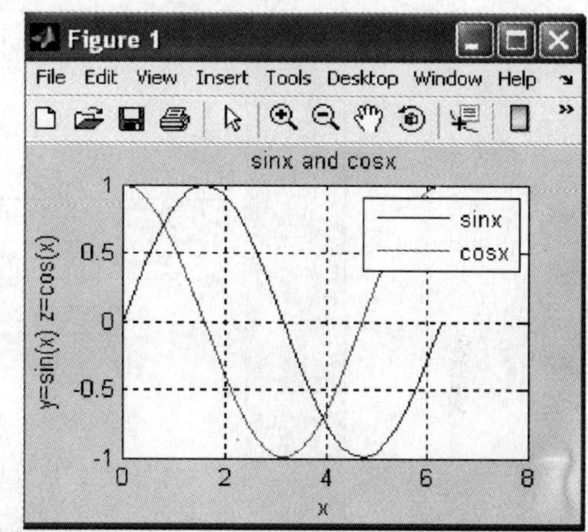

图 3-6　图形标注

也可以在图形的指定位置加上一个字符串，如：

```
>> text(2.5,0.7,'sinx')
```

表示在坐标 $x=2.5$，$y=0.7$ 处加上字符串 sin$x$。可以采用交互式用鼠标来确定字符串的位置，输入命令：

```
>> gtext('sinx')
```

在图形窗口十字线的交点是字符串的位置，用鼠标单击一下就可以将字符串放在该处。

5. 坐标系的控制

在缺省情况下 MATLAB 自动选择图形的横、纵坐标的比例，当然也可以用 axis 命令人工修改坐标，基本格式为

axis([xmin xmax ymin ymax])	[ ] 中分别给出 x 轴和 y 轴的最大值、最小值
axis equal 或 axis ('equal')	x 轴和 y 轴的单位长度相同
axis square 或 axis ('square')	图框呈方形
axis off 或 axis ('off')	清除坐标刻度

6. 多幅图形

可以在同一个图形窗口上建立几个坐标系，用 subplot(m,n,p)命令可以一个窗口分隔成 $m \times n$ 个图形区域，p 代表当前的区域号，在每个区域中分别画一个图。例如：

```
>> x = linspace(0,2 * pi,30);    y = sin(x);   z = cos(x);
>> u = 2 * sin(x). * cos(x);   v = sin(x)./cos(x);
```

```
>> subplot(2,2,1),plot(x,y),axis([0 2*pi -1 1]),title('sin(x)')
>> subplot(2,2,2),plot(x,z),axis([0 2*pi -1 1]),title('cos(x)')
>> subplot(2,2,3),plot(x,u),axis([0 2*pi -1 1]),title('2sin(x)cos(x)')
>> subplot(2,2,4),plot(x,v),axis([0 2*pi -20 20]),title('sin(x)/cos(x)')
```

结果如图 3-7 所示。

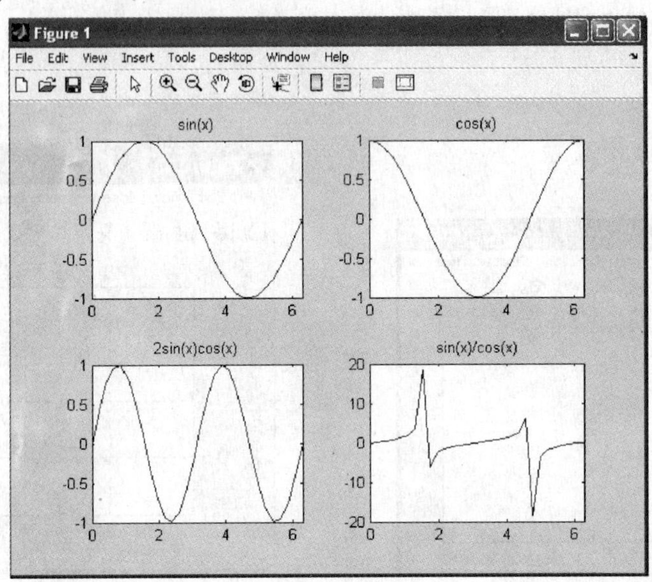

图 3-7 图形窗口分隔

3.7.2 三维图形的绘制

1. 三维曲线

和二维图形相对应，MATLAB 语言提供了 plot3( ) 函数，它允许用户在三维空间绘制三维曲线，基本格式为

```
plot3(x,y,z)
```

颜色线型的设置同 plot 函数相同。

2. 三维曲面

使用 mesh 命令绘制三维表面网格图。

例如，作曲面 $z=f(x,y)$ 的图形。

$$z=\frac{\sin\sqrt{x^2+y^2}}{\sqrt{x^2+y^2}},\quad -7.5\leqslant x\leqslant 7.5,\quad -7.5\leqslant y\leqslant 7.5$$

程序如下：

```
>> x = -7.5:0.5:7.5;
>> y = x;
>> [X,Y] = meshgrid(x,y);
>> q = sqrt(X.^2 + Y.^2) + eps;
>> Z = sin(q)./q;
```

```
>> mesh(X,Y,Z)
```

结果如图3-8所示。

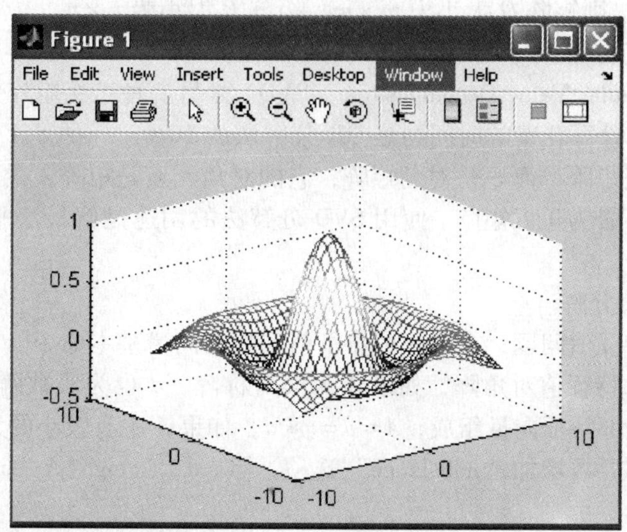

图3-8 三维图形绘制

3.7.3 图形的输出

在数学建模中，往往需要将产生的图形输出到Word文档中。通常可采用下述方法：

首先，在MATLAB图形窗口中选择“File”菜单中的“Export Setup”选项，将打开“图形输出设置”对话框，设置好图形的尺寸、字体和线型后，选择“Export”按钮，打开“图形输出”对话框，在该对话框中可以把图形以“emf”、“bmp”、“jpg”、“pgm”等格式保存。然后，再打开相应的文档，并在该文档中选择“插入”菜单中的“图片”选项插入相应的图片即可。

3.8 MATLAB的应用

3.8.1 矩阵的分解

1. 矩阵的三角分解

矩阵的三角分解又称为LU分解，它的目的是把矩阵分解为上三角矩阵U和下三角矩阵L的乘积，计算中使用高斯变量消去法。在MATLAB语言中给出了矩阵的LU分解函数lu( )，基本格式为

$$[L,U,P]=\mathrm{lu}(A)$$

式中，P为置换矩阵。

2. 矩阵的正交分解

矩阵的正交分解又称QR法，是将矩阵分解成一个正规正交矩阵与上三角形矩阵。MATLAB语言以qr函数来执行QR分解法，基本格式为

$$[Q,R]=\mathrm{qr}(A)$$

式中，Q 代表正规正交矩阵；R 代表上三角形矩阵。此外，原矩阵 A 不必为正方矩阵；如果矩阵 A 大小为 $m\times n$，则矩阵 Q 大小为 $m\times m$，矩阵 R 大小为 $n\times n$。

3. 矩阵的奇异值分解

奇异值分解（Sigular Value Decomposition，SVD）是另一种正交矩阵分解法。SVD 是最可靠的分解法，但是它计算花费的时间约是 QR 分解法的 10 倍。$[U,S,V]$ = svd(A)，其中 U 和 V 是两个相互正交矩阵，而 S 是对角矩阵，它的对角元素是矩阵 A 的奇异值。和 QR 分解法相同，原矩阵 A 不必为正方矩阵。使用 SVD 分解法的用途是解最小平方误差法和数据压缩。

4. 矩阵的特征值分解

对于方阵 A 的特征值问题，求取 A 的特征值和特征向量基本命令[v, d] = eig(A)，返回的矩阵 d 是矩阵 A 的特征值对角阵，如果 A 为实对称阵，d 也为实数阵，否则 d 为复数阵；矩阵 v 由矩阵 A 的全部特征向量组成，$A*v=v*d$。如果 A 中有较小的元素，在计算特征值或者特征向量时，需要再增加“nobalance”选项，[v, d] = eig (A, 'noblance') 来减少计算误差。

3.8.2 多项式处理

1. 多项式表示

多项式在 MATLAB 语言中使用降幂系数的行向量表示。例如，多项式 x^4-5x^2+4x+6 表示为

```
>> p = [1  0  -5  4  6]
p =
     1     0    -5     4     6
```

使用 roots 函数可以找出多项式等于零的根，如

```
>> roots(p)
ans =
   1.5858 + 0.8033i
   1.5858 - 0.8033i
  -2.3706
  -0.8010
```

已知多项式的根，使用 poly 函数也可以构造出相应的多项式。

2. 多项式计算

在 MATLAB 语言中，可以采用 conv 函数进行多项式乘法运算，采用 deconv 进行除法运算。

MATLAB 语言还提供了多项式微分、估计值函数。多项式微分使用 polyder(p)函数，估计值函数使用 polyval(p,x)函数。

3.8.3 曲线拟合与插值

在实验数据处理中，经常遇到将实验数据进行解析描述的问题，解决这个问题有曲线拟

合和插值两种方法。在曲线拟合中，假定已知曲线的规律，寻找曲线的最佳逼近，其原理是线性最小二乘。插值则认为数据是准确的，求取其中描述点之间的数据，其数学基础是差分。下面分别说明这两种方法。

1. 最小二乘法拟合

在科学实验的统计方法研究中，往往要从一组实验数据（x_i，y_i）中寻找出自变量 x 和因变量 y 之间的函数关系 $y=f(x)$。由于观测数据往往不够准确，因此并不要求 $y=f(x)$ 经过所有的点，（x_i，y_i）而只要求在给定点 x_i 上误差 $\delta_i=f(x_i)-y_i$ 按照某种标准达到最小，通常采用欧氏范数 $\|\delta\|^2$ 作为误差量度的标准，这就是所谓的最小二乘法。在MATLAB语言中实现最小二乘法拟合通常采用polyfit函数进行。

polyfit函数是指用一个多项式函数来对已知数据进行拟合，我们以下列数据为例说明：

```
>> x = 0:0.1:1;
>> y = [ -0.447  1.978  3.28  6.16  7.08  7.34  7.66  9.56  9.48  9.30  11.2]
```

为了使用polyfit函数，首先必须指定我们希望以多少阶多项式对以上数据进行拟合，如果我们指定一阶多项式，结果为线性近似，通常称为线性回归。我们选择二阶多项式进行拟合。

```
>> p = polyfit(x,y,2)
p =
     -9.8108    20.1293    -0.0317
```

函数返回的是一个多项式系数的行向量，写成多项式形式为

$$-9.8108x^2+20.1293x-0.0317$$

为了比较拟合结果，我们绘制两者的图形：

```
>> xi = linspace(0,1,100);          % X 轴数据
>> Z = polyval(p,xi);               %得到多项式在数据点处的值
```

当然，我们也可以选择更高幂次的多项式进行拟合，如10阶：

```
>> p = polyfit (x,y,10);
>> xi = linspace (0,1,100);
>> z = polyval (p,xi);
```

比较绘图结果，可以看出高阶拟合曲线在数据点附近更加接近数据点的测量值了，但是曲线整体波动比较大，并不一定适合实际使用的需要，所以在进行高阶曲线拟合时，并不是阶次“越高越好”，要根据实际情况选择合适阶数。

2. 线性插值

所谓线性插值就是通过插值点用折线段连接起来逼近原曲线。MATLAB提供了插值函数interp1，基本格式为

```
yi = interp1(x,y,xi,'method')
```

对一组点（x，y）进行插值，计算插值点xi的函数值。x 为节点向量值，y 为对应的节点函数值。如果 y 为矩阵，则插值对 y 的每一列进行，若 y 的维数超出 x 或 xi 的维数，则返回NaN。method用来指定插值的算法。默认为线性算法。其值常用的可以是如下的字符串：'linear'——线性插值；'spline'——三次样条插值；'cubic'——三次插值；'nearest'——线

性最近项插值。

例如：

```
>> x =0: 0.1: 10;
>> y = sin(x);
>> xi =0: 0.25: 10;
>> yi = interp1(x,y,xi);
>> plot(x,y,'o',xi,yi)
```

MATLAB 也能够完成二维插值的运算，相应的函数为 interp2，使用方法与 interpl 基本相同，只是输入和输出的参数为矩阵。

3.8.4 常微分方程求解

控制系统的模型通常采用常微分方程形式描述，求它们的解析解很难，一般采用数值解。第 2 章详细介绍了常微分方程数值解，这里给出 MATLAB 函数的求解方法。

MATLAB 提供了两个常微分方程求解的 ode23( ) 和 ode45( ) 函数。这两个函数分别采用了二阶三级的 RKF 方法和四阶五级的 RKF 方法，并采用自适应变步长的求解方法，即当解的变化较慢时采用较大的计算步长，从而使得计算速度很快，当方程的解变化得较快时，积分步长会自动地变小，从而使得计算的精度很高。这两个函数的调用格式分别为

[t, x] =ode23（方程函数名，tspan，x0，选项，附加参数）

[t, x] =ode45（方程函数名，tspan，x0，选项，附加参数）

其中，“选项”可以通过 odeget( ) 和 odeset( ) 函数来设置，具体的常用选项如下：

- RelTol 为相对误差容许上限，默认值为 0.001（即 0.1% 的相对误差），在一些特殊的微分方程求解中，为了保证较高的精度，还应该再适当减小该值。
- AbsTol 为一个向量，其分量表示每个状态变量允许的绝对误差，其默认值为 10^{-6}。当然可以自由设置其值，以改变求解精度。
- MaxStep 为求解方程最大允许的步长。
- Mass 为微分代数方程中的质量函数。
- Jacobian 为描述 Jacob 矩阵函数 $\partial f/\partial X$ 的函数名。

变量 tspan 一般为仿真范围，例如，取 tspan = [t0, tf]，其中 t0 和 tf 分别为用户指定的起始和终止计算时间。

函数中方程函数名的编写格式是固定的。方程函数的引导语句为

function xdot = 方程函数名（t，x，$flag$，附加参数）

式中，t 为时间变量；x 为方程的状态变量；xdot 为状态变量的导数。注意，即使微分方程是非时变的，也应该在函数输入变量列表中写上 t 占位。可见，如果想编写这样的函数，首先必须已知原系统的状态方程模型。

如果有附加参数需要传递，则可以将其在原函数中给出，若有多个附加参数，则它们之间应该用逗号分隔，且应确保它们与主调函数完全对应。另外应该用一个变量 flag 来占位。

【例 3-9】 求解著名的 Van der Pol 微分方程 $\ddot{y}+\mu(y^2-1)\dot{y}+y=0$。

选择状态变量 $x_1=y$，$x_2=\dot{y}$，则原方程变为

$$\begin{cases}\dot{x}_1 = x_2 \\ \dot{x}_2 = -\mu(x_1^2-1)x_2 - x_1\end{cases}$$

如果已知$\mu=2$，描述模型的m函数如下：

```
function dy = vdp(t,x)
dy(1) = x(2);
dy(2) = -2*(x(1)^2-1)*x(2)-x(1);
dy = [dy(1);dy(2)];
```

在命令窗口调用函数：

```
>> x0 = [-0.2;-0.7];tf = 20;
[t1,y1] = ode45('vdp',[0,tf],x0);
plot(t1,y1)
```

时间响应曲线如图3-9所示。

如果μ是一个可变参数，这样在函数定义时就多了一项，描述模型的m函数为

```
function dy = vdp_eq(t,x,flag,mu)
dy = [x(2); - mu * (x(1).^2-1).*x(2) - x(1)];
```

命令行求解格式为

```
>> h_opt = odeset; x0 = [-0.2; -0.7]; tf = 20; mu = 2;
[t2,y2] = ode45('vdp_eq',[0,tf],x0,h_opt,mu)
```

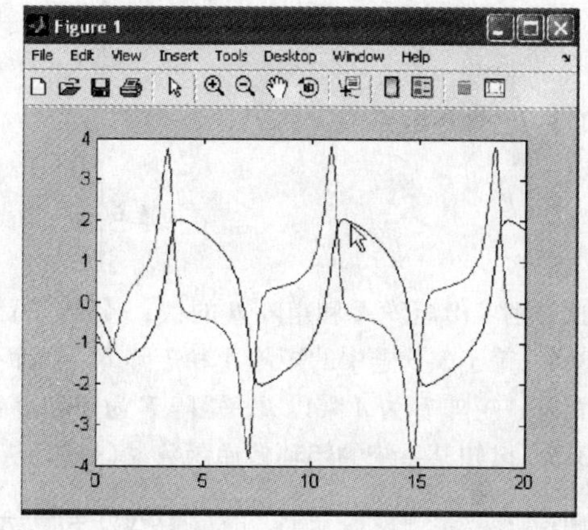

图3-9 时间响应曲线

注意，在定义函数时flag变量是用来指定初值的。即使初值不用指定，也必须有该变量占位。调用函数ode45( )时也应该给出选型变量占位。在ode45调用命令中附加变量个数应该和方程m函数中的附加参数个数完全对应。

如果采用MATLAB“函数句柄”的概念，在编写函数文件时不用flag占位。在用ode45调用时，不用引用函数名，而直接用句柄即可。

采用函数句柄编写的m函数：

```
function dy = vdp_jb(t,x,mu)
dy = [x(2); - mu*(x(1).^2-1).*x(2)-x(1)];
```

命令行求解格式为

```
>> h_opt = odeset;x0 = [-0.2;-0.7];tf = 20;mu = 2;
[t2,y2] = ode45(ovdp_eq,[0,tf],x0,h_opt,mu)
```

小　结

本章详细介绍了MATLAB的基本使用方法。MATLAB即Matrix Laboratory的简称，MAT-

LAB在矩阵运算上有着卓越的性能。本章首先介绍了MATLAB的矩阵表示形式以及常用的变量、常量及语句；接着从矩阵的数学运算、数组运算、基本操作及数据变换等方面介绍矩阵的运算。然后介绍了for、while、if-else-end及switch-case这4种流程控制语句，脚本文件和函数文件的区别，在此基础上，说明MATLAB程序编写的方法。最后介绍了MATLAB强大的绘图功能以及MATLAB在矩阵分解、多项式处理、数据处理和常微分方程求解中的应用。学习目的就是利用MATLAB语言作为工具更好地解决实际问题，因此在学习本章时应更多地结合实例上机练习。

习　题

3-1 编写两个m文件，分别使用for和while循环语句计算 $\sum_{k=1}^{200} k^3$。

3-2 求解以下线性代数方程：

$$\begin{bmatrix} 1 & 0 & 2 \\ 1 & 1 & 3 \\ 3 & 1 & 2 \end{bmatrix} \begin{bmatrix} x_1 \\ x_2 \\ x_3 \end{bmatrix} = \begin{bmatrix} 2 \\ 1 \\ 1 \end{bmatrix}$$

3-3 已知矩阵

$$\boldsymbol{A} = \begin{bmatrix} 0 & 1 & 3 \\ 1 & 2 & 1 \\ 5 & 4 & 2 \end{bmatrix}, \boldsymbol{B} = \begin{bmatrix} 2 & 1 & 8 \\ 4 & 1 & 4 \\ 3 & 3 & 2 \end{bmatrix}$$

试分别求出矩阵$\boldsymbol{A}$和矩阵$\boldsymbol{B}$的秩、转置、行列式、逆矩阵以及特征值。

3-4 等于3-3题中的矩阵A和矩阵B，在命令窗口中分别求出$C=A^2$、矩阵D为A中每个元素平方组成的矩阵、矩阵E为A乘以B、矩阵F为A和B数组乘积（即对应元素分别相乘的积构成的矩阵）。

3-5 已知某系统的闭环传递函数$\Phi(s)$如下，试用roots( )命令来判断系统的稳定性。

$$\Phi(s) = \frac{3s^2+2s+5}{s^5+2s^4+4s^3+5s^2+7s+6}$$

3-6 求复数矩阵 $C = \begin{bmatrix} 1+3\mathrm{i} & 5-\mathrm{i} & 7+3\mathrm{i} \\ 6+2\mathrm{i} & 3+2\mathrm{i} & 4-3\mathrm{i} \end{bmatrix}$ 的转置与共轭转置。

第 4 章　控制系统数学模型及其转换

控制系统的数学模型是描述系统内部物理量（或变量）之间关系的数学表达式，对于控制系统的分析和设计具有重要的意义。要对系统进行仿真研究，首先要建立系统的数学模型，在此模型的基础上建立系统的仿真模型，然后进行仿真，分析研究系统，并设计出相应的控制器对系统进行控制，使系统响应达到期望的性能指标。

在线性系统中，常用的数学模型有微分方程模型、传递函数模型、状态空间模型以及零极点模型等。不同的模型应用于不同的场合。掌握模型间的转换才能灵活应用各种数学模型。本章将主要介绍系统数学模型及其转换、系统环节模型的连接及标准型实现等内容。

4.1　控制系统类型

我们可以根据系统的性能对控制系统进行分类。

1. 连续系统和离散系统

所谓连续系统，是指组成系统的各个环节的输入信号和输出信号都是时间的连续信号，如电动机转速的闭环控制系统。连续系统的动态性能一般用微分方程来描述。离散系统中的信号则是离散信号，只有在离散时刻才有数值，而在两个离散时刻之前是没有信号的。脉冲信号和数字信号都属于离散信号，离散信号的性能一般用差分方程描述。既有连续信号又有离散信号的控制系统，通常称为采样控制系统，如在工业生产中广泛应用的计算机控制系统。

2. 线性系统和非线性系统

系统的性能可以用线性微分（或差分）方程描述，如

$$\ddot{y}(t)+a_1\dot{y}(t)+a_0y(t)=b_0u(t)$$

则称该系统为线性系统，线性系统的主要特点是满足齐次性和叠加性；系统中只要有一个元件的输入/输出特性是非线性的，这类系统就称为非线性控制系统，用非线性微分方程（或差分方程）描述系统的性能。非线性方程的特点是系数与变量有关，或者方程中含有变量及其导数的高次幂或乘积项，例如：

$$\ddot{y}(t)+y(t)\dot{y}(t)+y^2(t)=r(t)$$

严格地说，实际物理系统中都含有程度不同的非线性元件，但对非线性程度影响不严重的元件，可采用在一定范围内线性化的方法，从而将非线性控制系统近似为线性系统。

3. 时变系统和定常（时不变）系统

如果描述系统性能的线性方程中有一个或一个以上系数不是常数，而是时间的函数，如

$$\ddot{y}(t)+a_1(t)\dot{y}(t)+a_0y(t)=b_0u(t)$$

则称该系统为线性时变系统，如运载火箭，由于燃料消耗，它的质量和惯性均随时间变化。系统参数不随时间变化的系统称为定常系统（或时不变系统）。

4. 确定性系统和随机系统

如果被控对象数学模型的结构和参数是确定的，系统的全部输入信号均为时间的确定函数，则系统的输出响应也是确定的，这类系统称为确定性系统。但如果系统的输入信号中含有不确定的随机量（如负载变化、噪声、电压波动等），那么系统的输出响应必然也是不确定的，称这种系统为随机系统，对随机系统的研究要利用统计理论。如果被控对象本身也不确定，则控制过程更加复杂，需要辨识对象模型，再自适应修改控制器参数。

4.2 控制系统常用的数学模型

4.2.1 连续系统数学模型

连续系统常用的数学模型通常可以用微分方程、传递函数、状态空间表达式3种形式对系统加以描述。下面简要回顾几类数学模型，同时给出 MATLAB 的表示方法。

1. 系统微分方程形式模型

设线性定常系统单输入单输出（简称 SISO）系统，输入、输出量是单变量，分别为 $u(t)$、$y(t)$，则两者之间的关系总可以描述为线性常系数高阶微分方程形式：

$$a_0y^{(n)} + a_1y^{(n-1)} + \cdots + a_{n-1}\dot{y} + a_ny = b_0u^{(m)} + \cdots + b_mu \tag{4-1}$$

式中，$y^{(j)}(j=0,1,\cdots,n)$为$y(t)$ 的j阶导数；$u^{(i)}$为$u(t)$ 的i阶导数$(i=0,1,\cdots,m)$；m为系统输入变量导数的最高阶次，通常总有$m\leqslant n$。

微分方程模型是连续控制系统其他数学模型表达式的基础，以下所要讨论的模型表达形式都是以此为基础发展而来的。

2. 系统传递函数形式模型

将式（4-1）在零初始条件下，两边同时进行拉氏变换，则有

$$(a_0s^n + a_1s^{n-1} + \cdots + a_{n-1}s + a_n)Y(s) = (b_0s^m + \cdots + b_m)U(s) \tag{4-2}$$

输出拉氏变换 $Y(s)$ 与输入拉氏变换 $U(s)$ 之比为

$$G(s)=\frac{Y(s)}{U(s)}=\frac{b_0s^m+\cdots+b_{m-1}s+b_m}{a_0s^n+\cdots+a_{n-1}s+a_n} \tag{4-3}$$

即为单输入单输出系统的传递函数。传递函数是经典控制理论描述系统的数学模型之一，它表达了系统输入量和输出量之间的关系。从式（4-1）和式（4-3）还可以看出微分方程和传递函数的输入输出系数是一致的，所以微分方程模型在仿真中总是用其对应的传递函数模型来描述。在 MATLAB 语言中，可以利用分别定义的传递函数分子、分母多项式系数向量方便地对其加以描述。例如，对于式（4-3），可以分别定义为

$$num = [b_0, b_1, \cdots, b_{m-1}, b_m]$$
$$den = [a_0, a_1, \cdots, a_{n-1}, a_n]$$

这里分子、分母多项式系数向量中的系数均按 s 的降幂排列。用 printsys、tf 来建立传递函数的系统模型，其基本格式为

printsys(*num*, *den*, ' s ')

sys = tf(*num*, *den*)

【例 4-1】　已知系统的传递函数为

$$G(s)=\frac{5(2s^2+3)}{s^2(3s+1)(s+2)^2(5s^3+3s+8)}$$

利用 MATLAB 建立其相应的传递函数系统模型。

解　求解 m 文件如下：

```
num = 5 * [2  0  3];
den = conv(conv(conv([1  0  0],[3  1]),conv([1  2],[1  2])),[5  0  3  8]);
printsys(num,den,'s')
tf(num,den)
```

结果如下：

```
num/den =
                              10 s^2 + 15
      -------------------------------------------------------------------------------
      15 s^8 + 65 s^7 + 89 s^6 + 83 s^5 + 152 s^4 + 140 s^3 + 32 s^2
      Transfer function:          10 s^2 + 15
      -------------------------------------------------------------------------------
      15 s^8 + 65 s^7 + 89 s^6 + 83 s^5 + 152 s^4 + 140 s^3 + 32 s^2
```

说明：conv 函数是 MATLAB 语言中的标准函数，可以用来求两个多项式的乘积。语句 2 利用 conv 函数的嵌套得到多项式的系数，系数按降幂排列。

3. 系统的零极点形式模型

如果将式（4-3）中分子、分母有理多项式分解为因式连乘的形式，则有

$$G(s)=K\frac{\prod_{i=1}^{m}(s-z_i)}{\prod_{j=1}^{n}(s-p_j)}=K\frac{(s-z_1)(s-z_2)\cdots(s-z_m)}{(s-p_1)(s-p_2)\cdots(s-p_n)} \tag{4-4}$$

式中，K 为系统的零极点增益；$z_i(i=1,2,\cdots,m)$ 称为系统的零点；$p_j(j=1,2,\cdots,n)$ 称为系统的极点。z_i、p_j 可以是实数，也可以是复数。因此，称式（4-4）为单输入单输出系统传递函数的零极点表达形式。在 MATLAB 语言中可以分别定义为

$$z=[z_1,z_2,\cdots,z_m]$$

$$p=[p_1,p_2,\cdots,p_n]$$

然后使用 zpk( ) 函数建立零极点形式的系统模型，其基本格式为

$$sys=\mathrm{zpk}(z,p,k)$$

MATLAB 语言提供了多项式求根函数 roots( ) 来求系统的零极点，调用格式为

$$z=\mathrm{roots}(num) \text{ 或 } p=\mathrm{roots}(den)$$

4. 系统的部分分式形式

传递函数也可以表示成为部分分式或留数形式，如

$$G(s)=\sum_{i=1}^{n}\frac{r_i}{s-p_i}+h(s) \tag{4-5}$$

式中，$p_i(i=1,2,\cdots,n)$ 为该系统的 n 个极点，与零极点形式的 n 个极点是一致的；

$r_i(i=1,2,\cdots,n)$是对应各极点的留数；$h(s)$ 则表示传递函数分子多项式除以分母多项式的余式，若分子多项式阶次与分母多项式阶次相等，$h(s)$ 为标量，若分子多项式阶次小于分母多项式阶次，该项不存在。

5. 系统的状态空间模型

状态方程是研究系统的最为有效的系统数学描述，不论是单输入单输出还是多输入多输出（简称 MIMO）系统，如果可以用一阶微分方程组表示，则引入相应的状态变量后，得到状态空间表达式为

$$\begin{cases}\dot{X}(t) = AX(t) + BU(t) \\ Y(t) = CX(t) + DU(t)\end{cases} \tag{4-6}$$

$X(t_0)=X_0$ 为状态初始值。

式中，$U(t)$为输入向量（m 维）；$Y(t)$ 为输出向量（r 维）；$X(t)$为状态向量（n 维）。因此，对式（4-6）的数学模型，则用以下模型参数来表示系统：

$$A = [a_{11},a_{12},\cdots,a_{1n};a_{21},a_{22},\cdots,a_{2n};\cdots;a_{n1},a_{n2},\cdots,a_{nn}]$$

$$B = [b_1;b_2;\cdots;b_n]$$

$$C = [c_1;c_2;\cdots;c_n]$$

$$D = [d_1;d_2;\cdots;d_n]$$

需要说明的是，控制系统状态方程的表达形式不是唯一的。通常可根据不同的仿真分析要求而建立不同形式的状态方程，如能控标准型、能观标准型、约当型等。

在 MATLAB 语言中建立系统模型的基本格式为

printsys(A,B,C,D)

$sys=$ ss(A,B,C,D)

4.2.2 离散系统数学模型

离散系统常用的数学模型通常可以用差分方程、脉冲传递函数（或 Z 传递函数）、状态空间表达式 3 种形式对系统加以描述。

1. 系统差分方程形式模型

设线性定常 SISO 系统，输入、输出量是单变量，分别为 $u(t)$ 、$y(t)$ ，则

$$\begin{aligned} &g_0y[(k+n)T] + g_1y[(k+n-1)T] + \cdots + g_{n-1}y[(k+1)T] + g_0y(kT) \\ &= f_0u[(k+m)T] + f_1u[(k+m-1)T] + \cdots + f_nu(kT) \end{aligned} \tag{4-7}$$

式中，g_j 为 $y(t)$及其各项差分的系数，$j=0,1,\cdots,n$；f_i 为 $u(t)$及其各项差分的系数，$i=0,1,\cdots,m$。

差分方程是描述离散系统动态特性的基本形式，经过变换可以得到其他形式的数学模型。

2. 系统的传递函数模型

将式（4-7）在零初始条件下，两边同时进行 Z 变换，则可以得到离散系统的脉冲传递函数（或 Z 传递函数），为

$$G(z) = \frac{Y(z)}{u(z)} = \frac{f_0z^m + f_1z^{m-1} + \cdots + f_{m-1}z + f_m}{g_0z^n + g_1z^{n-1} + \cdots + g_{n-1}z + g_n} \tag{4-8}$$

在 MATLAB 语言中，可以分别定义为

$$num = [f_0, f_1, \cdots, f_{m-1}, f_m]$$
$$den = [g_0, g_1, \cdots, g_{n-1}, g_n]$$

这里分子、分母多项式系数向量中的系数仍按 s 的降幂排列。用 prinsys、tf 来建立传递函数的系统模型，其基本格式为

printsys(*num*, *den*, ' *z* ')

sys = tf(*num*, *den*, *Ts*)

式中，*Ts* 为系统采样周期。

对于离散系统，也可以用 zpk( )函数建立零极点模型，基本格式为

sys = zpk(*z*, *p*, *k*, *Ts*)

3. 系统的状态空间模型

对于离散系统，状态空间表达式可以写成

$$\begin{cases} X(k+1) = FX(k) + GU(k) \\ Y(k+1) = CX(k+1) + DU(k+1) \end{cases} \tag{4-9}$$

在 MATLAB 语言中建立系统模型的基本格式为

printsys(*F*, *G*, *C*, *D*)

sys = ss(*F*, *G*, *C*, *D*, *Ts*)

式中，*F*、*G*、*C*、*D* 为离散系统状态方程的系数矩阵；*Ts* 为系统采样周期。

4.2.3　系统模型参数的获取

在上面两节的分析中，我们知道要建立系统模型首先必须知道系统的模型参数值。如果已知了系统的模型，还可以利用 MATLAB 的函数获取相应的模型参数的值，进行运算、赋值等操作。

对于连续系统，调用格式为

[*num*, *den*] = tfdata(*sys*, ' *v* ')

[*z*, *p*, *k*] = zpkdata(*sys*, ' *v* ')

[*A*, *B*, *C*, *D*] = ssdata(*sys*)

对于离散系统，调用格式为

[*num*, *den*, *Ts*] = tfdata(*sys*, ' *v* ')

[*z*, *p*, *k*, *Ts*] = zpkdata(*sys*, ' *v* ')

[*A*, *B*, *C*, *D*, *Ts*] = ssdata(*sys*)

函数左边的输出项为各项模型相应数据，' *v* '表示返回的数据行向量，只适用单输入单输出系统。

4.3　系统数学模型的转换

如上节所述，系统的数学模型主要有微分方程模型、传递函数模型、状态方程模型和零极点模型等不同形式，不同模型之间却存在着内在的等效关系。人们在进行系统分析研究时，往往根据不同的要求选择不同形式的系统数学模型，因此研究不同形式的数学模型之间的转换具有重要意义。

4.3.1 系统模型向状态方程形式转换

直接利用 MATLAB 函数实现所需要的系统模型向状态方程的转换，基本格式为

$$[A,B,C,D]=\mathrm{tf2ss}(num,den)$$
$$[A,B,C,D]=\mathrm{zp2ss}(z,p)$$
$$Gn=ss(G)$$

需要说明的是，由于同一传递函数的状态方程实现不唯一，传递函数只描述系统输入和输出之间的关系，是系统的外部描述形式；而状态空间表达式描述描述系统输入、输出和状态之间的关系，是系统的内部描述形式。由传递函数求状态空间表达式时，若状态变量选择不同，状态空间形式也不同。tf2ss( )转换函数只能实现某种标准型式的状态方程。

利用$[A,B,C,D]=\mathrm{zp2ss}(num,den)$可以将零极点形式给出的模型转换成标准型状态方程。对于 $Gn = \mathrm{ss}(G)$，可以将任意线性定常系统（LTI 系统）模型转换为状态方程。

【例 4-2】 已知系统传递函数为

$$G(s)=\frac{12s^3+24s^2+20}{2s^4+4s^3+6s^2+2s+2}$$

应用 MATLAB 函数将其转换为状态方程形式的模型。

解 MATLAB 求解 m 文件如下：

```
num=[12  24  0  20];
den=[2  4  6  2  2];
[A,B,C,D]=tf2ss(num,den)
A =
     -2    -3`    -1    -1
      1     0      0     0
      0     1      0     0
      0     0      1     0
B =
      1
      0
      0
      0
C =
      6    12      0    10
D =
      0
```

4.3.2 系统模型向传递函数形式转换

1. 状态空间模型向传递函数形式转换

系统的状态空间方程可表示为

$$\begin{cases}\dot{X}=AK+BU\\ Y=CX+DU\end{cases}$$

则等效的系统传递函数模型为

$$G(s) = \frac{Y(s)}{U(s)} = C(sI - A)^{-1}B + D$$

显然，在进行这种变换过程中，关键在于 $(sI - A)^{-1}$ 的求取。MATLAB 语言提供了 ss2tf( ) 函数实现将状态空间方程转换为传递函数形式，基本格式为

$$[num, den] = \mathrm{ss2tf}(A, B, C, D, iu)$$

式中，iu 用于指定变换所使用的输入量。为了获得传递函数的系统形式，还可以采用下面的方式，即

$$G = \mathrm{ss}(A, B, C, D)$$
$$Gn = \mathrm{tf}(G)$$

由给定的状态空间模型转换为传递函数形式结果是唯一的。

【例4-3】 某线性定常系统的状态空间表达式为

$$\dot{X} = \begin{bmatrix} 0 & 1 & 1 \\ 0 & 0 & 1 \\ -10 & -17 & -8 \end{bmatrix} X + \begin{bmatrix} 0 \\ 0 \\ 1 \end{bmatrix} u, y = [5 \quad 6 \quad 1] X$$

求该系统的传递函数。

解 编写 m 文件如下

```
A=[0  1  1;0  0  1; -10  -17  -8];B=[0;0;1];C=[5  6  1];D=0;
[num,den]=ss2tf(A,B,C,D);G=tf(num,den)
```

计算机运行结果为

```
Transfer function:
     s^2 +11s +5
--------------------------------
s^3 +8 s^2 +27 s +10
```

2. 零极点增益模型向传递函数形式转换

在 MATLAB 语言中提供了将零极点增益模型转换成传递函数形式的函数，其基本格式为

$$[num, den] = \mathrm{zp2tf}(Z, P, K)$$

或

$$G = \mathrm{zpk}(Z, P, K)$$
$$Gn = \mathrm{tf}(G)$$

4.3.3 系统模型向零极点形式转换

MATLAB 语言提供了实现系统模型向零极点形式转换的函数，其基本格式为

$$[z, p, k] = \mathrm{ss2zp}(A, B, C, D, iu)$$
$$[z, p, k] = \mathrm{tf2zp}(num, den)$$
$$Gn = \mathrm{zpk}(G)$$

语句 1 是将状态方程形式的模型根据指定研究的输入，转换为零极点模型形式；语句 2 是将

传递函数形式的模型转换为零极点形式；语句 3 可以将任意 LTI 系统模型转换为零极点形式。

【例 4-4】 对于例 4-3 题中的线性定常系统，将其转换为 zpk 形式。

解 编写 m 文件如下：

```
A=[0  1  1;0  0  1;-10  -17  -8];B=[0;0;1];C=[5  6  1];D=0;
[z,p,k]=ss2zp(A,B,C,D);Gn=zpk(z,p,k)
```

计算机运行结果为：

```
Zero/pole/gain:
    (s+10.52)(s+0.4751)
---------------------------------------------
(s+0.4199)(s^2+7.58s+23.82)
```

4.3.4 传递函数形式与部分分式形式的转换

传递函数转化为部分分式的表示形式，关键在于求取各分式的分子待定系数，即下式中的 $r_i(i=1,2,\cdots,n)$

$$G(s)=\frac{r_1}{s-p_1}+\frac{r_2}{s-p_2}+\cdots+\frac{r_n}{s-p_n}+h(s)$$

单极点情况下，该待定系数可用以下极点留数的求取公式得

$$r_i=G(s)(s-p_i)\mid_{s=p_i}$$

具有多重极点时，也有相应极点留数的求取公式可选用。MATLAB 提供 residue( ) 函数实现极点留数的求取，其基本格式为

$$[R,P,H]=\text{residue}(num,den)$$

$$[num,den]=\text{residue}(R,P,H)$$

【例 4-5】 某系统的传递函数为

$$G(s)=\frac{20s+10}{s^3+15s^2+74s+120}$$

求它的部分分式形式。

解 编写 m 文件如下：

```
num=[20  10];den=[1  15  74  120];
[R,P,H]=residue(num,den)
```

计算机运行结果为：

```
R =                 P =
    -55.0000            -6.0000          H =
     90.0000            -5.0000
    -35.0000            -4.0000                 []
```

表示 $G(s)=-\frac{55}{s+6}+\frac{90}{s+5}-\frac{35}{s+4}$

如果此时在命令窗口中输入：

```
>>[n,d]=residue(R,P,H)
```

则计算机返回：

```
n =
    0.0000   20.0000   10.0000
d =
    1.0000   15.0000   74.0000   120.0000
```

可见，residue()函数，既可以将传递函数形式转换成部分分式形式，也可以将部分分式形式转换成传递函数形式。

4.3.5　连续系统和离散系统之间的转换

在采样控制系统中，对于控制器的设计经常采用模拟化设计方法，这就需要对所设计的系统进行离散化转换。可以利用4.2节介绍的方法，利用ss(A,B,C,D,Ts)或tf(num,den,Ts)函数对给出的系统进行离散化处理。

如果对离散化处理结果提出具体的转换方式要求，则可以采用c2d()或c2dm()函数进行，基本格式为

$$Gd = \mathrm{c2d}(Gc, Ts, method)$$

式中，Gc表示连续系统模型；Ts表示系统采样周期；$method$指定转换方式。'zoh'表示采用零阶保持器；'foh'表示采用一阶保持器；'tustin'表示采用双线性变换；'prewarp'表示采用频率预畸变的双线性变换。

【例4-6】　某连续系统的状态空间表达式为

$$\dot{X} = \begin{bmatrix} 0 & 1 & 0 \\ 0 & 0 & 1 \\ -6 & -11 & -6 \end{bmatrix} X + \begin{bmatrix} 1 & 0 \\ 2 & -1 \\ 0 & 2 \end{bmatrix} u, Y = \begin{bmatrix} 1 & -1 & 0 \\ 2 & 1 & -1 \end{bmatrix} X$$

采用零阶保持器将其离散化，设采样周期为0.1s，求离散化的系统方程。

解　编写m文件如下：

```
A=[0  1  0;0  0  1;-6  -11  -6];B=[1  0;2  -1;0  2];C=[1  -1  0;2  1  -1];
D=zeros(2);T=0.1;G=ss(A,B,C,D);Gd=c2d(G,T)
```

计算机的运行结果为：

```
a =                                            b =
           x1          x2          x3                     u1           u2
  x1     0.9991      0.0984     0.004097        x1     0.1099     -0.004672
  x2    -0.02458     0.9541     0.07382         x2     0.1959     -0.0902
  x3    -0.4429     -0.8366     0.5112          x3    -0.1164      0.1936
c =                                            d =
       x1  x2  x3                                  u1  u2
  y1   1   -1   0                              y1  0   0     Sampling time:0.1
  y2   2    1  -1                              y2  0   0     Discrete-time model.
```

计算结果表示离散化后的系统方程为

$$X(k+1)=\begin{bmatrix}0.9991 & 0.0984 & 0.0041\\ -0.0246 & 0.9541 & 0.0738\\ -0.4429 & -0.8366 & 0.5112\end{bmatrix}X(k)+\begin{bmatrix}0.1099 & -0.0047\\ 0.1959 & -0.0902\\ -0.1164 & 0.1936\end{bmatrix}U(k)$$

$$Y(k)=\begin{bmatrix}1 & -1 & 0\\ 2 & 1 & -1\end{bmatrix}X(k)$$

4.4 控制系统模型的连接

控制系统一般是由许多环节或子系统按照一定方式连接组合而成。系统模型连接的方式主要有串联、并联、反馈等形式。MATLAB 语言提供了模型连接函数。

4.4.1 模型串联

series 函数实现两个线性模型的串联，其基本格式为

$$sys=\text{series}(sys1,sys2)$$

将 *sys*1 和 *sys*2 串行连接联形成新系统 *sys*，运行结果等价 $sys=sys1*sys2$

如果相串联的两个系统 *sys*1、*sys*2 的状态方程系数分别为(A_1,B_1,C_1,D_1)和(A_2,B_2,C_2,D_2)，则串联后整个系统的系数矩阵将变为

$$A=\begin{bmatrix}A_1 & 0\\ B_2C_1 & A_2\end{bmatrix},B=\begin{bmatrix}B_1\\ B_2D_1\end{bmatrix},C=[D_2C_1 \quad C_2],D=D_1D_2$$

对于 MIMO 系统，串联函数的调用格式为

$$sys=\text{series}(sys1,sys2,outputs1,inputs2)$$

实现将由 *outputs*1 指定的 *sys*1 的输出端连接到由 *inputs*2 指定的 *sys*2 输入端。

4.4.2 模型并联

parallel 函数实现两个线性模型的并联。其基本格式为

$$sys=\text{parallel}(sys1,sys2)$$

*sys*1 和 *sys*2 在共同的输入信号作用下，将产生两个输出信号，而并联系统的输出就是这两个系统输出之和，运行结果等价 $sys=sys1+sys2$。

如果系统用状态方程的形式给出，则并联后的系统模型为

$$\begin{bmatrix}\dot{x}_1\\ \dot{x}_2\end{bmatrix}=\begin{bmatrix}A_1 & 0\\ 0 & A_2\end{bmatrix}\begin{bmatrix}x_1\\ x_2\end{bmatrix}+\begin{bmatrix}B_1\\ B_2\end{bmatrix}$$

$$y=[c_1 \quad c_2]\begin{bmatrix}x_1\\ x_2\end{bmatrix}+(D_1+D_2)u$$

如果用传递函数对系统进行描述，$G_1(s)=\dfrac{num_1(s)}{den_1(s)}$，$G_2(s)=\dfrac{num_2(s)}{den_2(s)}$，则系统总传递函数为

$$G(s)=\frac{num_1(s)den_2(s)+num_2(s)den_1(s)}{den_1(s)den_2(s)}$$

对于 MIMO 系统

$$sys=\mathrm{parallel}(sys1,sys2,in1,in2,out1,out2)$$

式中，*in*1、*in*2 指定了相连接的输入端；*out*1、*out*2 指定了进行信号相加的输出端。

4.4.3 反馈连接

反馈系统是控制系统中最为重要和常见的一类系统。feedback 函数用于模型的反馈连接，其基本格式为

$$sys=\mathrm{feedback}(sys1,sys2,sign)$$

式中，*sign* 默认时即为负反馈，*sign* = 1 时为正反馈。

如果由 *sys*1 与 *sys*2 表示的前向系统和反馈系统用传递函数表示，则反馈系统的传递函数为

$$G(s)=\frac{G_1(s)}{1\pm G_1(s)G_2(s)}$$

对于 MIMO 系统，可以建立更加复杂的反馈系统，其基本格式为

$$sys=\mathrm{feedback}(sys1,sys2,feedin,feedout,sign)$$

式中，*feedin* 为 *sys*1 的输入向量，用来指定 *sys*1 的哪些输入与反馈环节相连接；*feedout* 为 *sys*1 的输出向量，用来指定 *sys*1 的哪些输出端用于反馈。

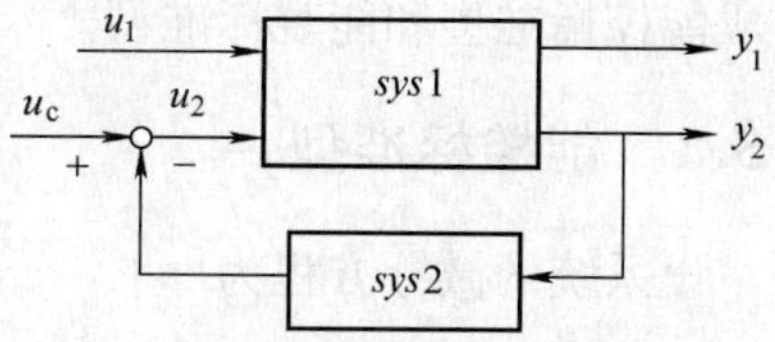

图 4-1 例题 4-7 图

【例 4-7】 已知系统如图 4-1 所示，利用 MATLAB 求出系统的状态空间表达式。

其中，*sys*1：$\dot{X}=\begin{bmatrix}-9 & 17\\-1 & 3\end{bmatrix}X+\begin{bmatrix}0 & -1\\-1 & 0\end{bmatrix}U$，$Y=\begin{bmatrix}-3 & 2\\-13 & 18\end{bmatrix}X+\begin{bmatrix}-1 & 0\\-1 & 0\end{bmatrix}U$；

*sys*2： $G_2(s)=\frac{2}{s+2}$

解 编写 m 文件如下：

```
A1 = [ -9  17; -1  3];B1 = [0  -1; -1  0];C1 = [ -3  2; -13  18];D1 = [ -1  0; -1  0];
sys1 = ss(A1,B1,C1,D1);
sys2 = tf([2],[1  2]);sys = feedback(sys1,sys2,2,2, -1)
```

计算机的运行结果为

```
a =                              b =

        x1   x2   x3                    u1   u2

   x1   -9   17    1              x1     0   -1

   x2   -1    3    0              x2    -1    0

   x3  -26   36   -2              x3    -2    0

c =                              d =

        x1   x2   x3                    u1   u2

   y1   -3    2    0              y1    -1    0
```

```
y2   -13   18   0        y2  -1   0        Continuous - time model.
```

计算结果表示该反馈系统的状态空间表达式为

$$\begin{bmatrix}\dot{x}_1\\ \dot{x}_2\\ \dot{x}_3\end{bmatrix}=\begin{bmatrix}-9 & 17 & 1\\ -1 & 3 & 0\\ -26 & 36 & -2\end{bmatrix}\begin{bmatrix}x_1\\ x_2\\ x_3\end{bmatrix}+\begin{bmatrix}0 & -1\\ -1 & 0\\ -2 & 0\end{bmatrix}\begin{bmatrix}u_1\\ u_c\end{bmatrix}$$

$$\begin{bmatrix}y_1\\ y_2\end{bmatrix}=\begin{bmatrix}-3 & 2 & 0\\ -13 & 18 & 0\end{bmatrix}\begin{bmatrix}x_1\\ x_2\\ x_3\end{bmatrix}+\begin{bmatrix}-1 & 0\\ -1 & 0\end{bmatrix}\begin{bmatrix}u_1\\ u_c\end{bmatrix}$$

4.5 系统模型的实现

根据状态空间表达形式不同，系统状态空间实现可分为：能控标准型实现、能观标准型实现、对角线标准型实现和约旦标准型实现。对于同一个系统，由于状态变量选取的不同，其状态空间表达式也不同。MATLAB 语言提供的 tf2ss( ) 函数、zp2ss( ) 函数能够得到状态空间表达式实现，但是一般不能直接得到能控标准型和能观标准型。可以通过线性变换将其转换成能控标准型和能观标准型。

4.5.1 能控标准型

设系统的微分方程为

$$y^{(n)}+a_{n-1}y^{(n-1)}+\cdots+a_1\dot{y}+a_0y=b_0u \tag{4-10}$$

设状态变量为

$$X=\begin{bmatrix}x_1\\ x_2\\ \vdots\\ x_n\end{bmatrix}=\begin{bmatrix}y\\ \dot{y}\\ \vdots\\ y^{(n-1)}\end{bmatrix} \tag{4-11}$$

则式（4-10）可改写为 n 个一阶微分方程为

$$\begin{cases}\dot{x}_1=x_2\\ \dot{x}_2=x_3\\ \vdots\\ \dot{x}_{n-1}=x_n\\ \dot{x}_n=-a_0x_1-a_1x_2-\cdots-a_{n-1}x_n+b_0u\end{cases} \tag{4-12}$$

写成状态空间表达式形式为

$$\begin{cases}\dot{X}=AX+Bu\\ y=CX\end{cases} \tag{4-13}$$

式中，$A=\begin{bmatrix} 0 & & & \\ \vdots & & I_{n-1} & \\ 0 & & & \\ -a_0 & -a_1 & \cdots & -a_{n-1} \end{bmatrix}$，$B=\begin{bmatrix} 0 \\ \vdots \\ 0 \\ 1 \end{bmatrix}$，$C=[b_0 \quad 0 \quad \cdots \quad 0]$。

具有上面这种形式的状态方程，称为能控标准型。

如果选择状态变量为

$$X=\begin{bmatrix} x_1 \\ x_2 \\ \vdots \\ x_n \end{bmatrix}=\begin{bmatrix} y^{(n-1)} \\ y^{(n-2)} \\ \vdots \\ y \end{bmatrix} \tag{4-14}$$

则得到状态空间表达式的另一种形式：

$$A=\begin{bmatrix} -a_{n-1} & -a_{n-2} & \cdots & -a_0 \\ & & & 0 \\ & I_{n-1} & & 0 \\ & & & 0 \end{bmatrix},\ B=\begin{bmatrix} b_0 \\ \vdots \\ 0 \\ 0 \end{bmatrix},\ C=[0 \quad 0 \quad \cdots \quad 1]$$

如果系统微分方程为

$$y^{(n)}+a_{n-1}y^{(n-1)}+\cdots+a_1\dot{y}+a_0y=b_0u+b_1\dot{u}+\cdots+b_{n-1}u^{(n-1)} \tag{4-15}$$

两边进行拉氏变换，得到传递函数为

$$G(s)=\frac{Y(s)}{U(s)}=\frac{b_{n-1}s^{n-1}+b_{n-2}s^{n-2}+\cdots+b_1s+b_0}{s^n+a_{n-1}s^{n-1}+\cdots+a_1s+a_0} \tag{4-16}$$

将式（4-16）分解：

$$G(s)=\frac{X(s)}{U(s)}\frac{Y(s)}{X(s)}=\frac{1}{s^n+a_{n-1}s^{n-1}+\cdots+a_0}b_{n-1}s^{n-1}+b_{n-2}s^{n-2}+\cdots+b_0$$

选择状态变量如式（4-11），则为能控标准型实现

$$\dot{X}=\begin{bmatrix} 0 & & & \\ \vdots & & I_{n-1} & \\ 0 & & & \\ -a_0 & -a_1 & \cdots & -a_{n-1} \end{bmatrix}X+\begin{bmatrix} 0 \\ \vdots \\ 0 \\ 1 \end{bmatrix}u$$

$$y=[b_0 \quad b_1 \quad \cdots \quad b_{n-1}]X$$

【例4-8】　已知系统的状态空间表达式为

$$\dot{X}=\begin{bmatrix} 1 & 2 & -1 \\ 0 & 2 & 1 \\ 1 & -3 & 2 \end{bmatrix}X+\begin{bmatrix} 0 \\ 1 \\ 1 \end{bmatrix}u;\ y=[1 \quad 0 \quad 1]X$$

求线性变换，将其变换成能控标准形。

解　（1）判断系统是否能控，并且求出矩阵 A 的特征多项式

输入下面语句：

```
A=[1 2 -1;0 2 1;1 -3 2];B=[0;1;1];C=[1 0 1];
Qc=ctrb(A,B)
```

```
syms s; det(s * eye(3) - A)
if rank(Qc) = =3
    disp('The system is controllable')
else
    disp('The system is uncontrollable')
end
```

计算机运行结果为:

```
Qc =                          ans =
    0    1    8               s^3 - 5 * s^2 + 12 * s - 11
    1    3    5
    1   -1  -10               The system is controllable
```

表明系统为能控，因此可以变换成能控标准形。而且求出 A 的特征多项式为

$$\det[\lambda I - A] = \lambda^3 - 5\lambda^2 + 12\lambda - 11, (\text{即 } a_0 = -11, a_1 = 12, a_2 = -5)$$

(2) 计算变换矩阵

$$Q = Q_C \begin{bmatrix} a_1 & a_2 & 1 \\ a_2 & 1 & 0 \\ 1 & 0 & 0 \end{bmatrix} = Q_C \begin{bmatrix} 12 & -5 & 1 \\ -5 & 1 & 0 \\ 1 & 0 & 0 \end{bmatrix}, P = Q^{-1}$$

输入以下语句:

```
Q = Qc * [12   -5   1; -5   1   0;1   0   0], P = inv(Q)
```

计算机运行结果为:

```
Q =                               P =
    3     1    0                      0.2353   -0.0588   0.0588
    2    -2    1                      0.2941    0.1765  -0.1765
    7    -6    1                      0.1176    1.4706  -0.4706
```

(3) 计算出能控标准型

输入以下语句:

```
Ab = P * A * Q, Bb = P * B, Cb = C * Q
```

计算机运行结果为:

```
Ab =                                     Bb =
          0      1.0000    0.0000              0           Cb =
          0           0    1.0000         0.0000
    11.0000    -12.0000    5.0000         1.0000               10   -5   1
```

表明经过线性变换 $X = P^{-1}\overline{X}$以后的系统方程为

$$\dot{\overline{X}} = \begin{bmatrix} 0 & 1 & 0 \\ 0 & 0 & 1 \\ 11 & -12 & 5 \end{bmatrix} \overline{X} + \begin{bmatrix} 0 \\ 0 \\ 1 \end{bmatrix} u, y = [10 \quad -5 \quad 1] \overline{X}$$

4.5.2 能观标准型

若系统微分方程如式（4-13），则系统能观标准型的状态空间表达式为

$$\dot{X}=\begin{bmatrix}0 & 0 & \cdots & -a_0\\ & & & -a_1\\ & I_{n-1} & & \vdots\\ & & & -a_{n-1}\end{bmatrix}X+\begin{bmatrix}b_0\\ b_1\\ \vdots\\ b_{n-1}\end{bmatrix}u \qquad (4\text{-}17)$$

$$y=[0 \quad \cdots \quad 0 \quad 1]\ X$$

4.5.3 对角线标准型

设如式（4-16）所示的传递函数，其分母有 n 个不相同的实极点，分别为 λ_1，λ_2，…，λ_n，用部分分式展开后得

$$G(s)=\frac{Y(s)}{U(s)}=\frac{C_1}{s-\lambda_1}+\frac{C_2}{s-\lambda_2}+\cdots+\frac{C_n}{s-\lambda_n} \qquad (4\text{-}18)$$

式中，$C_i(i=1,2,\cdots,n)$为应极点处的留数。

令状态变量

$$X_i(s)=\frac{1}{s-\lambda_i}U(S),(i=1,2,\cdots,n) \qquad (4\text{-}19)$$

则

$$Y(s)=C_1X_1(s)+C_2X_2(s)+\cdots+C_nX_n(s) \qquad (4\text{-}20)$$

系统状态空间表达式为

$$\begin{aligned}\dot{X}&=AX+BU\\ y&=CX\end{aligned} \qquad (4\text{-}21)$$

其中，

$$A=\begin{bmatrix}\lambda_1 & & 0\\ & \lambda_2 & \\ & & \ddots & \\ 0 & & & \lambda_3\end{bmatrix},B=\begin{bmatrix}1\\ 1\\ \vdots\\ 1\end{bmatrix},C=[C_1 \quad C_2 \quad \cdots \quad C_n]$$

4.5.4 标准型的实现

MATLAB 语言中提供 canon 函数生成标准型状态模型，基本格式为

$$csys=\text{canon}(sys,type)$$

式中，*sys* 表示原系统状态方程模型；字串 *type* 为标准类型选项。' modal '为对角标准型实现，特征值在矩阵 A 的对角线上；' companion '为一种伴随标准形实现，特征多项式系数在矩阵 A 的右列上。

【例 4-9】 已知系统传递函数为

$$G(s)=\frac{4s^2+5s+1}{s^3+6s^2+11s+6}$$

用不同状态空间实现函数进行转换。

解 MATLAB 求解 m 文件如下：

```
num=[4 5 1];den=[1 6 11 6];
G=tf(num,den);
[A,B,C,D]=tf2ss(num,den);
G1=ss(A,B,C,D);                %使用 tf2ss 函数的模型转换
G2=ss(G);                      %使用 ss 函数的模型转换
G3=canon(G,'modal');           %使用 canon 函数,将模型转换成为对角标准型
G4=canon(G,'companion');       %使用 canon 函数,将模型转换成为伴随标准型
```

运行该 m 文件后，对于同一传递函数的系统得出以下 4 种状态空间表达式：

$$G1: \dot{X} = \begin{bmatrix} -6 & -11 & -6 \\ 1 & 0 & 0 \\ 0 & 1 & 0 \end{bmatrix} X + \begin{bmatrix} 1 \\ 0 \\ 0 \end{bmatrix} u, y = [4 \quad 5 \quad 1] X$$

$$G2: \dot{X} = \begin{bmatrix} -6 & -5.5 & -3 \\ 2 & 0 & 0 \\ 0 & 1 & 0 \end{bmatrix} X + \begin{bmatrix} 2 \\ 0 \\ 0 \end{bmatrix} u, y = [2 \quad 1.25 \quad 0.25] X$$

$$G3: \dot{X} = \begin{bmatrix} -3 & 0 & 0 \\ 0 & -2 & 0 \\ 0 & 0 & -1 \end{bmatrix} X + \begin{bmatrix} -11 \\ -12 \\ 3 \end{bmatrix} u, y = [-1 \quad 0.5833 \quad 0] X$$

$$G4: \dot{X} = \begin{bmatrix} 0 & 0 & -6 \\ 1 & 0 & -11 \\ 0 & 1 & -6 \end{bmatrix} X + \begin{bmatrix} 1 \\ 0 \\ 0 \end{bmatrix} u, y = [4 \quad -19 \quad 71] X$$

小　结

控制系统模型是控制系统仿真的基础。本章首先介绍了连续系统和离散系统常用的数学模型、MATLAB 的表示形式以及模型参数的获取方法。对于连续系统有微分方程、传递函数、零极点增益、部分分式和状态空间模型，其中微分方程和传递函数的模型参数一致，通常用对应的传递函数模型来表示。对于离散系统有差分方程、脉冲传递函数和状态空间 3 种形式的模型。本章着重介绍了各种模型之间的转换、连接以及系统状态空间的各种实现。利用 MATLAB 提供的 tf2ss、zp2ss、tf2zp、ss2zp、ss2tf、zp2tf、residue 函数，可以很方便地求出满足不同要求的模型；对于连续系统和离散系统之间，也可以利用 c2d 函数进行转换。利用 series、parallel、feedback、connect 函数实现系统模型的连接。

习　题

4-1 某系统的传递函数为

$$G(s) = \frac{1.3s^2 + 2s + 3}{s^3 + 0.5s^2 + 1.2s + 1}$$

使用 MATLAB 求出状态空间表达式和零极点模型。

4-2　某单输入单输出系统：$\dddot{y}+6\ddot{y}+11\dot{y}+6y=6u$ 试求该系统状态空间表达式的对角线标准形。

4-3　求出以下系统的传递函数

$$\dot{X}=\begin{bmatrix}-1 & 0 & 1\\ 1 & -2 & 0\\ 0 & 0 & -3\end{bmatrix}X+\begin{bmatrix}0\\0\\1\end{bmatrix}u,y=[1\quad 1\quad 0]X$$

第 5 章　Simulink 在系统仿真中的应用

对实际工程项目中的控制系统进行计算机仿真时，如果不借助专门的系统仿真建模软件，就很难准确地将一个复杂的控制系统模型输入到计算机中，对其进行进一步分析与仿真。Simulink 是 MathWorks 公司于 1990 年推出的产品，它作为 MATLAB 的一个集成软件工具包，是一种用于在 MATLAB 下建立模块化的集成仿真环境。Simulink 是 MATLAB 软件的扩展，目前，Simulink 是控制系统计算机仿真领域内的一种先进、高效、便捷的工具。与 MATLAB 7.0 相配套的是 Simulink 6.0。

5.1　Simulink 建模的基础知识

Simulink 包含两层含义："Simu" 表示仿真（Simulation）；"link" 表示它能够进行系统连接，即把一系列模块连接起来，构成复杂的系统模型。正是由于它的这些功能和特色，使得它成为计算机仿真领域首选的仿真环境。

由于 Simulink 是基于 MATLAB 的集成仿真环境，所以在启动 Simulink 之前要首先启动 MATLAB。然后，在 MATLAB 的界面中启动 Simulink 并且建立系统模型。图 5-1 为图形库浏览器界面。

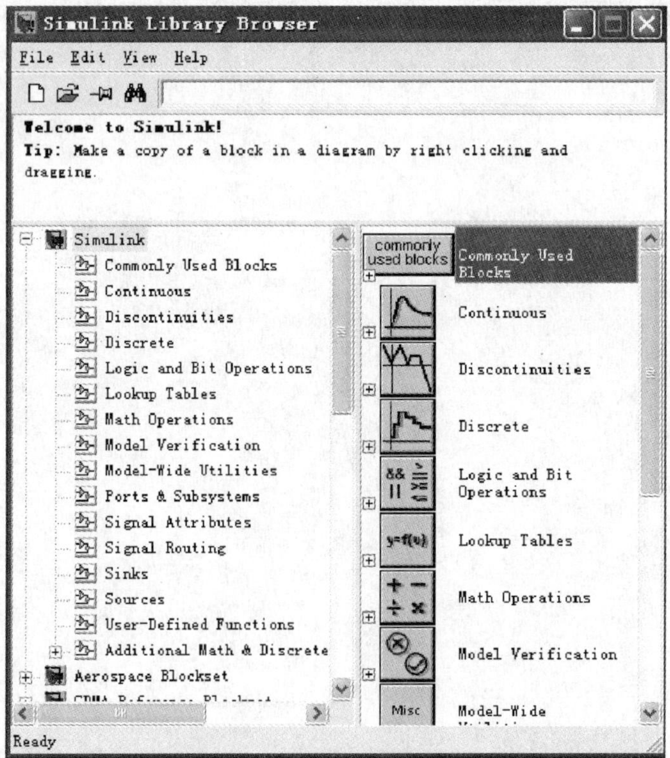

图 5-1　图形库浏览器界面

在 Simulink 环境下，打开一个空白的模型窗口可以用以下几种方法：

1）在 MATLAB 的命令窗口中选择菜单“File”→“New”→“Model”命令。

2）单击“Simulink”工具栏中的“新建模型”图标。

3）在 Simulink 的命令窗口中选择菜单“File”→“New”→“Model”命令。

无论采用哪种方式，都将打开一个名为“untitled”的空白模型编辑窗口，可以将其按照自己选择的合法的文件名（如 test1. mdl）保存。Simulink 仿真模型文件的扩展名为“. mdl”。Simulink 的仿真模型窗口如图 5-2 所示。

Simulink 的仿真模型窗口界面由标题、功能菜单和用户模型编辑区 3 部分组成。在用户模型编辑区中，用户可以建立、编辑系统仿真模型的结构图。结构图中所需要的模块可直接从 Simulink 库浏览器窗口中拖拽复制。当用户完成 Simulink 系统模型的编辑之后，需要设置模块参数和系统仿真参数，最后就可以进行系统仿真了。

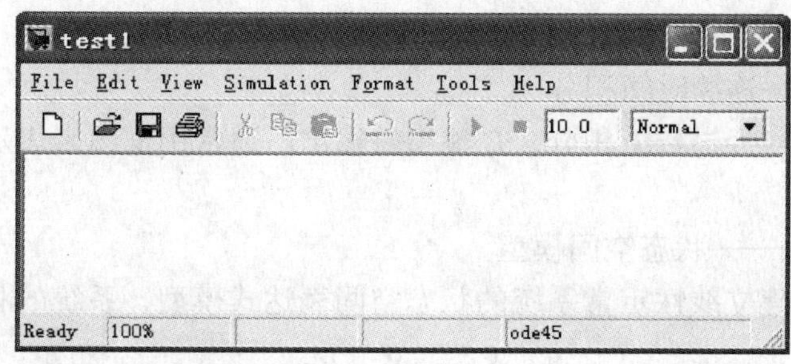

图 5-2 “Simulink”仿真模型窗口

5.1.1 Simulink 6.0 常用模块简介

在标准 Simulink 6.0 模块库中，有常用模块集（Commonly Used Blocks）、连续（Continuous）模块集、不连续（Discontinuities）模块集、离散（Discrete）模块集、逻辑与位运算（Logic and Bit Operation）模块集、查询表（Lookup Tables）模块集、数学运算（Math Operation）模块集、模型辨识（Model Verification）模块集、模型扩充工具（Model - Wide Utilities）模块集、端口和子系统（Ports & Subsystems）模块集、信号特征（Signal Attributes）、信号线路（Signal Routing）、接收器（Sinks）模块集、输入源（Sources）模块集、用户自定义函数（User - Defined Functions）模块集、附加数学和离散（Additional Math & Discrete）模块集等几个部分。此外，还有各工具箱的模块集。用户还可以将自己编写的模块集挂靠到模块库浏览器下。

1. 连续模块集

在 Simulink 的基本模块中选择“Continuous”，在右侧的列表框中就显示出如图 5-3 所示的连续模块集中的模块。

连续模块集中包括以下模块：

（1）Derivative——数值微分

该模块的作用是将输入端的信号经过一阶数值微分，在输出端输出。它是通过计算公式 $\Delta u/\Delta t$ 来近似计算输入信号的导数。

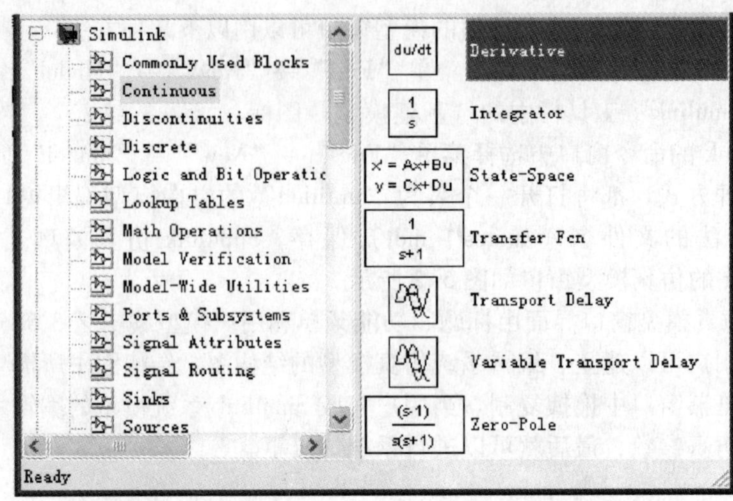

图 5-3 连续模块集

(2) Integrator——连续时间积分

该模块将输入信号经过数值积分，在输出端输出。通常用框图来表示常微分方程时可以使用该模块。

(3) State - Space——状态空间模型

使用该模块可以建立线性定常系统的状态空间表达式模型，系统的状态方程为

$$\dot{X} = AX + Bu$$
$$y = CX + Du$$

式中，A、B、C、D 为对应维数的矩阵；u 为输入信号；y 为输出信号。

(4) Transfer Fcn——传递函数模型

使用该模块可以建立线性定常系统的传递函数模型，系统的传递函数通常可以表示为

$$G(s) = \frac{num(s)}{den(s)} = \frac{b_m s^m + b_{m-1} s^{m-1} + \cdots + b_1 s + b_0}{a_n s^n + a_{n-1} s^{n-1} + \cdots + a_1 s + a_0}$$

(5) Transport Delay——时间延迟

在模块内部设置延迟时间，对输入信号进行给定的延迟。启动仿真后，模块从初始时刻到设定的延迟时间之前都输出 Initial input 参数值。

(6) Variable Transport Delay——可变时间延迟

该模块可以用来模拟一个延迟时间可变的延迟环节。它有两个输入，IN1 为被延迟的信号，IN2 为被延迟的时间长度。

(7) Zero - Pole——零极点模型

将传递函数模型的分子和分母分别进行因式分解，得到系统的零极点模型如下：

$$G(s) = K\frac{(s + z_1)(s + z_2)\cdots(s + z_m)}{(s + p_1)(s + p_2)\cdots(s + p_n)}$$

式中，K 为系统的增益；$-z_i(i = 1,\cdots,m)$ 为系统的零点；$-p_i(i = 1,\cdots,n)$ 为系统的极点。

2. 不连续模块集

在 Simulink 的基本模块中选择“Discontinuities”，在右侧的列表框中就显示出如图 5-4

所示的不连续模块集中的模块。

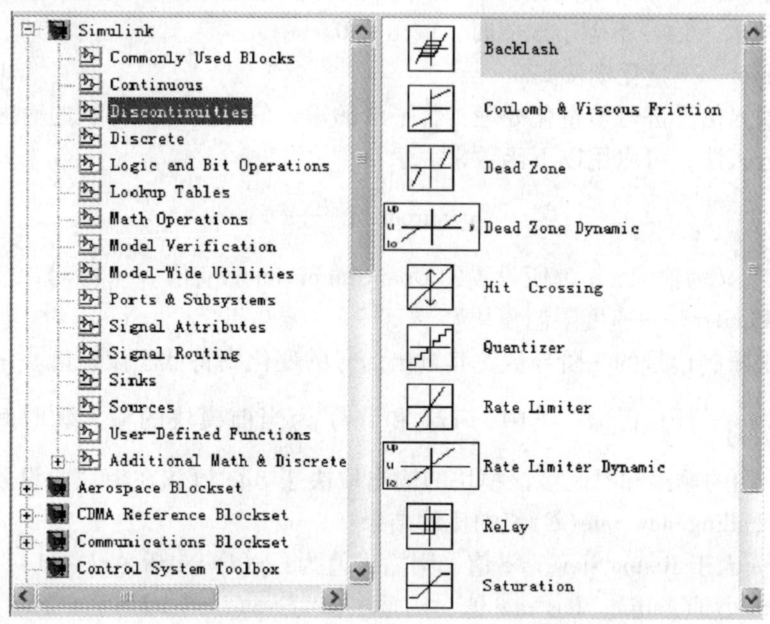

图5-4 不连续模块集

不连续模块集中包括以下模块：

（1）Backlash——磁滞回环模块

当输入的方向改变时，输入的初始变化对输出没有影响；只有当输入的变化幅度超过一定值时输出才会发生变化。这个四边形的区域称为回差，或者磁滞回环。

（2）Coulomb & Viscous Friction——库仑及粘性摩擦模块

该模块用于建立库仑（静）力和粘滞（动）力模型。其特点是：在零点不连续而在其余的点为线性增益。偏置对应库仑力，而增益对应粘滞力。该模块的输入输出关系可以用以下的函数式来表示：

$$y = \text{sign}(u)[Gain \times \text{abs}(u) + Offset]$$

式中，y 表示输出；u 表示输入；*Gain* 和 *Offset* 为模块参数，分别表示线性增益和偏置。

（3）Dead Zone——死区模块

该模块产生一个死区非线性特性，分别用Start of dead zone和End of dead zone参数指定截止区的下限值和上限值。如果输入值在截止区内，则输出为0；如果输入大于或等于上限值，则输出等于输入减去上限值；如果输入小于或等于下限值，则输出等于输入减去下限值。

（4）Dead Zone Dynamic——动态死区模块

该模块动态地限制输入信号的范围，产生指定范围内的输出死区。用up动态设置上限值，用lo动态设置下限值。模块的截止区取决于所设置的上限值和下限值。如果输入在截止区内，则输出为0；如果输入大于或等于上限值，则输出等于输入减去上限值；如果输入小于或等于下限值，则输出等于输入减去下限值。

（5）Hit Crossing——捕获穿越点

该模块将输入信号和所设定的 Hit cossing offset 值进行比较，当输入信号等于该值时，输出为“1”；当输入信号不等于该值时，输出为0。

（6）Quantizer——量化模块集

该模块对输入信号进行整量化处理，将平滑的输入信号变为阶梯状的输出信号。整量化计算采用四舍五入法，可以用以下函数来表示：

$$y = \text{qround}(\frac{u}{q})$$

式中，y 为输出；u 为输入；q 为所设置的 Quantization interval 值。

（7）Rate Limiter——速度限制模块

该模块用来限制信号的一阶导数，其输出信号的变化率将低于设定值。一阶导数用方程 $rate = \frac{u(i) - y(i-1)}{t(i) - t(i-1)}$ 计算得出。其中，$u(i)$ 和 $t(i)$ 为当前模块的输入和时间，$y(i-1)$ 和 $t(i-1)$ 为前一拍的输出和时间。该模块的输出取决于 $rate$ 值和在模块中设置的 Rising slew rate(R)值以及 Falling slew rate(F)值的比较结果：

- 如果 rate 大于 Rising slew rate 值，则输出值为：$y(i) = \Delta tR + y(i-1)$。
- 如果 rate 小于 Falling slew rate 值，则输出值为：$y(i) = \Delta tF + y(i-1)$。
- 如果 rate 在 R 和 F 之间，则输出值为输入值：$y(i) = u(i)$。

（8）Rate Limiter Dynamic——动态限速模块

该模块动态地限制信号的上升速率和下降速率，使其不超过规定的限制值。用 up 动态设置上升速率限制，用 lo 动态设置下降速率限制。

（9）Relay——继电器模块

该模块产生一个继电非线性特性，模块只输出两个特定的值。当模块输出状态为“on”时，此状态就一直保持，直到输入下降到比所设置的 Switch off point 参数值小时，模块输出状态切换为“off”；当模块输出状态为“off”时，此状态就一直保持，直到输入上升到比所设置的 Switch on point 参数值大时，模块输出状态切换为“on”。

（10）Saturation——饱和模块

该模块产生一个饱和非线性特性，可以在该模块中设置上下限。当输入信号低于下限值（Lower limit）时，则模块输出下限值；当输入信号高于上限值（Upper limit）时，则模块输出上限值；当输入信号在上下限幅值之间时，则输入信号无变化输出。

（11）Saturation Dynamic——动态饱和模块

该模块动态地设置饱和限幅值。用 up 动态设置上限值，用 lo 动态设置下限值。当输入信号低于下限值时，则模块输出下限值；当输入信号高于上限值时，则模块输出上限值；当输入信号在上下限幅值之间时，则输入信号无变化输出。

（12）Wrap To Zero——归零模块

当输入信号超过 Threshhold 参数限定值时，模块输出 0；当输入信号小于或等于限定值时，输入信号无变化输出。

3. 离散模块集

在 Simulink 的基本模块中选择“Discrete”，在右侧的列表框中就显示出如图 5-5 所示的离散模块集中的模块。

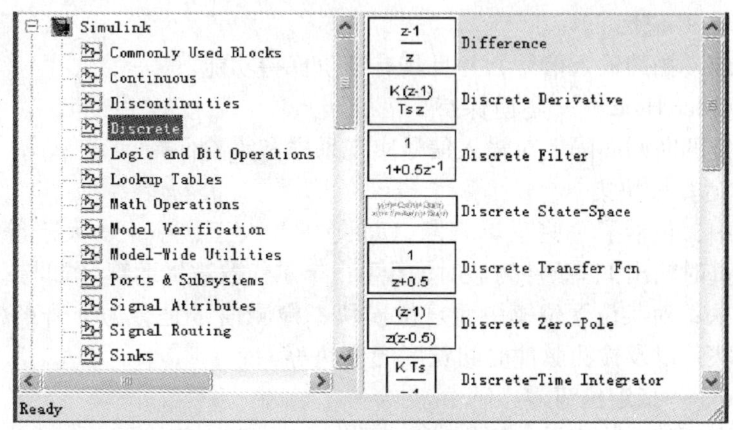

图5-5 离散模块集

离散模块集中包括以下模块：

（1）Difference——差分模块

该模块对输入信号进行一阶差分运算，输出值为当前输入值减去前一拍的输入值。

（2）Discrete Derivative——离散时间导数

该模块计算输入信号的离散时间一阶导数：输出值为当前输入值减去前一拍的输入值，再除以采样时间长度。

（3）Discrete Filter——离散滤波模块

该模块用于实现无限尖脉冲响应（Infinite Impulse Response，IIR）和有限尖脉冲响应（Finite Impulse Response，FIR）的滤波。用户可以在分子（Numerator）和分母（Denominator）的参数设定框中按照 z^{-1} 的升幂次序设定分子分母多项式的系数。分母的阶次必须大于或等于分子的阶次。

（4）Discrete State - Space——离散状态空间

该模块用于构造一个离散系统的状态空间表达式。

$$X(k+1) = AX(k) + BU(k)$$
$$Y(k) = CX(k) + DU(k)$$

式中，X 为 n 维状态向量；U 为 m 维输入向量；Y 是 r 维输出向量。因此，A 是 $n \times n$ 方阵；B 是 $n \times m$ 矩阵；C 是 $r \times n$ 矩阵；D 是 $r \times m$ 矩阵。

（5）Discrete Transfer Fcn——离散系统脉冲传递函数

该模块建立一个离散系统的脉冲传递函数模型。

（6）Discrete Zero - Pole——离散系统脉冲传递函数零极点

该模块建立一个离散系统的脉冲传递函数因式分解后的零极点模型。

（7）Discrete - Time Integrator——离散时间积分

在构建纯离散系统时，用该模块作为积分器。允许用户作以下设置：在模块对话框中定义初始条件；模块输出的状态；定义积分的上下限；根据附加的复位输入复位该积分器的状态。

（8）First - Order Hold—— 一阶保持

该模块在指定的时间间隔上实现采样和一阶保持。在实际系统中通常使用零阶保持器，因此，该模块在实际中很少使用。

(9) Memory——记忆

该模块输出前一拍的输入信号，并且具有零阶保持功能。

(10) Zero - Oder Hold—— 零阶保持

该模块在指定的时间间隔上对输入信号实现采样和零阶保持。

4. 逻辑与位运算模块集

这个模块集中，包括了一些逻辑判断（如等于、大于、小于、大于等于、小于等于）模块，当条件为真时输出1，条件为假时输出0；布尔代数逻辑运算（如与、或、非、与非、或非、异或）模块；对某位置位模块和复位模块；检测信号是否为上升的模块；检测信号是否为下降的模块；以及检测脉冲时间宽度的模块等。

(1) Bit Clear——指定位清零

该模块对指定项的整数清零。例如，如果指定项是2，输入是一个常数向量2.^［0 1 2 3 4］，用二进制表示为［00001 00010 00100 01000 10000］，将第2项清零，结果为［00001 00010 00000 01000 10000］，用十进制表示就是［1 2 0 8 16］。

(2) Bitwise Operator——位运算模块

该模块对操作数进行按位的布尔代数逻辑运算，包括与、或、非、与非、或非、异或等。

(3) Detect Change——检测变化

该模块用于检测信号值的变化。当前输入值等于前面一拍输入值时，输出为0；当前输入值不等于前面一拍输入值时，输出就不为0。

(4) Logical Operator——逻辑运算模块

该模块对输入执行逻辑运算，包括与、或、非、与非、或非、异或。相当于对应的逻辑门电路。

(5) Relation Operator——关系运算模块

该模块对两个输入进行相关性运算，并且根据表5-1产生输出。

表5-1 关系运算与输出对应表

关系运算	输出
= =	TRUE，如果两个输入相同
~ =	TRUE，如果两个输入不相同
<	TRUE，如果第一个输入小于第二个输入
< =	TRUE，如果第一个输入小于或等于第二个输入
> =	TRUE，如果第一个输入大于或等于第二个输入
>	TRUE，如果第一个输入大于第二个输入

如果运算结果为“TRUE”，则输出为1；如果运算结果为“FALSE”，则输出为0。

5. 数学运算模块集

数学运算模块组主要包括以下模块：

(1) Abs——求绝对值模块

该模块的输出为输入信号的绝对值。

(2) Add——加法模块

该模块用于将若干个输入信号进行相加或相减运算后输出。

(3) Algebraic Constrant——求解代数方程模块

该模块将输入$f(z)$置为0，并且输出导致方程$f(z)=0$的值（即方程的根）。输出可以通过某反馈路径影响输入。默认时，“Initial guess”参数为0，用户可以通过给该参数设置更接近于求解值的z，来提高求解速度。

(4) Assignment——赋值模块

该模块用于将给定信号赋值。

(5) Bias——偏差模块

该模块用于将输入量加上偏差。

$$Y = U + Bias$$

式中，U为模块输入；Y为输出；$Bias$为所设置的偏差值。

(6) Complex to Magnitude - Angle——复数转换成极坐标形式

该模块将输入的具有实部和虚部的直角坐标形式的复数，转换成为对应的具有幅值和相角的极坐标形式复数。

(7) Complex to Real - Imag——复数转换成实部虚部形式

该模块接受双精度复信号，根据设置该模块可以输出输入信号的实部、虚部或者实部和虚部。

(8) Divide——乘法与除法

该模块用于对输入进行乘法或者除法运算。

(9) Dot Product——点积模块

该模块对两个维数相同的输入向量进行点积运算，输出为标量。

(10) Gain——增益模块

该模块对输入信号乘上一个所设定的常数、变量或者表达式。

(11) Magnitude - Angle to Complex——幅值和辐角转换为复数

该模块可以将一个幅值和一个辐角信号变换为复数信号输出。输入必须是双精度型实信号，辐角的单位是弧度。

(12) Math Function——数学函数模块

该模块可以进行多种常用数学函数运算。用户可以选择如下函数之一：exp、log、10u、log10、square、sqrt、power等。输出用这些函数对输入进行计算以后的结果。函数名在模块上显示。

(13) Matrix Concatenation——矩阵连接模块

该模块将输入的矩阵按水平方向，或者垂直方向连接。

(14) Matrix Gain——矩阵增益模块

该模块提供一个矩阵增益。它用所设定矩阵与输入向量相乘，然后输出。

(15) MinMax——最小值与最大值模块

该模块将输入的最小或最大值的元素输出，用户可以通过Function参数表来选择合适的函数。如果只有一个输入端口，模块输入向量的最小元素或者最大元素用一个标量输出；如果输入端口多于一个，各输入向量必须具有相同的维数，模块将各输入向量的各元素逐一进行比较，输出一个同样维数的向量，其各元素为各输入向量中对应元素的最小值或最大值。

(16) Polynomial——多项式模块

在该模块中设置多项式的系数，输出为将输入值代入该多项式所得出的值。

（17）Product——乘积模块

该模块对输入进行乘法或除法运算，输入可以是标量，也可以是矩阵。当输入是矩阵时，除法表示乘以该矩阵的逆矩阵。

（18）Real - Imag to Complex——实部和虚部转换为复数

该模块分别输入实部和虚部值，并且将它们转换成一个复数值输出。

（19）Reshape——改变信号维数模块

该模块可以根据设定，将输入信号的维数改变为指定的维数。

（20）Rounding Function——取整模块

根据设定 floor、ceil、round 和 fix，该模块对输入信号进行不同的取整处理后输出：设定 floor 时，将输入信号的每一个元素向下取一个最接近的整数；设定 ceil 时，将输入信号的每一个元素向上取一个最接近的整数；设定 round 时，将输入信号的每一个元素取一个最接近的整数；设定 fix 时，将输入信号的每一个元素向上或向下取一个最接近零的整数。

（21）Sign——判别正负号模块

该模块用于判别输入信号的正负号。当输入信号为正时输出为 1，当输入信号为负时输出为 -1，当输入信号为 0 时输出为 0。

（22）Slider Gain——滑标增益

该模块使用户在仿真期间可以使用滑标来改变标量增益值。模块接受一个输入并且产生一个输出。用户可以通过两种方法来改变增益：第一种是移动滑标或者在当前增益栏中输入新的值；第二种是通过改变上下限来改变增益范围。

（23）Sum 与 Substract——求代数和与求代数差模块

对输入信号进行相加与相减运算。

（24）Trigonometric Function——三角函数模块

该模块可根据设置执行多种常用的三角函数和反三角函数运算。

（25）Unary Minus——符号取反模块

该模块的作用相当于将输入信号乘以 -1 以后输出，使其符号变为相反。

6. 接收器模块集

在任何一个仿真模型中，信号最终都需要输出或者显示，因此接收器模块是不可少的。在基本模块中选择“Sink”，在右侧的列表框中就会显示接收器模块集如图 5-6 所示。

接收器模块集主要包括以下模块：

（1）Display——显示模块

该模块是一个数字显示器，用数字形式显示输入的数值。

（2）Out1——输出模块

该模块为子系统或者外部输出生成一个输出端口。

（3）Scope——示波器模块

以示波器的形式显示仿真结果。用户可以调整时间长度和显示范围。

（4）Stop Simulation——停止仿真

一旦该模块的输入为非零，系统的仿真就立即停止。

（5）XY Graph——XY 图形显示模块

与 Scope 不同的是：Scope 的横指标是时间轴，而 XY Graph 模块的两个输入信号分别作

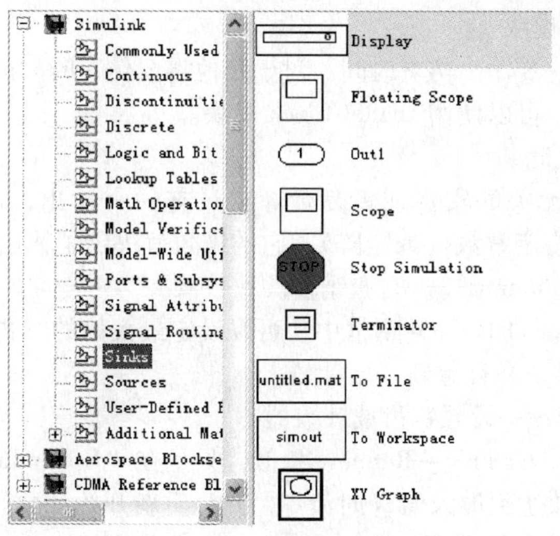

图 5-6　接收器模块

为 X 轴和 Y 轴的输入来绘制图形。

7. 输入源模块集

输入源模块集包含多种常用的信号和数据发生器，可以满足绝大多数系统仿真的要求。在基本模块中选择“Sources”，在右侧的列表框中就会显示输入源模块集，如图 5-7 所示。

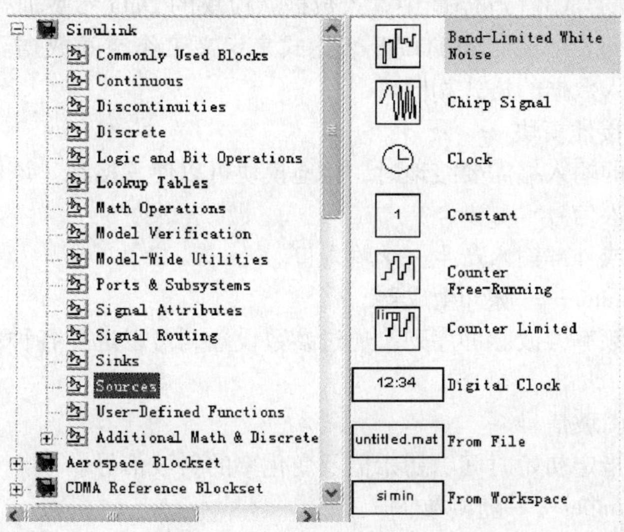

图 5-7　输入源模块

输入源模块集主要包括以下模块：

（1）Band - Limited White Noise——带宽受限的白噪声信号源

产生白噪声随机信号，用户可以使用具有比系统最小时间常数更小的相关时间的随机序列来模拟白噪声的效果。

（2）Chirp Signal——宽频谱信号

该模块产生频率随时间线性增加的正弦信号，可用于非线性系统的谱分析。模块产生标量或者向量输出。

（3） Clock——时钟模块

该模块在仿真的每一步输出仿真时间。对于其他需要仿真时间的模块非常有用。当用户在进行离散系统仿真时，可以使用 Digital Clock 模块。

（4） Constant——常量

该模块输出与时间无关的实数或者复数。它只有一个输出，用户可以在对话框上的 Constant value 参数栏中指定常数（或矩阵），它的维数就决定了输出的维数。

（5） Counter Free - Running——自激锯齿波计数器

在该模块的"Number of Bit"对话框中，可以设定最大值的二进制位数 N，当计数达到最大值（2^N-1）时清零，并且重新开始计数。

（6） Counter Limited——设限锯齿波计数器

该模块的功能与 Counter Free - Running 相似，只是在"Upper Limit"对话框中直接设置的就是最大值 N。当计数达到最大值 N 时清零，并且重新开始计数。

（7） From File——从文件导入

该模块输出一个从 MAT 文件中读入的数据。模块图标显示提供数据的文件名。文件必须是不少于两行的矩阵。第一行是单调递增的时间，其他行的数据与第一行相应列上的时间一一对应。

（8） From Workspace——由工作空间导入

该模块用于从 MATLAB 工作空间中读入数据。模块的 Data 参数通过一个两行矩阵或者包含信号和时间步的列表结构的 MATLAB 表达式来定义工作空间数据。矩阵或列表结构的格式与从工作空间载入数据的格式相同。

（9） Ground——接地模块

当系统中有模块的输入端需要接地时，接地模块可以使其接地。该模块的输出为0。

（10） In1——输入信号

该模块为子系统或外部输入产生一个输入口。

（11） Pulse Generator——脉冲生成器

该模块产生固定频率方波脉冲序列。通过参数设置，可以选择各种不同幅值、频率和占空比的方波。

（12） Ramp——斜坡信号

该模块可以产生指定初始时间、初始值及变化率的斜坡信号。

（13） Random Number——随机数字

该模块可以产生正态分布的随机数字。在每一次仿真开始时，种子都设置为指定的值。默认时，产生的随机数字序列的均值为0，方差为1，用户也可以通过设置参数来改变它们。

（14） Repeating Sequence——周期信号

该模块可以任意产生常用的周期信号，例如，三角波、锯齿波等。

（15） Repeating Sequence Interpolated——内插值周期信号

该模块输出离散时间的周期信号。在两点之间采用 Lookup Method 进行插值。

（16） Repeating Sequence Stair——阶梯周期信号

该模块输出和重复离散的阶梯周期信号。

（17） Signal Builder——信号建立

该模块用于生成分段线性的可交换的信号组，并将信号用于模型。

（18）Signal Generator——信号发生器

该模块可以产生3种不同波形的信号：正弦波、方波和锯齿波。信号频率的单位可以是Hz（赫兹）或rad/s（弧度/秒）。

（19）Sine Wave——正弦波发生器

该模块产生一个正弦波信号，在连续模型或者离散模型中都可以工作，振幅、频率和相位均可以设置。

（20）Step——阶跃信号

该模块在指定时间产生一个可以定义上下电平的阶跃信号。

（21）Uniform Random Number—— 均衡随机数字

该模块产生在整个指定时间间隔内均匀分布的随机信号，信号的起始种子可以由用户指定。

5.1.2 Simulink其他工具箱、模块集

除了基本的模块集以外，还有许多其他工具箱模块集。包括Aerospace Blockset（航空航天模块集）、CDMA Reference Blockset（码分多址参考模块集）、Comunications Blockset（通信模块集）、Control System Toolbox（控制系统工具箱）、Dials & Gauges Blockset（刻度盘和量表模块集）、Fuzzy Logic Toolbox（模糊逻辑工具箱）、Model Predictive Control Toolbox（模型预测控制工具箱）、Neural Network Blockset（神经网络模块集）、RF Blockset（射频模块集）、Signal Processing Blockset（信号处理模块集）、SimMechanics（机械仿真模块集）、SimPowerSystems（电力系统仿真模块集）、Simulink Control Design（Simulink控制设计）、Simulink Parameter Estimation（Simulink参数估计）、Simulink Response Optimization（Simulink响应优化）、Virture Reality（虚拟现实）等。这些模块集或工具箱都是针对各领域的专用工具模块。

对于自动控制系统仿真，最常用的是以下几个：Control System Toolbox、Fuzzy Logic Toolbox、Model Predictive Control Toolbox、Neural Network Blockset、Signal Processing Blockset、SimMechanics、SimPowerSystems、Simulink Control Design、Simulink Parameter Estimation。

5.2 Simulink建模与仿真

在上一节中，我们已经初步了解了Simulink 6.0的一些常用模块。本节将介绍如何用Simulink建立系统模型，即如何使用这些模块建立控制系统的仿真模型。

5.2.1 Simulink建模方法简介

在Simulink环境中，建立和编辑模型的一般过程如下。

首先，在MATLAB主界面上单击图标，即启动了“Simulink Library Browser”（Simulink库浏览器）。在Simulink库浏览器窗口上，选择“File”→“New”→“Model”命令，或者单击“新建”图标，就打开了一个空白的编辑窗口，也称为模型窗口。未保存时，该窗口的文件名默认为“untitled. mdl”，用户可以将其保存为自己希望的文件名，例如，test1. mdl。注意：Simulink模型文件的后缀都是“mdl”。

在 Simulink Library Browser 的库中选择了所需要的模块以后，可以将模块拖拽到模型窗口中。如图 5-8 所示，打开 Simulink 的输入端（Sources）模块集，拖拽一个正弦波信号发生器（Sine Wave）到模型编辑窗口。再打开接收器（Sinks）模块集，拖拽一个示波器（Scope）到模型编辑窗口。按住鼠标左键，从正弦波信号发生器的输出口拖到示波器的输入端口，就将两个模块用连接线连接起来了，并且以“aa. mdl”的文件名将这个模型保存，这样就建立了一个 Simulink 模型。

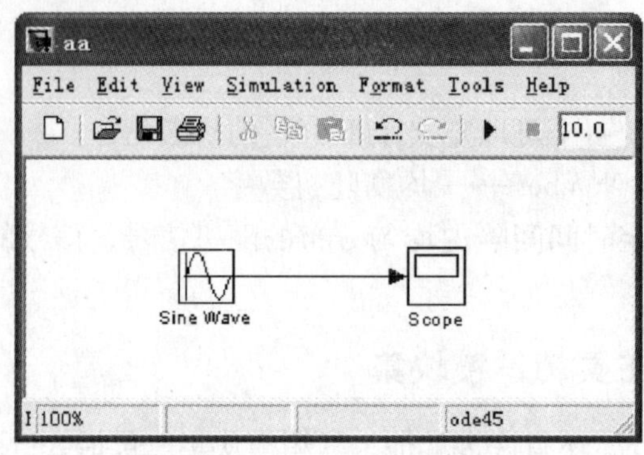

图 5-8 拖拽并连接模块

5.2.2 仿真算法与控制参数选择

1. 参数设置

默认时，Simulink 的算法为变步长 ode45，仿真时间为：起始 0s，终止 10s，如图 5-9 所示。选择“Simulation”菜单栏→“Configuration Parameters”命令，可以打开这一界面，根据自己的要求，重新进行设置。

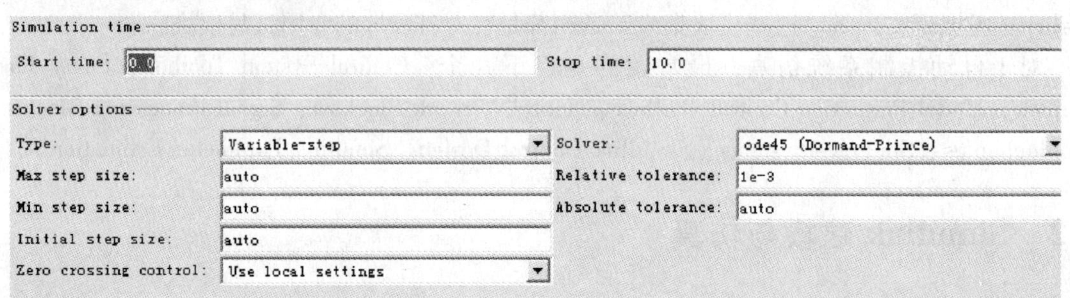

图 5-9 默认的 Simulink 仿真模型算法设置

（1）解题器（Solver）参数设置

“Simulation time”选项组用于设置仿真时间。“Solver options”选项用于设置求解器选项。在“Type”下拉列表框中可以设置变步长（Variable - step）和固定步长（Fixed - step）。如果选择变步长，则在仿真过程中可以根据数据变化的快慢自动调节步长的大小，以满足所设置的容许误差要求。在右侧的“Solver”下拉列表框中可以看到，对于变步长的解题器有 8 种，包括 ode45（四、五阶龙格 - 库塔法）、ode23（二、三阶龙格 - 库塔法）、ode113（多步解题器）、ode15s（基于数字微分公式的解题器）、ode23s（单步解题器）、ode23t（梯形规则的一种自由插值实现）、ode23tb（二阶隐式龙格 - 库塔公式）和 discrete

（离散解题器）。如果选择固定步长，则步长为所设定的时间间隔长度，对于固定步长的解题器有6种：ode5（五阶固定步长龙格－库塔法）、ode4（四阶固定步长龙格－库塔法）、ode3（三阶固定步长龙格－库塔法）、ode2（二阶固定步长龙格－库塔法）、ode1（固定步长欧拉法）和discrete（离散解题器）。

（2）数据输入、输出（Data Import/Export）参数设置

“Data Import/Export”设置界面如图5-10所示，可以根据需要设置处理数据的输入、输出参数。

“Load from workspace”选项组中，“Input”文本框用于设置向量［t，u］，其中t为时间，u为与时间对应的输入数值；“Initial state”文本框用于设置初始状态。

“Save to workspace”选项组中，“Time”文本框用于设置将Time（通常是仿真输出曲线的时间坐标行向量）输出到Workspace中的变量名，该变量名默认值为“tout”，用户也可以自行命名；“States”文本框用于设置将状态向量（States）输出到workspace中的变量名，该变量名默认值为“xout”，用户也可以自行命名；“Output”文本框用于将Output（通常是仿真输出曲线的行向量）输出到workspace中的变量名，该变量名默认值为“yout”，用户也可以自行命名；“Final state”文本框用于将最终状态（Final state）输出到workspace中的变量名，该变量名默认值为“xFinal”，用户也可以自行命名。

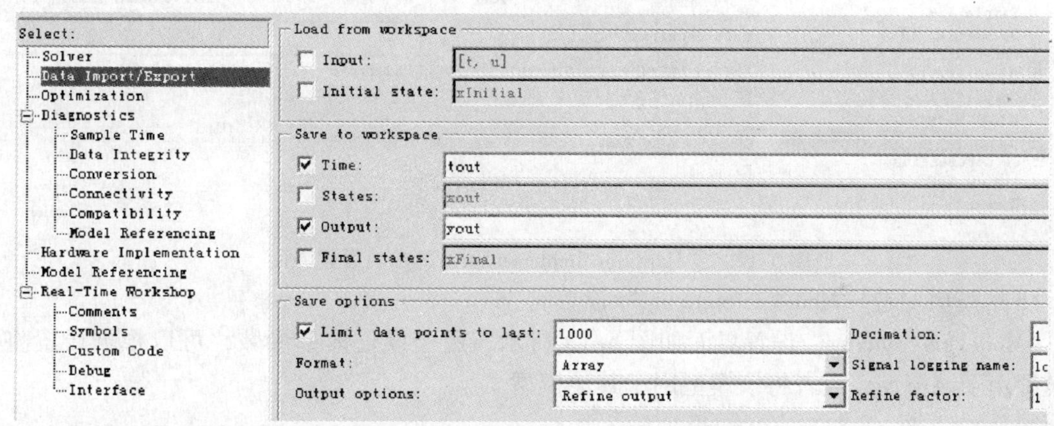

图5-10 “Data Import/Export”设置界面

“Save options”选项组用于设置保存选项。其中，“Limit data points to last”选项用于设置保存数据的点数，默认值为1000点，用户可以根据自己的要求来改变这个值。通常，如果计算机内存容量充分大时，可以把该选项前面复选框中的“√”去掉，以保存完整的仿真输出数据。“Decimation”选项用于设置降频（10分频）的强度；“Fomat”选项用于设置存储格式；“Output options”选项用于设置求解器的输出模式，它有3个选项：平滑输出（Refine output）、产生附加的输出（Produce additional output）、仅产生特定的输出（Produce specified output only）。

（3）诊断（Diagnostics）参数设置

“Diagnostics”参数设置界面如图5-11所示，用于设置在程序执行过程中遇到某些情况时应该采取什么操作，有3个选项：不采取任何操作（none）、产生报警信号（warning）和产生错误信号并停止执行（error）。

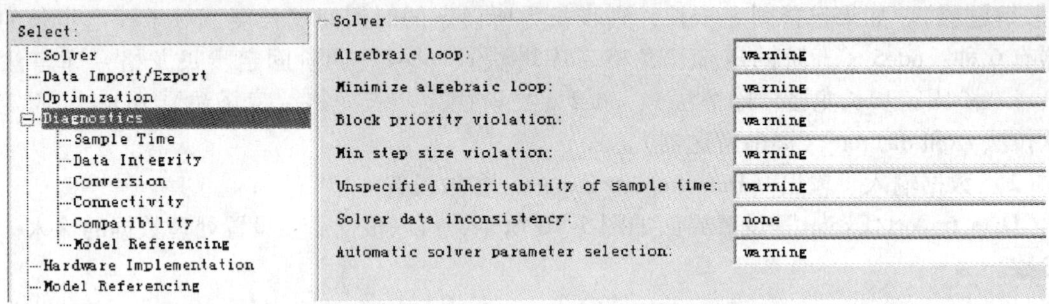

图 5-11 “Diagnostics”参数设置界面

（4）硬件实现（Hardware Implementation）参数设置

“Hardware Implementation”参数设置界面如图 5-12 所示，用于计算机控制系统模型（如嵌入式控制器）参数设置。用户能够指定执行系统的硬件特征，同时使仿真能够探测到硬件错误。

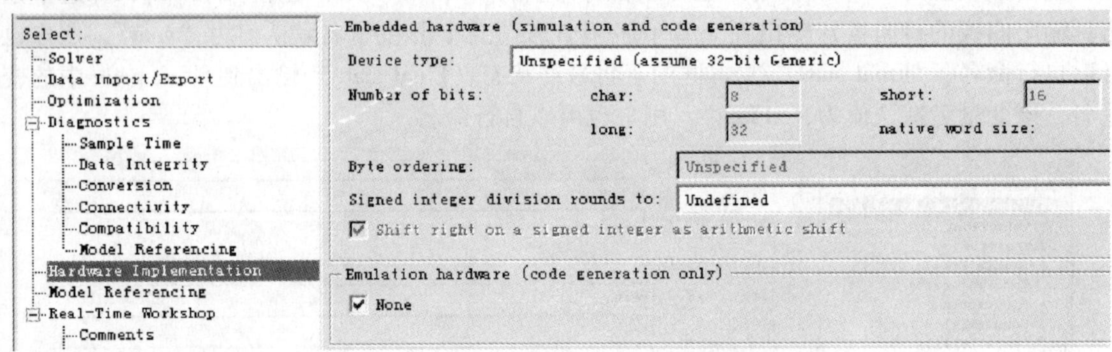

图 5-12 “Hardware Implementation”参数设置界面

（5）模型参考（Model referencing）设置

“Model referencing”设置界面如图 5-13 所示，用于设置模型参数，可以根据设置将其他模型用于该模型，或者将该模型用于其他模型。

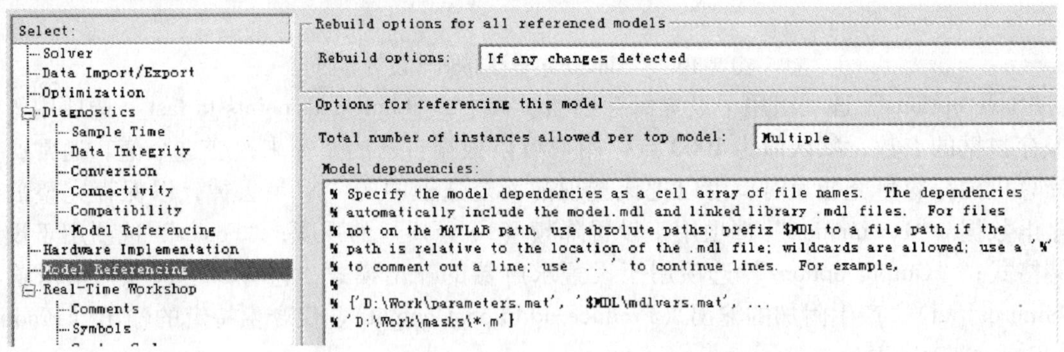

图 5-13 “Model referencing”设置界面

（6）实时工作间（Real - Time workshop）参数设置

“Real - Time workshop”参数设置界面如图 5-14 所示。它用于设置实时控制的系统目标文件、暂存构成文件和构成命令、建立目录等。

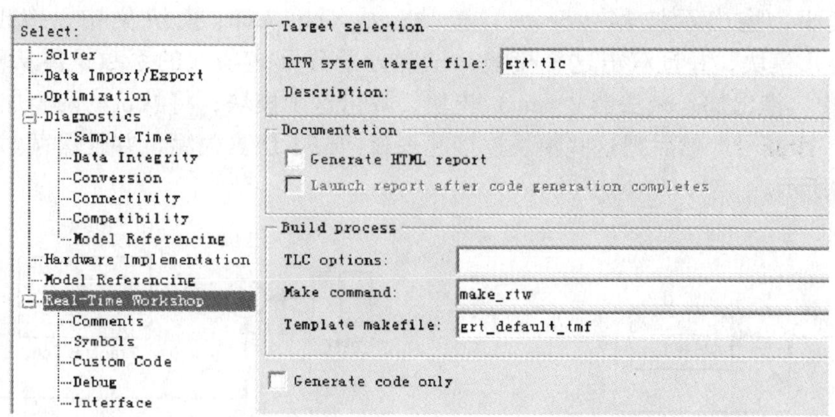

图5-14 “Real – Time workshop” 参数设置界面

2. 运行模型

用户在选择适当的算法并且设置好仿真参数后，就可以运行 Simulink 仿真模型了。有两种方法可以启动仿真：①选择“Simulation”→“Start”命令；②单击“▶”图标。

仿真运行停止后，双击示波器模块，就会显示示波器窗口（见图5-15）。

在示波器窗口上，也需要对示波器的参数进行设置。默认的示波器参数设置界面如图5-16所示。默认时，示波器历史数据只保存最后的5000个。如果希望显示完整的仿真曲线，就需要将“Limit data to last”前面复选框中的“√”去掉。

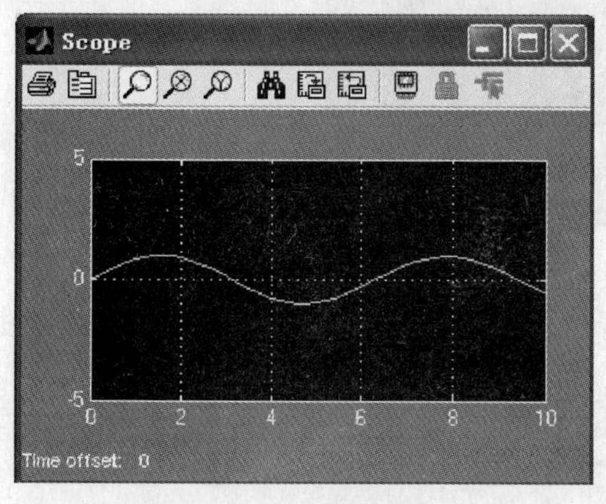

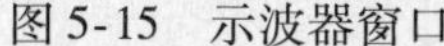
图5-15 示波器窗口

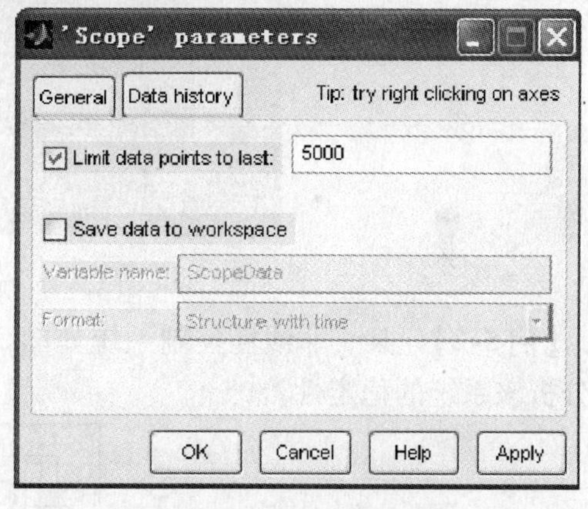

图5-16 默认的示波器设置

5.2.3 Simulink 在控制系统仿真研究中的应用举例

前面，我们通过一个很简单的例子初步了解了 Simulink 的基本建模过程。下面将通过几个有代表性的例子来进一步说明建立 Simulink 仿真模型的一般方法。

【例5-1】 某一 SISO 的线性定常系统如图5-17所示，试用 MATLAB 观测其单位阶跃响应曲线。

解 建立一个 Simulink 模型文件，在其中构造如图5-18所示的仿真模型。

从 Sources 模块集中，拖出信号源（Step）模块，Step 信号的默认起始时间为 1s；从

Sinks 模块集中，拖出示波器（Scope）模块；从 Continuous 模块集中，拖出传递函数（Transfer Fcn）模块，并且双击这个模块，设置分子分母多项式的系数；再从 Math Operations 模块集中，拖出加、减法器（Sum）模块，双击这个模块，将默认的两个加号重新设置为一个加号一个减号。然后把这些模块连接起来就构成了仿真模型，并且保存。仿真运行结果如图 5-19 所示。

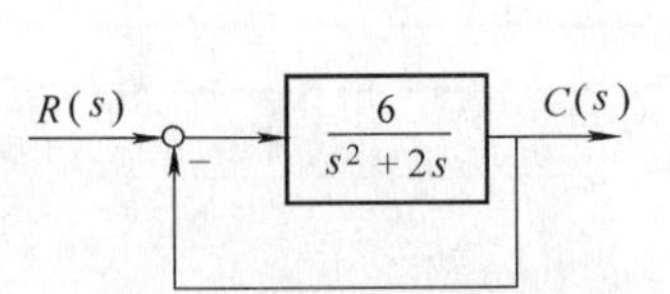

图 5-17　例 5-1 控制系统结构图

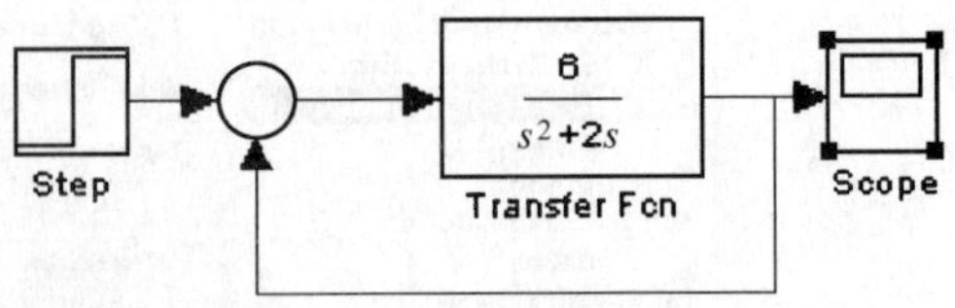

图 5-18　例 5-1 仿真模型

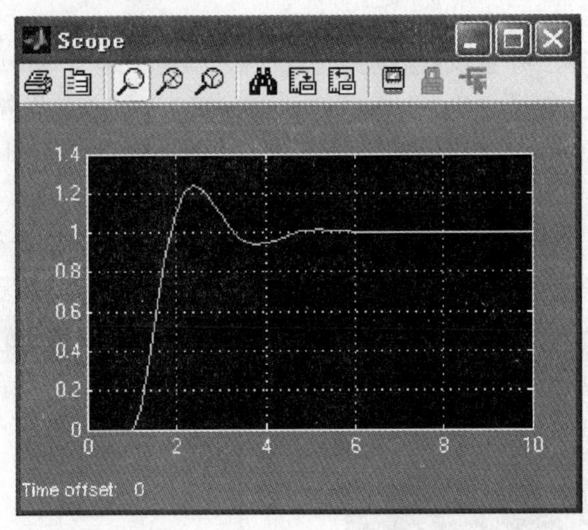

图 5-19　例 5-1 仿真运行结果

【例 5-2】　某一非线性控制系统如图 5-20 所示，判断该系统是否有稳定的极限环，并且分析该系统的稳定性。

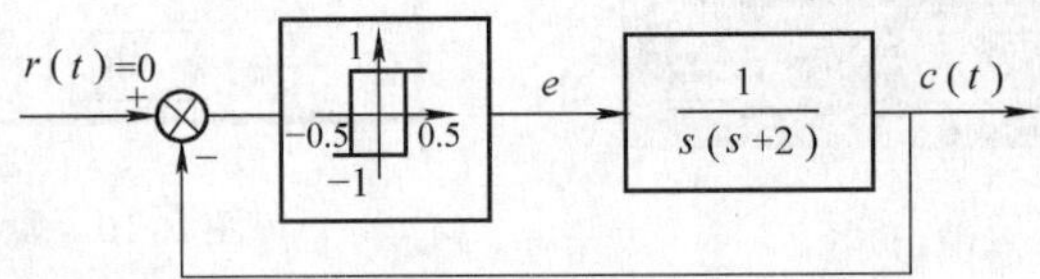

图 5-20　例 5-2 非线性控制系统结构图

解　根据题意，可以列写出以下方程：

$$\ddot{c}+2\dot{c}=e=\begin{cases}1(c<-0.5 \quad 或 \quad -0.5<c<0.5;\dot{c}>0)\\-1(c>0.5 \quad 或 \quad -0.5<c<0.5;\dot{c}<0)\end{cases}$$

建立绘制系统相轨迹的 Simulink 模型如图 5-21 所示。

从 Continuous 模块集中，拖出积分器（Integrator）模块，双击该模块设置初值，在本例中此处设置：$c(0)=-0.8$，$\dot{c}(0)=0.8$；从 Discontinuities 模块集中，拖出继电器（Relay）模块，双击该模块设置参数；从 Sinks 模块集中，拖出 XY 图形显示器（XY Graph）模

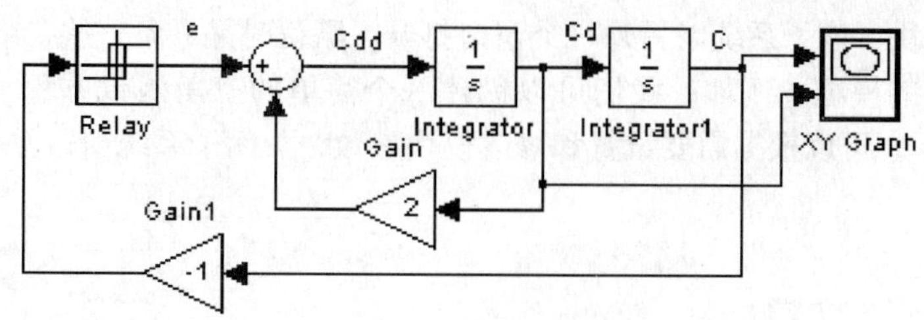

图 5-21 例 5-2 绘制相轨迹仿真模型

块；从 Math Operations 模块集中，拖出增益（Gain）模块，双击该模块设置放大系数；再从 Math Operations 模块集中，拖出加、减法器（Sum）模块，双击这个模块，将默认的两个加号重新设置为一个加号一个减号。然后把这些模块连接起来就构成了仿真模型，并且保存。运行仿真模型就绘制出该非线性控制系统相轨迹，如图 5-22 所示。

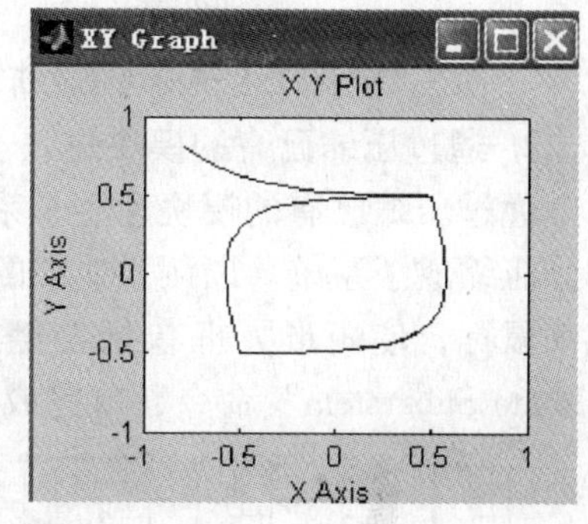

图 5-22 例 5-2 非线性系统相轨迹

从相轨迹可以看到该非线性系统具有稳定的极限环。再建立另一种形式的系统仿真模型（见图 5-23a），并且得到仿真结果（见图 5-23b）。可以看到极限环对应的等幅振荡的振幅大约为 0.6；周期大约为 6s。

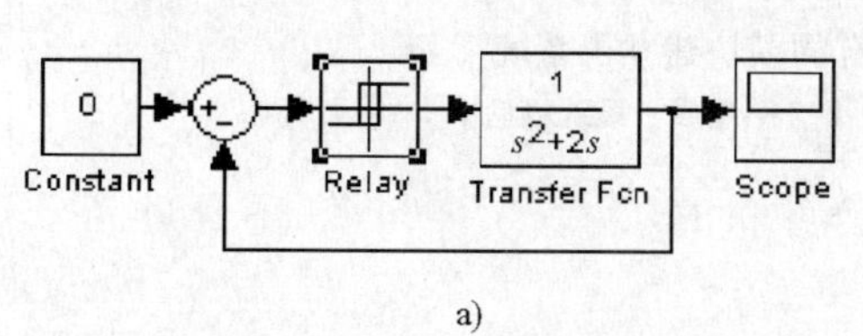

a)

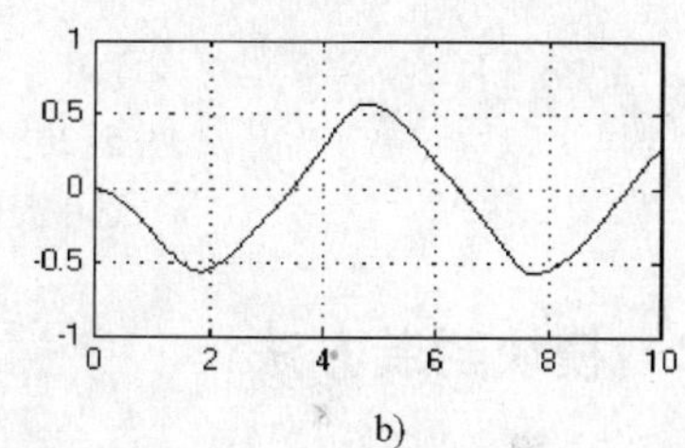

b)

图 5-23 例 5-2 仿真模型和仿真结果

a）仿真模型 b）仿真结果（经过反色处理的示波器图）

5.3 子系统与模块封装技术

前面章节，我们学习了建立 Simulink 仿真模型的基本方法。随着系统复杂程度的增加，为了使模型更加简洁，更易于读懂，通常需要将系统分解成若干个具有独立功能的子系统。另外，用户也可以根据自己的需要将一些常用的子系统封装成一些模块，这些模块的用法也类似于标准的 Simulink 模块。并且还可以将自己开发的一系列模块构建自己的模块集。

5.3.1 子系统概念及构成方法

1. 通过子系统模块创建子系统

在 Simulink 的 Commonly Used Blocks 模块集中，提供了子系统 Subsystem（模块），可以通过该模块创建子系统。

首先，将子系统模块拖到编辑窗口中。再从 Sources 模块集中拖入输入（In1）模块，从 Sinks 模块集中拖入输出（Out1）模块，并且将它们连接起来，如图 5-24 所示。

双击子系统模块，该子系统以另外一个窗口打开。默认时是一条直线，将该直线删除，在中间插入希望编辑的模型。例如，我们可以创建一个简单的三角函数方程 $y = A_m \sin x$ 的子系统，如图 5-25 所示。可以根据需要设置和修改模块参数，关闭子系统窗口并且将模型保存。

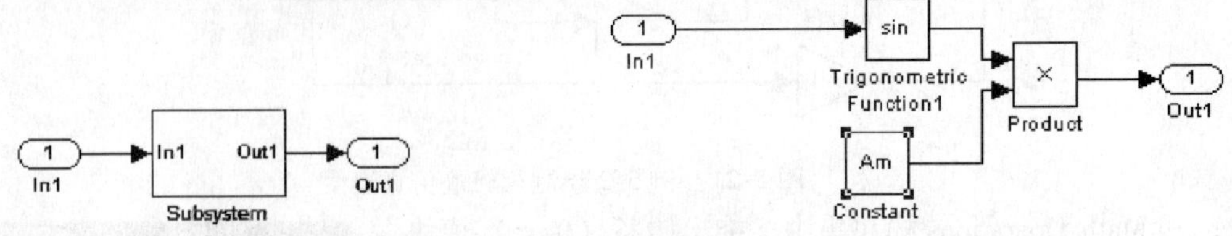

图 5-24 用子系统模块建立子系统　　图 5-25 子系统连接框图

2. 通过压缩已有的模块建立子系统

通过压缩已有的模块建立子系统这种方法比较简单，易于操作。它是将现有模型中的一部分压缩成子系统。以例 5-2 中的模型为例，打开图 5-23a 所示的模型，按住鼠标右键并且拖动鼠标，使矩形方框包括希望建立子系统的部分，松开右键，窗口中弹出选项，选择“Create Subsystem” 命令，就完成了建立子系统的过程，如图 5-26 所示。

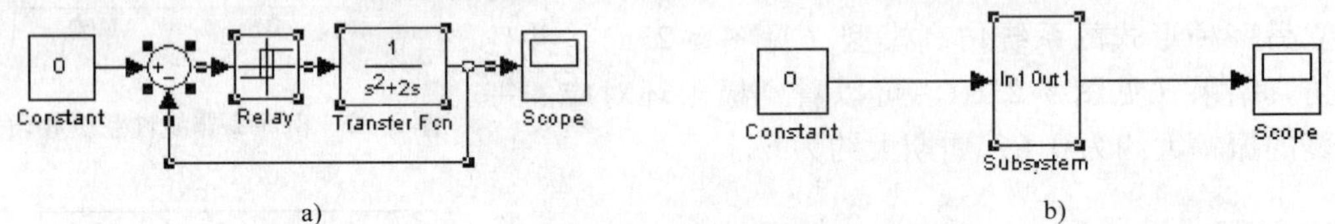

图 5-26 通过压缩已有的模块建立子系统

a）选中要压缩的子系统 b）压缩成子系统以后

5.3.2 模块封装方法

可以将 Simulink 子系统包装成一个模块，并且可以像使用 Simulink 内部模块一样来使用它。这样就可以将子系统内部结构隐藏起来，使用时，出现一个参数设置对话框来设置所需要的参数。

创建一个封装模块的主要步骤如下：

1）创建一个子系统。

2）选中该子系统模块，执行模型窗口菜单中的 “Edit”→“Mask subsystem” 命令，将子系统转化为封装模块。这时系统弹出 “封装编辑” 对话框，如图 5-27 所示。

3）使用封装编辑对话框设置封装文本、对话框和图标。

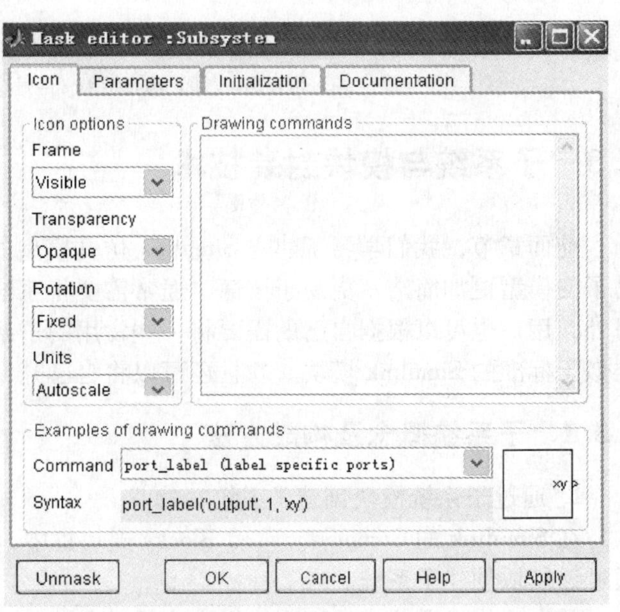

图 5-27 “封装编辑” 对话框

以下我们以简单的三角函数方程 $y = A_m \sin x$ 的子系统为例，学习如何封装一个子系统。可以看到封装编辑对话框有以下4个选项卡：

1. 图标（Icon）设置

图5-27所示的就是“Icon”设置界面。

边框（Frame）选项可以设置为可见（Visible）和不可见（Invisible）。前者为默认状态，通常Simulink模块都带有可见的边框。

透明度（Transparency）选项可以设置为不透明的（Opaque）和透明的（Transparent）。前者为默认选项，模块端口的信息将被图标上的图形完全覆盖。如果想显示端口名称，应该选用“Transparent”选项。

旋转（Rotation）选项可以设置为固定的（Fixed）和旋转（Rotates）。前者为默认选项，在模块旋转或翻转时，该模块的图标不转动。后者则在旋转或翻转模块时，该模块的图标也一同转动。

尺寸单位（Units）属性有3种选项：Autoscale（自动确定大小，默认选项）、Pixels（像素点）和Normalized（统一化）。“Autoscale”选项使图标图形恰好充满整个模块；“Pixels”选项会按照像素确定图标大小，其效果为当模块调整大小时，图标大小不改变；“Normalized”选项会确定图标的比例。

图5-27下方的“Examples of drawing commands”选项组中有两行，第一行Command后面的下拉列表框中列出了绘制图标的几种方法，这时第二行“Syntax”后面就出现对应于该绘制方法的句法，如图5-28所示。例如，我们希望将C:\ MATLAB 7.0\ work文件夹中的图片001.jpg作为图标，则在“Command”下拉列表框中选择“image”，这时“Syntax”后面就显示了对应的句法。按照这种句法，在“Drawing commands”窗口中输入命令：image（imread（‘001.jpg’）），单击“Apply”或“OK”按钮，图标就设置完成了。

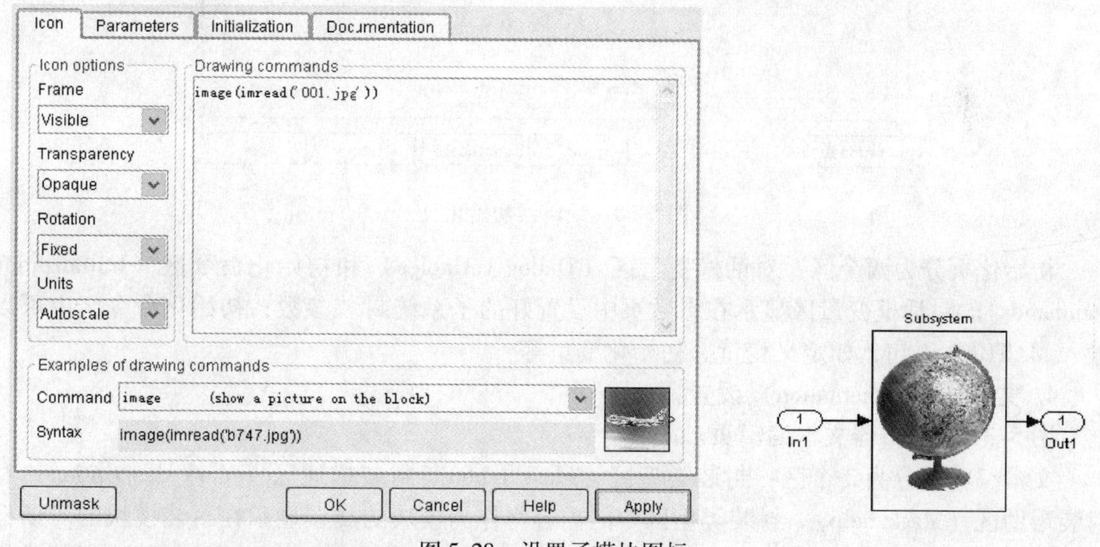

图5-28 设置子模块图标

2. 参数（Parameter）设置

图5-29为参数编辑页，用于产生和修改封装子系统特征参数。

该页分为两个区：对话框参数区（Dialog parameters）和已选择参数选项区（Options for selected parameter）。对话框参数区用于选择和改变封装参数的主要性质；已选择参数选项区

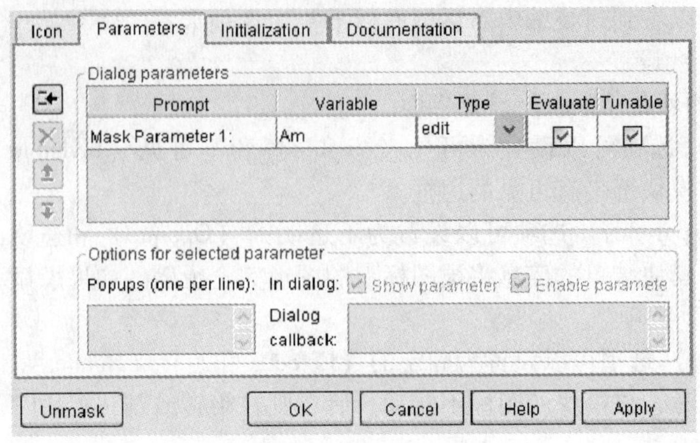

图 5-29 “参数”编辑页

用于设置已选择参数的其他选项。

3. 初始化（Initialization）设置

图 5-30 为编辑器初始化页，用户可以输入 MATLAB 命令来初始化封装系统。

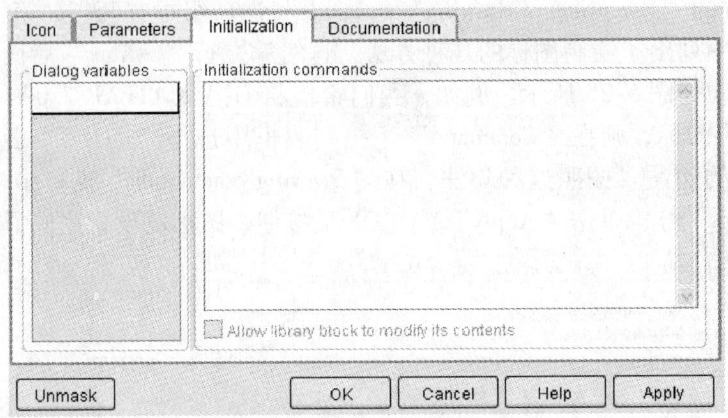

图 5-30 编辑器初始化页

初始化页分为两个区：对话框变量区（Dialog variables）和初始化命令区（Initialization commands）。对话框变量区显示在参数页中设置好的子系统封装参数；初始化命令区中可以输入 MATLAB 语句，如定义变量、初始化变量等。

4. 文本（Documentation）设置

图 5-31 为编辑器文本编辑页。

文本编辑页分为 3 个区：封装类型区（Mask type）、封装描述区（Mask description）和封装帮助区（Mask help）。封装类型区中的内容将作为模块的类型显示在封装模块的对话框中。封装描述区中的内容包括描述该模块功能的简短语句，该区中的内容将显示在封装模块对话框的上部。封装帮助区的内容包括使用该模块的详细说明等，当选择对话框中“Help”选项时，MATLAB 的帮助系统将显示该区的内容。

图 5-32 为选择“Help”选项后的各区内容。

以上封装参数设置好以后，单击“OK”按钮，即完成了该子系统的封装。

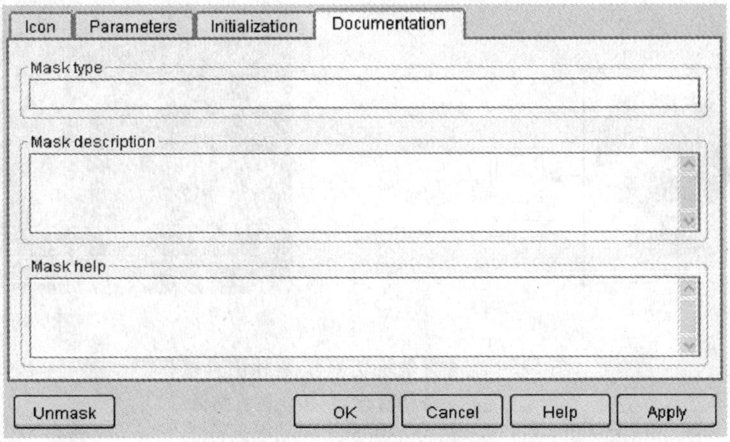

图5-31 编辑器文本编辑页

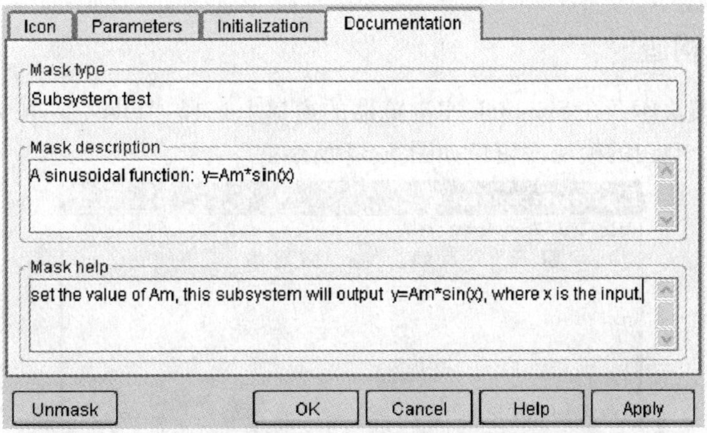

图5-32 选择后的编辑器文本编辑页

如果需要使用该子系统时，可以双击该子系统模块，出现参数对话框（见图5-33），在该对话框中，可以设置参数。在本例中，此处将正弦振幅设置为12。

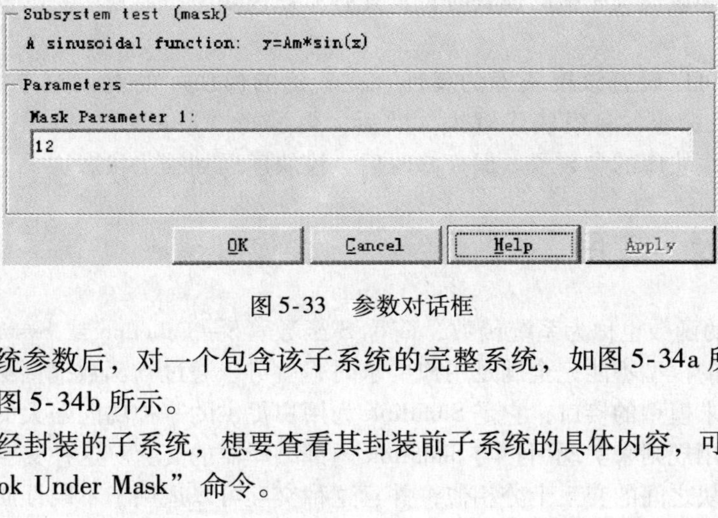

图5-33 参数对话框

在设置子系统参数后，对一个包含该子系统的完整系统，如图5-34a所示，进行仿真，得出仿真曲线如图5-34b所示。

对于一个已经封装的子系统，想要查看其封装前子系统的具体内容，可以右键单击该子系统，执行“Look Under Mask”命令。

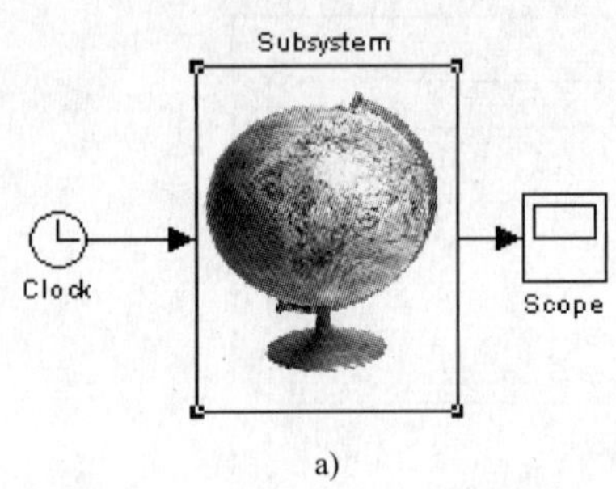

a)

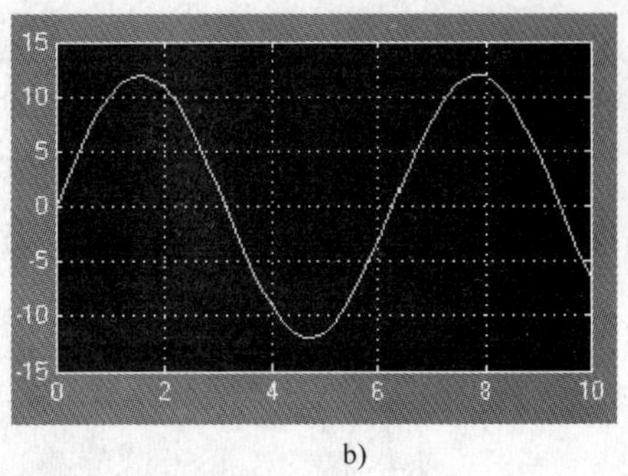

b)

图 5-34　完整系统仿真模型和仿真结果
a）完整系统仿真模型　b）仿真结果

如果对已经封装完成的子系统撤销前面的封装操作，只需要选中该模块，打开封装编辑器，并且单击“Unmask”按钮即可。

5.3.3　模块库构造

要构造一个模块库，在 Simulink 库浏览器的窗口上选择“File”→“New”→“Library”命令，这时打开一个空白的模块库窗口如图 5-35 所示。

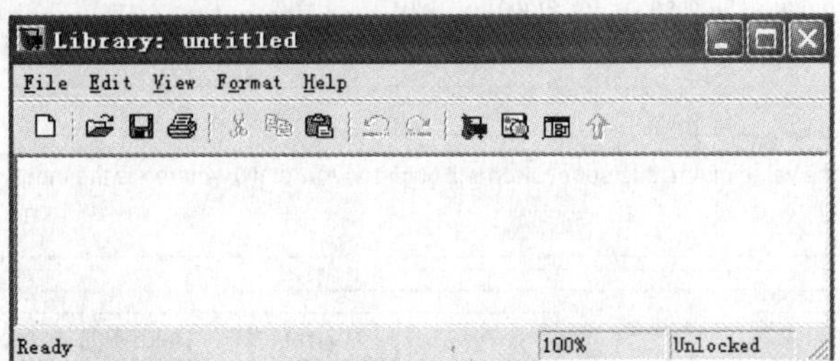

图 5-35　空白的模块库窗口

将需要的模块（用户创建的模块或 Simulink 本身的系统模块）复制到新的库中，然后给这个模块库命名（如 mylibrary. mdl），并且保存，这样就创建了自己的模块库。以后创建仿真模型需要用到该模块库中的模块时，首先打开该模块库，再将需要的模块拖拽到新的模型编辑窗口即可。

此外，用户可以设置该模块库的属性。在新建的模块库的窗口菜单中选择“Edit”→“Unlock Library”命令，将模块库解锁。然后，再选择“File”→“Model properties”命令，这样就可以设置模块库的参数了。保存修改后，模块库回到锁定状态。

5.4　S 函数及其应用

Simulink 中的函数也称为系统函数，简称 S 函数（S – Function 或 System Function）。当 MATLAB 所提供的模型不能完全满足用户要求时，就可以通过 S 函数提供给用户自己编写程序来满足自己要求模型的接口，它是 Simulink 为用户提供的一种功能强大的编程机制。它采用一种特殊的调用规则来实现用户与 Simulink 内部编译器的交互。这种交互与 Simulink 内部编译器和内置模块之间的交互十分相似，并且这种交互可以适用于不同性质的系统，如连续系统、离散系统以及混合系统。通过编写S函数，用户可以向S函数中添加自己的算法，可以用MATLAB语言编写，也可以用C、C++、Ada和FORTRAN等计算机语言来编写。这里仅介绍使用MATLAB语言编写S函数。

5.4.1　S函数的基本结构

1. S函数模块

打开Simulink模块库浏览器的用户定义函数（User - Defined Functions）模块集，如图5-36所示。

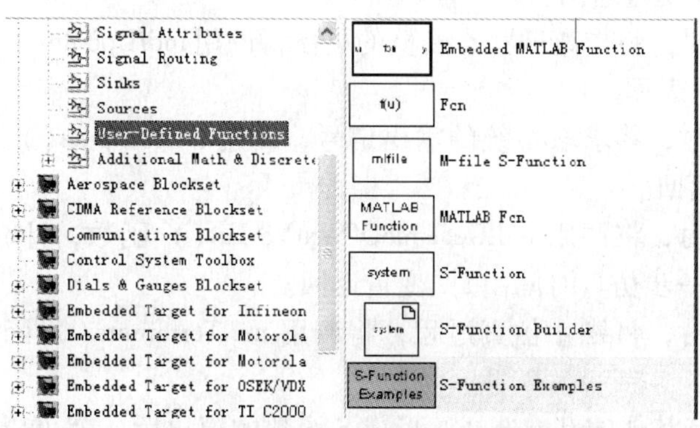

图5-36　用户定义函数模块集

其中，S函数模块提供一种调用模块图中的S函数的途径。由该模块命名的S函数可以是一个已经写为S函数的m文件或MEX文件。“M - file S - Function”允许用户在模型中调用二阶m文件S函数。“S - Function Builder”模块用来建立C MEX文件S函数。

2. S函数引导语句

有些算法较为复杂的模块可以用MATLAB语言按照S函数的格式来编写。需要注意，这样构造的S函数只能用于基于Simulink的仿真，并不能转换成独立于MATLAB的程序。

S函数的引导语句为

$$\text{function}[sys,x0,str,ts]=f(t,x,u,flag,p1,p2,\cdots)$$

式中，f为S函数的函数名；t是当前时间；x是S函数相应的状态向量；u是模块的输入；$flag$是所要执行的任务；$p1$、$p2$、…都是模块的参数。在模型仿真的过程中，Simulink不断地调用函数f，通过$flag$来说明所要完成的任务，每次S函数执行任务，都将以特定结构返回结果。

当$flag$的值为“0”时，将启动S函数所描述系统的初始化过程，这时将调用一个名为mdlInitializeSizes( )的子函数，该函数对一些参数进行初始化设置，如离散状态变量的个数、连续状态变量的个数、模块输入和输出的路数、模块的采样周期个数和采样周期的值、模块状态变量的初值向量等。首先通过sizes = simsizes语句获得默认的系统参数变量sizes。得出的sizes实际上是一个结构体变量，其常用成员为：

- NumContStates表示S函数描述的模块中连续状态的个数。
- NumDiscStates表示离散状态的个数。
- NumInputs和NumOutputs分别表示模块输入和输出的个数。
- DirFeedthrough为输入信号是否直接在输出端出现的标识，取值可以为0或1。

- NumSampleTimes 为模块采样周期的个数，即 S 函数支持多采样周期的系数。

按照要求设置好的结构体 sizes 应该在通过 *sys* = simsizes(sizes) 语句赋给 *sys* 参数。除了 *sys* 以外，还要设置系统的状态变量初值 *x*0，还要说明变量 *str* 和采样周期变量 *ts*，其中 *ts* 变量为双列的矩阵，其中每一行对应一个采样周期。对于连续系统和有单个采样周期的系统来说，该变量为 $[t_1, t_2]$，其中 t_1 为采样周期，如果取 $t_1 = -1$ 则将继承输入信号的采样周期参数，而 t_2 为偏移量，一般取为 0。

若 flag 的值为 1 时，将作连续状态变量的更新，调用 mdlDerivatives() 函数，更新后的连续状态变量将由 *sys* 变量返回。

若 flag 的值为 2 时，将作离散状态变量的更新，调用 mdlUpdate() 函数，更新后的离散状态变量将由 *sys* 变量返回。

若 flag 的值为 3 时，将求取系统的输出信号，调用 mdlOutputs() 函数，将计算得出的输出信号由 *sys* 变量返回。

若 flag 的值为 4 时，将调用 mdlGetTimeOfNextVarHit() 函数，计算下一步的仿真时刻，并且将计算得出的下一步仿真时间由 *sys* 变量返回。

若 flag 的值为 9 时，将终止仿真过程，将调用 mdlTerminate() 函数，这时不返回任何变量。

S 函数目前不支持其他的 flag 选择。形成 S 函数的模块后，就可以将其嵌入到系统的仿真模型中进行仿真了。在实际仿真过程中，Simulink 会首先自动将 flag 设置为“0”，进行初始化过程。然后将 flag 的值设置为“3”，计算该模块输出。一个仿真周期后，Simulink 先将 flag 的值分别置为“1”和“2”，更新系统的连续和离散状态，再将其设置为“3”计算模块的输出值。像这样一个周期接着一个周期地计算，直至仿真结束条件满足，Simulink 将把 flag 的值设置成 9，终止仿真过程。

5.4.2 用 MATLAB 编写 S 函数举例

【例 5-3】 用 m 文件 S 函数实现乘法 $y=(-2)\times u$，并且绘制当 $u=\sin t$ 时，u 和 y 的随时间变化的曲线。

解 解题过程如下：

(1) 为该系统写出 S 函数的模块，程序名为“ex5_ 3a”，保存在 work 文件夹内。其程序如下：

```
function[sys,x0,str,ts]= ex5_3a(t,x,u,flag)
switch flag
    case 0                    % 初始化设置
        [sys,x0,str,ts] = mdlInitializeSizes;
    case 3                    % 输出量计算
        sys = mdlOutputs(t,x,u);
    case {1,2,4,9}            % 未定义标志
        sys = [];
    otherwise                 % 处理错误
        error(['Unhandled flag =',num2str(flag)]);
```

```
end
%   =====  进行初始化,设置系统变量大小  =====
function[sys,x0,str,ts] = mdlInitializeSizes()
sizes = simsizes;                 % 取系统默认设置
sizes. NumContStates = 0;         % 设置连续状态变量个数,因为无连续状态变量,设置为零
sizes. NumDiscStates = 0;         % 设置离散状态变量个数,因为无离散状态变量,设置为零
sizes. NumOutputs = -1;           % 设置输出变量个数,-1 表示设为动态大小
sizes. NumInputs = -1;            % 设置输入变量个数,-1 表示设为动态大小
sizes. DirFeedthrough = 1;        % 具有直接输出量
sizes. NumSampleTimes = 1;
sys = simsizes(sizes);            % 设置系统的大小参数
str = [];                         % 设置字符串
x0 = [];                          % 设置初始状态为零
ts = [-1  0];                     % 设置采样周期,前面的 -1 表示继承输入信号的采样周期
%   =====  计算系统输出  =====
function sys = mdlOutputs(t,x,u)
sys = (-2) * u;                   % 系统的输出
```

(2) 这样，我们可以建立如图 5-37 所示的 Simulink 仿真框图。

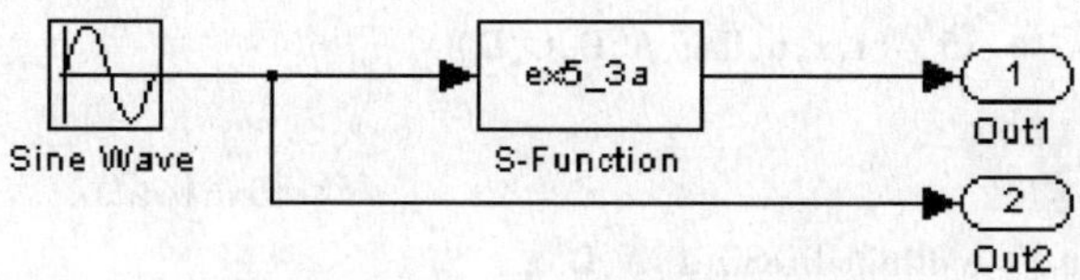

图 5-37 具有 S 函数的 Simulink 仿真框图

(3) 双击 S 函数模块，并且在对话框中输入 S 函数名和参数名。本例中我们在“S - Function Name” 文本框中输入 ex5_ 3a，就可以建立起该模块和我们编写的“ex5_ 3a. m” 文件之间的联系，如图 5-38 所示。

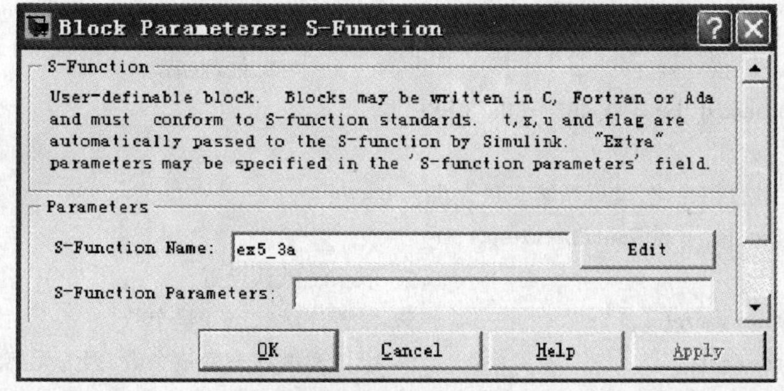

图 5-38 S 函数参数设置对话框

(4) 运行仿真，在 Workspace 中就得到 tout 和 yout 两个变量，在 MATLAB 的命令窗口输入命令：

```
>> plot(tout,yout)
```

计算机就绘制出了 u 和 y 的曲线图，如图 5-39 所示。

【例 5-4】 用 m 文件 S 函数实现以下连续系统的状态方程

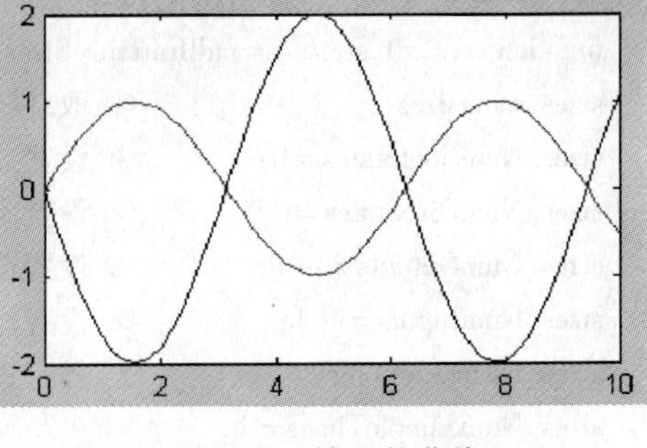

图 5-39 输出的曲线

$$\begin{cases}\dot{X}=AX+BU\\ Y=CX\end{cases}$$

其中，$A=\begin{bmatrix}2.25 & -5 & -1.25 & -0.5\\ 2.25 & -4.25 & -1.25 & -0.25\\ 0.25 & -0.5 & -1.25 & -1\\ 1.25 & -1.75 & -0.25 & -0.75\end{bmatrix}$，

$B=\begin{bmatrix}4 & 6\\ 2 & 4\\ 2 & 2\\ 0 & 2\end{bmatrix}$，$C=\begin{bmatrix}0 & 0 & 0 & 1\\ 0 & 2 & 0 & 2\end{bmatrix}$，$U=\begin{bmatrix}\sin t\\ 1(t)\end{bmatrix}$。

解 解题过程如下：

（1）为该系统写出 S 函数的模块，程序名为“ex5_ 4”，保存在 work 文件夹内。其程序如下：

```
function[sys,x0,str,ts] = ex5_4(t,x,u,flag,A,B,C,D)
switch flag
    case 0                                          % 初始化设置
        [sys,x0,str,ts] = mdlInitializeSizes(A,D);
    case 1                                          % 连续状态变量计算
        sys = mdlDerivatives(t,x,u,A,B);
    case 3                                          % 输出量计算
        sys = mdlOutputs(t,x,u,C,D);
    case {2,4,9}                                    % 未定义标志
      sys = [];
    otherwise                                       % 处理错误
    error(['Unhandled flag =',num2str(flag)]);
end
%   =====   进行初始化,设置系统变量大小   =====
function[sys,x0,str,ts] = mdlInitializeSizes(A,D)
sizes = simsizes;                         % 取系统默认设置
sizes. NumContStates = size(A,1);         % 设置连续状态变量个数
sizes. NumDiscStates = 0;                 % 设置离散状态变量个数,因为无离散状态,设置为零
sizes. NumOutputs = size(A,1) + size(D,1);  % 设置输出变量个数,为系统的阶次加 D 的行数
sizes. NumInputs = size(D,2);             % 设置输入变量个数,为 D 的列数
sizes. DirFeedthrough = 1;                % 输出量的计算取决于输入量 D
sizes. NumSampleTimes = 1;                % 采样周期的个数
sys = simsizes(sizes);                    % 设置系统的大小参数
x0 = zeros(size(A,1),1);                  % 设置初始状态为零
```

```
str = [ ];                                   % 设置字符串矩阵
ts = [ -1  0];                               % 设置采样周期,前面的 -1 表示继承输入信号的采样
                                               周期
%   =====  计算系统状态变量  =====
function sys = mdlDerivatives(t,x,u,A,B)
sys = A * x + B * u;
%   =====  计算系统输出  =====
function sys = mdlOutputs(t,x,u,C,D)
sys = [C * x + D * u;x];                     % 系统的增广输出
```

（2）可以建立如图5-40所示的Simulink仿真框图。

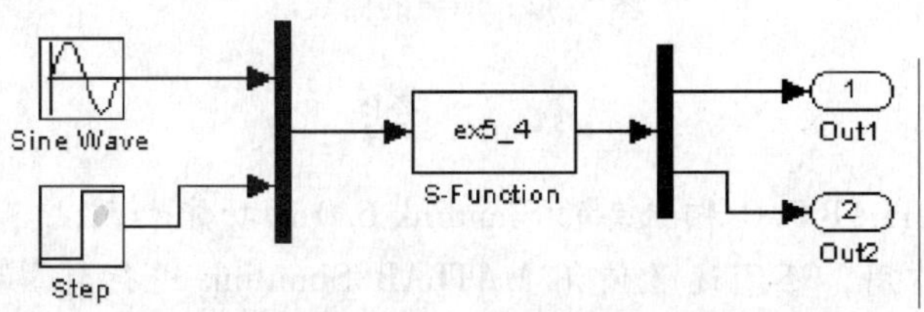

图5-40 具有S函数的Simulink仿真框图

（3）双击S函数模块，并且在对话框中输入S函数名和参数名。本例中我们在“S - Function Name”文本框中输入ex5_ 4，就可以建立起该模块和我们编写的“ex5_ 4. m”文件之间的联系，如图5-41所示。

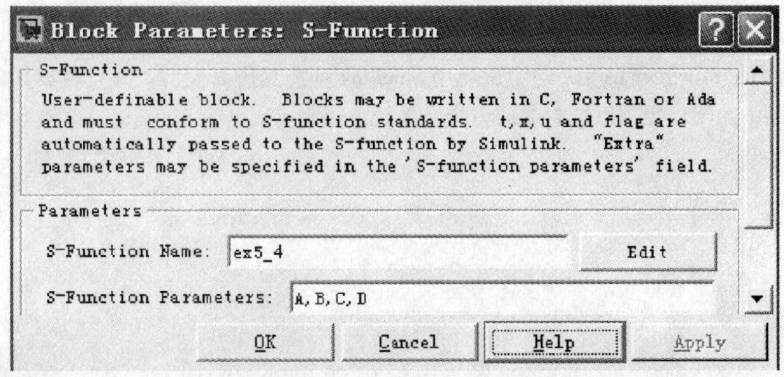

图5-41 S函数参数设置对话框

（4）在MATLAB的命令窗口输入参数A、B、C、D矩阵，在Workspace中就存有这些矩阵。

```
>> A=[2.25  -5  -1.25  -0.5;2.25  -4.25  -1.25  -0.25;0.25  -0.5  -1.25  -1;1.25
-1.75  -0.25  -0.75];
>> B=[4  6;2  4;2  2;0  2]; C=[0  0  0  1;0  2  0  2]; D=[0  0;0  0];
```

（5）运行仿真，在Workspace中就得到tout和yout两个变量。其中输出变量yout的前两列为系统的输出信号，后4列为系统的状态变量。在MATLAB的命令窗口输入命令：

```
>> plot(tout,yout(:,1:2))
```

计算机就绘制出了变量曲线图，如图 5-42 所示。

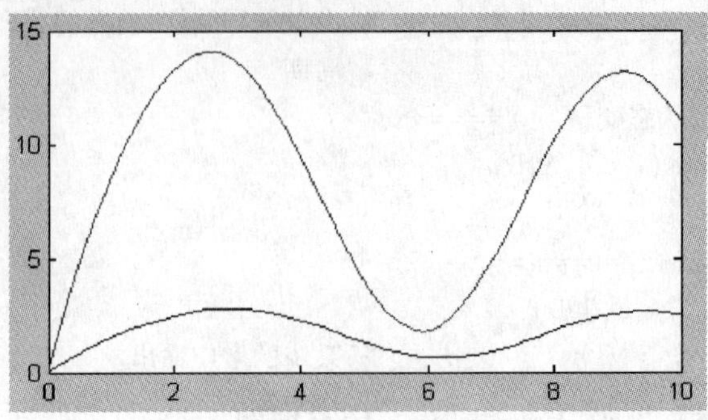

图 5-42 输出的曲线

小 结

本章介绍了与 MATLAB 7.0 相配套的 Simulink 6.0 的功能和用法。介绍了它的各个模块集的模块以及它们的作用，还阐述了使用 MATLAB/Simulink 进行计算机仿真的方法，包括仿真模型的构建、子系统封装、S 函数编写和应用等。并且通过一些实例，读者更加容易地学会使用 Simulink 进行控制系统的仿真研究。

习 题

5-1 某一单位负反馈控制系统，其开环传递函数为

$$G(s)=\frac{1}{s(s+1)}$$

它的输入信号为 $r(t)=2\times1(t-0.5)$，试使用 Simulink 构造其仿真模型，并且观察其响应曲线。

5-2 将 5-1 题中的闭环控制系统封装成一个子系统。

第 6 章　自动控制系统计算机辅助分析

自动控制系统的计算机辅助分析是以理论分析为依据，在已经建立的自动控制系统数学模型的基础上，通过编程实现对系统稳定性、动态性能和稳态性能进行分析的一门应用技术。MATLAB 以其方便灵活的编程、丰富的工具箱，以及强大的计算和绘图功能成为较为优秀的自动控制系统辅助分析软件。本章简单介绍系统分析基础理论，主要讲述利用 MATLAB 语言实现线性定常系统稳定性分析的方法，以及基于 MATLAB 语言的对自动控制系统动态性能进行分析的时域法、频域法和根轨迹法。本章还将介绍一种新型的基于计算机仿真的控制系统稳定性判据。

6.1　自动控制系统的稳定性分析

对于一个控制系统来说，其最重要的属性就是稳定性，一个不稳定的系统是无法工作的。

1892 年，俄罗斯科学家 A. M. Lyapunov 在他的著作《运动系统稳定性的一般问题》中提出了严格的稳定性定义。经典控制理论中的稳定性定义是指大范围一致渐近稳定。

线性定常连续系统稳定的充分必要条件是：所有闭环极点都位于复平面的左半部分（即实部为负）。线性定常离散系统稳定的充分必要条件是：所有闭环极点都位于复平面上以坐标原点为圆心的单位圆内。因此判断线性定常系统稳定性的最直接的方法就是求出系统全部的闭环极点，再根据闭环极点在复平面上的位置判别系统的稳定性。

6.1.1　求取特征方程的根

一个 n 阶的线性定常系统，其系统特征方程是一个 n 阶的代数方程。系统特征方程的根为系统的特征根。对于闭环而言，闭环系统的特征根就是闭环极点。早期，由于计算机技术还很落后，手工求解高阶代数方程采用的是试探法和长除法，求解高阶系统闭环极点是一件极其困难而费时费力的工作。

对于判别闭环系统的稳定性，劳斯和赫尔维茨两位数学家分别提出了劳斯和赫尔维茨判据。该判据的思路是：不必去求出系统的闭环特征根，而是通过迂回的方法判别有没有特征根位于右半复平面，从而判别闭环系统是否稳定。该方法的优点在于避免了手工求解高阶代数方程根时的巨大工作量。

在计算机科学与技术高度发达的今天，求解高阶代数方程的根变得非常容易。MATLAB 提供了求取特征方程根的 roots( ) 函数，其调用格式为

$$V = \text{roots}(P)$$

式中，P 为特征多项式的系数向量；返回值 V 是特征根构成的列向量。

【例 6-1】　一个线性定常系统闭环特征方程如下：

$$s^5 + 6s^4 + 4s^3 + 15s^2 + 21s + 36 = 0$$

试判别该系统的稳定性。

解 在 MATLAB 的命令窗口中输入命令：

```
V=roots([1  6  4  15  21  36])
```

按下回车键后，计算机立即返回：

```
V =
  -5.6807
   0.7828 + 1.5704i
   0.7828 - 1.5704i
  -0.9425 + 1.0817i
  -0.9425 - 1.0817i
```

这 5 个复数就是该闭环系统的特征根。显然，有一对共轭复根 0.7828 ± j1.5704 位于右半复平面。所以该闭环系统不稳定。

从以上的例子我们看到，使用 MATLAB 求解高阶代数方程只是举手之劳，而且能够准确地得出特征根的值，完全没有必要去计算劳斯表。

对于 n 维状态方程描述的系统：

$$\begin{cases} \dot{X} = AX + BU \\ Y = CX + DU \end{cases} \tag{6-1}$$

系统矩阵 A 为 $n \times n$ 阶的方阵，则系统的特征多项式为

$$f(s) = |(sI - A)| = a_0 s^n + \cdots + a_{n-1} s + a_n$$

MATLAB 提供了求取矩阵特征多项式的函数为

$$P = \mathrm{poly}(A)$$

式中，返回值 P 为 $n+1$ 维行向量，其各个分量对应矩阵特征多项式按降幂次序排列时的各项系数，即 $P = (a_0 \quad a_1 \quad \cdots \quad a_n)$。

MATLAB 还提供一个可以直接求取矩阵特征值的 eig() 函数，其调用格式为

$$D = \mathrm{eig}(A)$$

式中，D 为矩阵 A 的特征值向量。

调用该函数时，也可以给出两个返回值：

$$[V, D] = \mathrm{eig}(A)$$

式中，V 是由与特征值相对应的特征向量构成的变换矩阵。

【例 6-2】 某线性控制系统的状态方程为

$$\dot{X} = \begin{bmatrix} 0 & 1 & 0 \\ 0 & 0 & 1 \\ -6 & -11 & -6 \end{bmatrix} X + \begin{bmatrix} 0 \\ 0 \\ 1 \end{bmatrix} U$$

试求出系统特征多项式以及特征值，并且作线性变换 $X = V\bar{X}$，要求变换后系统矩阵 $\bar{A}$ 为对角阵。

解 输入命令：

```
A=[0  1  0;0  0  1;-6  -11  -6]; P=poly(A)
```

计算机输出：

```
P =
    1.0000    6.0000    11.0000    6.0000
```

表示该系统的特征多项式为

$$s^3+6s^2+11s+6$$

再输入命令：

```
A=[0 1 0;0 0 1;-6 -11 -6]; B=[0;0;1]; D1=eig(A), [V,D]=eig(A)
```

则计算机输出：

```
D1 =            V =                                  D =
  -1.0000         -0.5774    0.2182   -0.1048         -1.0000         0         0
  -2.0000          0.5774   -0.4364    0.3145               0   -2.0000         0
  -3.0000         -0.5774    0.8729   -0.9435               0         0   -3.0000
```

即该系统的特征值为 -1、-2 和 -3。并且 $V^{-1}AV=D$，即经过线性变换得

$$X=\begin{bmatrix}-0.5774 & 0.2182 & -0.1048\\ 0.5774 & -0.4364 & 0.3145\\ -0.5774 & 0.8729 & -0.9435\end{bmatrix}\overline{X}$$

原系统方程就成为

$$\dot{\overline{X}}=V^{-1}AV\overline{X}+V^{-1}BU=\begin{bmatrix}-1 & 0 & 0\\ 0 & -2 & 0\\ 0 & 0 & -3\end{bmatrix}\overline{X}+\begin{bmatrix}-0.866\\ -4.5826\\ -4.7696\end{bmatrix}\boldsymbol{U}$$

6.1.2 控制系统的能控性和能观性分析

在“现代控制理论”课程中，我们已经知道：对于式（6-1）所描述的 n 维线性定常系统，如果它的能控性矩阵 Q_C 为满秩，则该系统为状态完全能控，或称该系统是能控的；类似地，对于式（6-1）所描述的 n 维线性定常系统，如果它的能观性矩阵 Q_O 为满秩，则该系统为状态完全能观，或称该系统是能观的。能控性矩阵 Q_C 和能观性矩阵 Q_O 的定义如下：

$$Q_C=\begin{bmatrix}B & AB & \cdots & A^{n-1}B\end{bmatrix},\quad Q_O=\begin{bmatrix}C\\ CA\\ \vdots\\ CA^{n-1}\end{bmatrix}$$

MATLAB 中有用于计算能控性矩阵的 ctrb( ) 函数，其格式为 $Q_C=\mathrm{ctrb}(A,B)$。也有计算能观性矩阵的 obsv( ) 函数，$Q_O=\mathrm{obsv}(A,C)$。MATLAB 中还有计算矩阵的秩的 rank( ) 函数。这些函数可以帮助我们分析控制系统的能控性和能观性。

【例 6-3】 分析下面的线性系统是否能控？是否能观？

$$\dot{X}=\begin{bmatrix}1 & 0 & -1\\ -1 & -2 & 0\\ 3 & 0 & 1\end{bmatrix}X+\begin{bmatrix}1 & 0\\ 2 & 1\\ 0 & 2\end{bmatrix}U,\ Y=\begin{bmatrix}1 & 0 & 0\\ 0 & -1 & 0\end{bmatrix}X。$$

解 首先分别计算系统的能控性矩阵 Q_C 和能观性矩阵 Q_O。然后，再用 rank( ) 函数计算这两个矩阵的秩。

输入以下语句：

```
A=[1 0 -1;-1 -2 0;3 0 1]; B=[1 0;2 1;0 2]; C=[1 0 0;0 -1 0];
QC=ctrb(A,B)
QO=obsv(A,C)
RC=rank(QC)
RO=rank(QO)
```

计算机执行结果为：

```
QC =
   1  0   1  -2  -2  -4
   2  1  -5  -2   9   6
   0  2   3   2   6  -4
QO =
    1   0   0
    0  -1   0
    1   0  -1
    1   2   0
   -2   0  -2
   -1  -4  -1
RC =
   3
RO =
   3
```

从计算结果可以看出，系统能控性矩阵和能观性矩阵的秩都是 3，为满秩，因此该系统是能控的，也是能观的。

注：当系统的模型用 *sys* = ss(*A*, *B*, *C*, *D*) 输入以后，也就是当系统模型用状态空间的形式表示时，我们也可以用 Q_C = ctrb(*sys*)，Q_O = obsv(*sys*) 的形式求出该系统的能控性矩阵和能观性矩阵。

6.1.3 利用传递函数的极点判别系统稳定性

控制系统的传递函数（或脉冲传递函数）以有理真分式形式给出时，MATLAB 提供的 tf2zp( ) 和 pzmap( ) 函数可以用来求取系统的极点和零点，进而实现对系统稳定性的判断。

【例 6-4】 已知某控制系统如图 6-1 所示，试求出闭环系统的极点，并且判断闭环系统的稳定性。

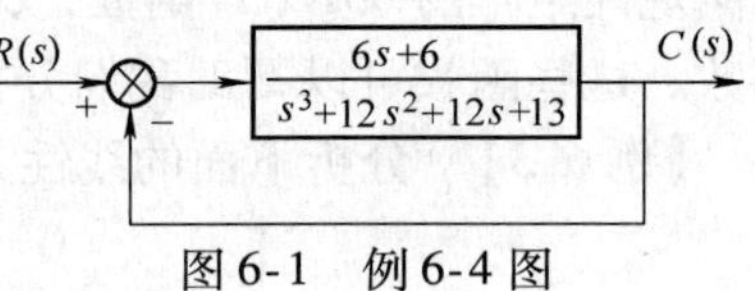

图 6-1 例 6-4 图

解 输入命令：

```
n=[6 6];d=[1 12 12 13];G=tf(n,d);GB=feedback
(G,1)
```

计算机显示：

```
Transfer function:
      6s + 6
------------------
s^3 + 12s^2 + 12s + 13
```

表示该系统的闭环传递函数为

$$G_B(s) = \frac{6s+6}{s^3+12s^2+12s+13}$$

再判断闭环极点，输入：

```
[Z,P,K] = tf2zp([6  6],[1  12  12  13])
```

计算机输出：

```
P =
 -11.0180                    Z =        K =
 -0.4910 + 0.9689i
 -0.4910 - 0.9689i            -1          6
```

显然，3 个闭环极点全部位于左半复平面，因此，闭环系统稳定。

6.1.4　利用李亚普诺夫第二法判别系统稳定性

对于非线性的自动控制系统，寻找李亚普诺夫（Lyapunov）函数主要凭经验和试探法，没有一个标准化的方法。在 MATLAB 语言中，也没有相应的函数。

对于齐次线性定常连续系统 $\dot{X}=AX$，当 A 为非奇异矩阵时，状态空间原点为系统唯一的平衡状态 $X_e=0$。如果该平衡状态是渐近稳定的，那么它一定是大范围一致渐近稳定的。根据李亚普诺夫稳定性理论，如果对任意给定的正定实对称矩阵 Q，存在一个正定的实对称矩阵 P 满足下面的方程：

$$A^{T}P+PA=-Q \tag{6-2}$$

则系统的平衡状态 $X_e=0$ 是渐近稳定的。正定的标量函数 $V(X)=X^{T}PX$ 就是系统的李亚普诺夫函数。通常为方便起见，常取 Q 为单位矩阵。

MATLAB 提供了求解矩阵 P 的 lyap( ) 函数，其调用格式为

$$P=\mathrm{lyap}(A,Q)$$

【例 6-5】　齐次线性定常系统方程为

$$\dot{X}=\begin{bmatrix}1 & 2 & 0\\ -6 & -2 & 3\\ -3 & -4 & 0\end{bmatrix}X$$

试判断系统的稳定性。

解　编写 MATLAB 程序如下：

```
A = [1  2  0; -6   -2  3; -3   -4  0];Q = eye(3);P = lyap(A,Q);
a1 = P(1,1),a2 = det(P(1:2,1:2)),a3 = det(P)
```

计算机执行以后，输出：

```
a1 =                a2 =                a3 =
    1.1250              2.2578              6.8675
```

由于矩阵 P 的各阶主子式的行列式都为正，P 为正定，因此本系统为大范围一致渐近稳定。

对于齐次线性定常离散系统

$$X(k+1)=GX(k) \tag{6-3}$$

其平衡状态在状态空间的原点 $X_e=0$，该系统为渐近稳定的充要条件是：如果对任意给定的正定实对称矩阵 Q，存在一个正定的实对称矩阵 P 满足下面的方程：

$$G^{T}PG-P=-Q \tag{6-4}$$

则系统的平衡状态 $X_e=0$ 是渐近稳定的。正定函数 $V[X(k)]=X^{T}(k)PX(k)$ 就是系统的李亚普诺夫函数。通常为方便起见，常取 Q 为单位矩阵。

MATLAB 提供了求解矩阵 P 的 dlyap( ) 函数，判别平衡状态稳定性时，只需要编程，对于任意给定的正定对称矩阵 Q，判别所求出的矩阵 P 是否为正定的。如果矩阵 P 不是正定的，则该离散系统就是不稳定的。

6.2 控制系统时域分析

6.2.1 时域分析的一般方法

在分析和设计自动控制系统时，通常选用一些典型的输入信号，观察系统对这些输入信号的响应，作为对各种控制系统性能指标进行评价的基础。工程设计中常用的典型输入信号有阶跃信号、斜坡信号、加速度信号、尖脉冲信号和正弦信号等。利用这些简单的时间输入信号，可以很容易地对控制系统进行理论上和实验上的分析。

在零初始条件下，控制系统的时间响应由两部分组成：暂态响应和稳态响应。因此，对于稳定的控制系统来说，其时域特性可以由暂态响应和稳态响应的性能指标来表示。最为常见的是用控制系统单位阶跃响应的特征来定义系统的动态时域性能指标，主要有：上升时间 t_r、峰值时间 t_p、超调量 $\sigma_p\%$ 和调节时间 t_s 等。它们分别定义如下：

（1）上升时间 t_r

在欠阻尼的情况下，t_r 定义为系统单位阶跃响应第一次到达稳态值的时间；在过阻尼和临界阻尼的情况下，t_r 定义为系统单位阶跃响应从稳态值的 10% 到达 90% 的时间。

（2）峰值时间 t_p

单位阶跃响应曲线到达第一个峰值的时间。在过阻尼和临界阻尼的情况下，没有峰值时间。

（3）超调量 $\sigma_p\%$

系统阶跃响应曲线的最大值 $y(t_p)$ 和稳态值 $y(\infty)$ 之差与稳态值 $y(\infty)$ 的比值用百分数表示，定义为超调量，即

$$\sigma_p\%=\frac{y(t_p)-y(\infty)}{y(\infty)}\times 100\% \tag{6-5}$$

在过阻尼和临界阻尼的情况下，没有超调量。

（4）调节时间 t_s

系统的单位阶跃响应曲线衰减到 ±5% 或者 ±2% 误差带内，并且不再超出误差带的时间称为调节时间。

需要指出：以上系统动态性能指标定义的前提是系统为稳定的。

控制系统的稳态性能指标通常用系统的稳态误差来表示。对于单位负反馈控制系统而言，误差的定义为

$$e(t) = r(t) - c(t) \tag{6-6}$$

稳态误差是指稳定的系统在外力作用下，经历过渡过程之后进入稳态时的误差，即

$$e_{ss} = \lim_{t \to \infty} e(t) \tag{6-7}$$

6.2.2 常用时域分析函数

在 MATLAB 中，常用的时域分析函数主要有以下几种：

- step( )：绘制连续系统的单位阶跃响应曲线。
- dstep( )：绘制离散系统的单位阶跃响应曲线。
- impulse( )：绘制连续系统的单位尖脉冲响应曲线。
- dimpulse( )：绘制系统的单位尖脉冲响应曲线。
- lsim( )：绘制连续系统的任意输入响应曲线。
- dlsim( )：绘制离散系统的任意输入响应曲线。

【例 6-6】 已知控制系统闭环传递函数为

$$\Phi(s) = \frac{2s+3}{s^3+6s^2+7s+5}$$

试用 MATLAB 绘制其单位阶跃响应曲线。

解 输入命令：

```
sys=tf([2 3],[1 6 7 5]);step(sys)
```

计算机就绘制出该系统的单位阶跃响应曲线如图 6-2a 所示，再输入命令 impulse(*sys*)，计算机就绘制出该系统的单位脉冲响应曲线如图 6-2b 所示。

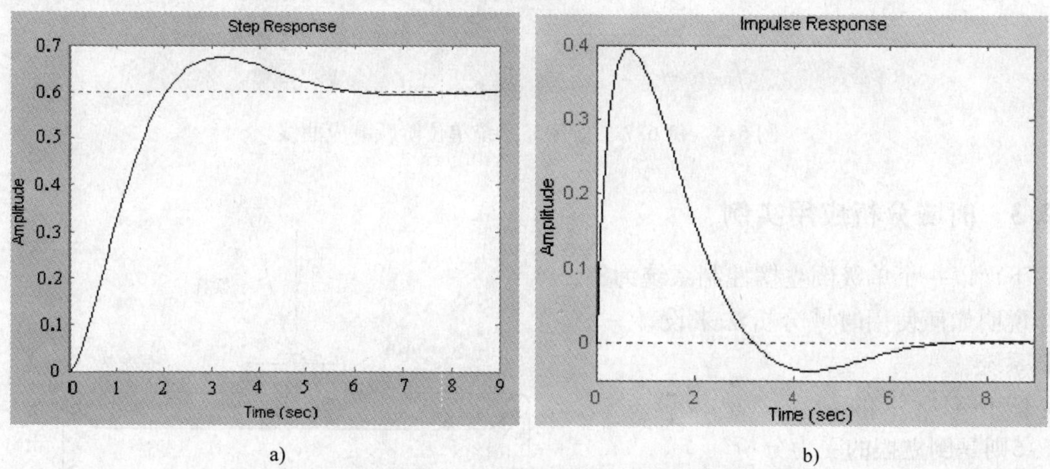

a) b)

图 6-2 例 6-6 单位阶跃响应和单位脉冲响应曲线

a）单位阶跃响应曲线 b）单位脉冲响应曲线

【例 6-7】 已知二阶闭环控制系统如图 6-3 所示，试在 4 个子图中绘出当无阻尼自然振荡频率 $\omega_n=2$，阻尼比 ζ 分别为 0.2、0.7、1.0 和 2.5 等不同值时，系统的单位阶跃响应曲线。

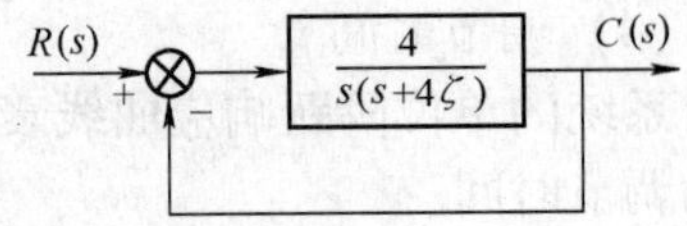

图 6-3 例 6-7 二阶闭环系统结构图

解 建立一个 m 文件，不妨命名为 "step4re. m"，程序如下：

```
num = 4;
den1 = [1  0.8  4];den2 = [1  2.8  4];den3 = [1  4  4];den4 = [1  10  4];
sys1 = tf(num,den1);sys2 = tf(num,den2);sys3 = tf(num,den3);sys4 = tf(num,den4);
subplot(2,2,1),step(sys1),subplot(2,2,2),step(sys2)
subplot(2,2,3),step(sys3),subplot(2,2,4),step(sys4)
```

将该 m 文件保存在 work 文件夹中，然后在命令窗口中键入 step4re，按回车键。计算机就分别在 4 个子图中绘出 4 个单位阶跃响应曲线（见图 6-4）。

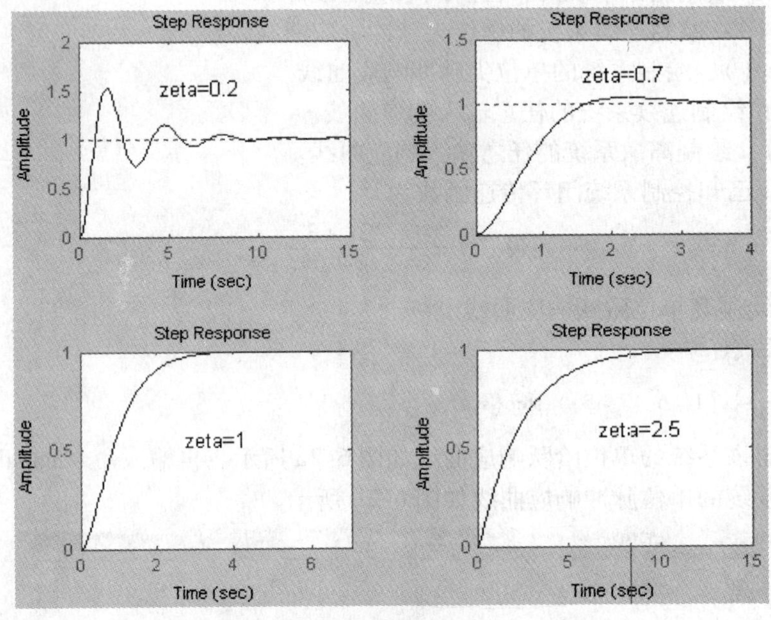

图 6-4 例 6-7 二阶闭环系统单位阶跃响应曲线

6.2.3 时域分析应用实例

下面以一个单级倒立摆控制系统为例，具体说明如何使用时域分析法来设计一个控制系统。

图 6-5 所示的是一个单级倒立摆。图 6-6则是倒立摆的受力分析。

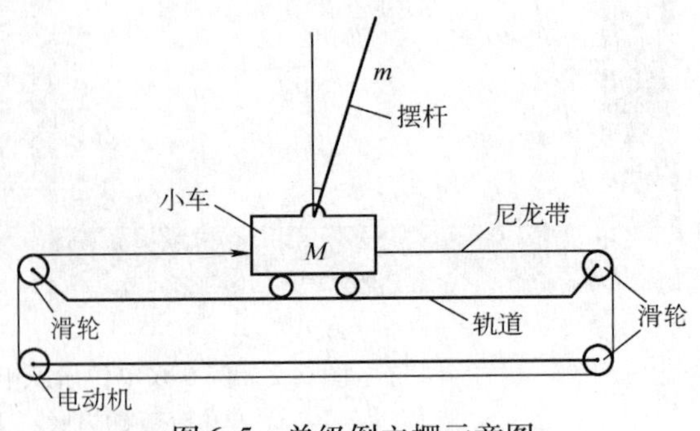

图 6-5 单级倒立摆示意图

摆杆长度为 L，质量为 m 的单级倒立摆（摆杆的质心在杆的中心处），小车的

质量为 M。在水平方向施加控制力 u，相对参考系产生位移为 y。为了简化问题并且保证其实质不变，忽略执行电动机的惯性以及摆轴、轮轴、轮与接触面之间的摩擦力及风力。若不给小车施加控制力，则倒立摆会向左或向右倾斜，显然，倒立摆是一个自然不稳定的系统。我们将首先建立倒立摆的数学模型，然后设计一个状态反馈控制器对该倒立摆进行控制，使倒立摆能够保持稳定，即当倒立摆出现偏角 θ 后能通过小车的水平运动使倒立摆保持在垂直位置（即保持偏角 $\theta=0$）。

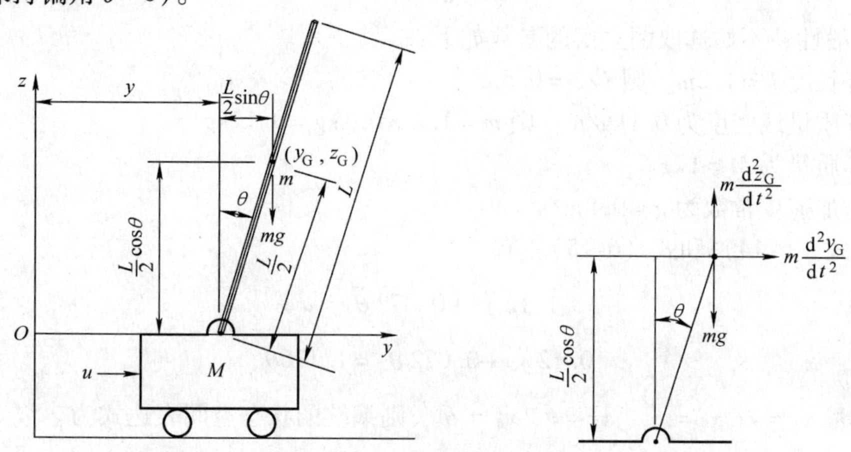

图6-6　单级倒立摆受力分析图

摆杆质心坐标为

$$y_G = y + \frac{L}{2}\sin\theta,\quad z_G = \frac{L}{2}\cos\theta \tag{6-8}$$

在 y 轴方向上应用牛顿第二定律得

$$M\frac{d^2}{dt^2}y + m\frac{d^2}{dt^2}\left(y + \frac{L}{2}\sin\theta\right) = u \tag{6-9}$$

而　$\frac{d}{dt}\sin\theta = \dot{\theta}\cos\theta$，$\frac{d^2}{dt^2}\sin\theta = \ddot{\theta}\cos\theta - \dot{\theta}^2\sin\theta$

$\frac{d}{dt}\cos\theta = -\dot{\theta}\sin\theta$，$\frac{d^2}{dt^2}\cos\theta = -\dot{\theta}^2\cos\theta - \ddot{\theta}\sin\theta$

代入式（6-9），并且化简为

$$(M+m)\ddot{y} - \frac{mL}{2}\dot{\theta}^2\sin\theta + \frac{mL}{2}\ddot{\theta}\cos\theta = u \tag{6-10}$$

在转动方向上，其转矩平衡方程为

$$m\frac{d^2y_G}{dt^2}\left(\frac{L}{2}\cos\theta\right) - m\frac{d^2z_G}{dt^2}\left(\frac{L}{2}\sin\theta\right) = mg\left(\frac{L}{2}\sin\theta\right) \tag{6-11}$$

或

$$\left[m\frac{d^2}{dt^2}\left(y + \frac{L}{2}\sin\theta\right)\right]\left(\frac{L}{2}\cos\theta\right) - \left[m\frac{d^2}{dt^2}\left(\frac{L}{2}\cos\theta\right)\right]\left(\frac{L}{2}\sin\theta\right) = mg\left(\frac{L}{2}\sin\theta\right) \tag{6-12}$$

简化后得

$$m\ddot{y}\cos\theta + \frac{mL}{2}\ddot{\theta} = mg\sin\theta \tag{6-13}$$

当$|\theta|$和$|\dot{\theta}|$较小时，有$\sin\theta\approx\theta$，$\cos\theta\approx 1$，$\theta\cdot\dot{\theta}\approx 0$，联立式（6-10）和式(6-13)并将它们线性化，得

$$(M+m)\ddot{y}+\frac{mL}{2}\ddot{\theta}=u \tag{6-14}$$

$$m\ddot{y}+\frac{mL}{2}\ddot{\theta}=mg\theta \tag{6-15}$$

不失一般性，不妨选取倒立摆的参数如下：

- 摆杆长度$L=1.2\text{m}$，则$L/2=0.6\text{m}$。
- 摆杆质量线密度为0.1kg/m，则$m=1.2\times0.1\text{kg}=0.12\text{kg}$。
- 小车质量为$M=1\text{kg}$。
- 重力加速度常数为$g=9.8\text{m/s}^2$。

则代入式（6-14）和式（6-15），有

$$1.12\ddot{y}+0.072\ddot{\theta}=u \tag{6-16}$$

$$0.12\ddot{y}+0.072\ddot{\theta}=1.176\theta \tag{6-17}$$

选取状态变量$x_1=y$、$x_2=\dot{y}$、$x_3=\theta$、$x_4=\dot{\theta}$，则系统的状态空间表达式为

$$\begin{bmatrix}\dot{x}_1\\\dot{x}_2\\\dot{x}_3\\\dot{x}_4\end{bmatrix}=\begin{bmatrix}0&1&0&0\\0&0&-1.176&0\\0&0&0&1\\0&0&18.293&0\end{bmatrix}\begin{bmatrix}x_1\\x_2\\x_3\\x_4\end{bmatrix}+\begin{bmatrix}0\\1\\0\\-1.667\end{bmatrix}u \tag{6-18}$$

输出方程为

$$\begin{bmatrix}y\\\theta\end{bmatrix}=\begin{bmatrix}x_1\\x_3\end{bmatrix}=\begin{bmatrix}1&0&0&0\\0&0&1&0\end{bmatrix}\begin{bmatrix}x_1\\x_2\\x_3\\x_4\end{bmatrix} \tag{6-19}$$

输入以下命令，求出系统矩阵的特征值，根据系统矩阵特征值是否都位于左半复平面，以判断开环系统的稳定性。

```
A=[0  1  0  0;0  0  -1.176  0;0  0  0  1;0  0  18.293  0];X=eig(A)
```

计算机返回值为：

```
X =
      0
      0
 4.2770
-4.2770
```

可见，有一个特征值位于右半复平面，开环系统不稳定。这与我们通过观察得到的直观印象是一致的。如果不对倒立摆进行控制，其竖直位置是一个不稳定的平衡点。

输入以下命令，判断系统的能控性：

```
A=[0 1 0 0;0 0 -1.176 0;0 0 0 1;0 0 18.293 0];
B=[0;1;0;-1.667];C=[1 0 0 0;0 0 1 0];
r=rank(ctrb(A,B))
```

计算机返回 $r=4$，表示系统为能控。则可以通过状态反馈配置系统极点，使系统稳定并且具有所期望的动态性能。例如，我们希望通过状态反馈，将系统极点配置为 -6、-5、$-2\pm j$。则使用命令 place( ) 可以求出状态反馈矩阵 K。

```
A=[0 1 0 0;0 0 -1.176 0;0 0 0 1;0 0 18.293 0];B=[0;1;0;-1.667];
P=[-6,-5,-2+i,-2-i];K=place(A,B,P)
```

计算机返回状态反馈矩阵 K：

```
K=
    -9.1841    -10.7148    -63.8735    -15.4258
```

在 MATLAB/Simulink 环境中建立该状态反馈控制系统的仿真模型如图 6-7 所示。

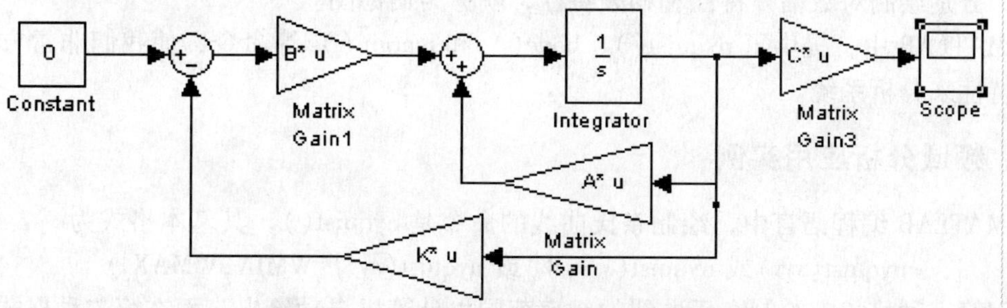

图 6-7 倒立摆状态反馈控制系统仿真模型

在积分器中设置非零初始值，运行仿真模型后，其输出曲线如图 6-8 所示。从仿真曲线可以看出，经过状态反馈，系统稳定。

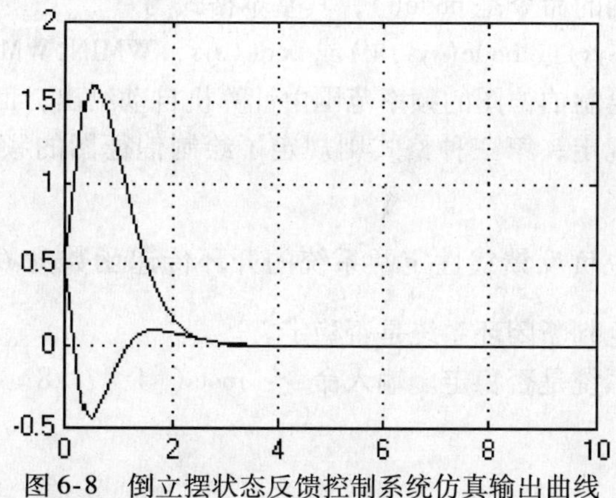

图 6-8 倒立摆状态反馈控制系统仿真输出曲线

6.3 控制系统频域分析

频域分析法是用系统的频率特性研究线性系统稳定性和动态性能指标的一种经典方法。

稳定的线性定常系统，在正弦输入信号的作用下，其输出的稳态分量是与输入同频率的正弦函数，但是输出正弦波信号的振幅和相位与输入信号是不同的。

进入稳态以后，输出正弦信号的振幅和输入正弦信号振幅之比$A(\omega)=A_C(\omega)/A_R(\omega)$称为幅频特性。而输出正弦信号的相位和输入正弦信号的相位之差$\varphi(\omega)=\varphi_C(\omega)-\varphi_R(\omega)$称为相频特性。可以证明，线性定常系统的传递函数$G(s)$，如果令$s=j\omega$，得到系统的频率传递函数$G(j\omega)$，则其幅值函数即为幅频特性，相角函数即为相频特性，即$G(j\omega)=A(\omega)e^{j\varphi(\omega)}$。

6.3.1 频域分析的一般方法

使用频率特性分析系统主要有3种图形：奈氏图（Nyquist 图）、伯德图（Bode 图）、尼柯尔斯图（Nichols 图）。

在频率分析法中，判别闭环系统稳定性的最基本定理是 Nyquist 判据。对于开环稳定的系统来说，开环传递函数$G(s)H(s)$的极点全部位于左半复平面以内，则闭环系统稳定的充分必要条件是：开环频率特性$G(j\omega)H(j\omega)$的奈氏曲线不包围（-1，j0）点。在半对数坐标纸上，分别绘制对数幅频特性和相频特性，就称为伯德图。

在 MATLAB 中，提供了 nyquist( )、bode( ) 和 margin( ) 等命令，使我们非常方便地使用频率特性来分析系统。

6.3.2 频域分析应用实例

在 MATLAB 编程语言中，绘制奈氏曲线的命令是 nyquist( )，其基本格式为

nyquist(*sys*)或 nyquist(*sys*,*W*)或 nyquist(*sys*,{WMIN,WMAX})

使用第一种格式，绘制奈氏曲线的频率范围由计算机自动给出；而在第二种格式绘制奈氏曲线的频率范围则由用户规定；第三种格式则规定了绘制奈氏曲线的频率范围的最小值和最大值。

类似地，绘制伯德图的命令是 bode( )，其基本格式为

bode(*sys*)或 bode(*sys*,*W*)或 bode(*sys*,{WMIN,WMAX})

使用第一种格式，绘制伯德图的频率范围由计算机自动给出；而在第二种格式绘制伯德图的频率范围则由用户规定；第三种格式则规定了绘制伯德图的频率范围的最小值和最大值。

【例6-8】 已知单位负反馈线性定常系统的开环传递函数为$G(s)=\dfrac{30s+60}{s^3+7s^2+8s+10}$，试绘制其奈氏曲线，并且判断闭环系统是否稳定。

解 首先判断开环系统是否稳定。输入命令：roots([1 7 8 10])

计算机返回：

```
ans =
  -5.9361
  -0.5319 + 1.1839i
  -0.5319 - 1.1839i
```

可见，开环系统稳定。再输入命令：sys = tf([30 60],[1 7 8 10]);nyquist(sys)

计算机绘制出奈氏图如图6-9所示。

根据Nyquist稳定性判据，由于奈氏曲线不包围（-1，j0）点，因此，闭环系统稳定。

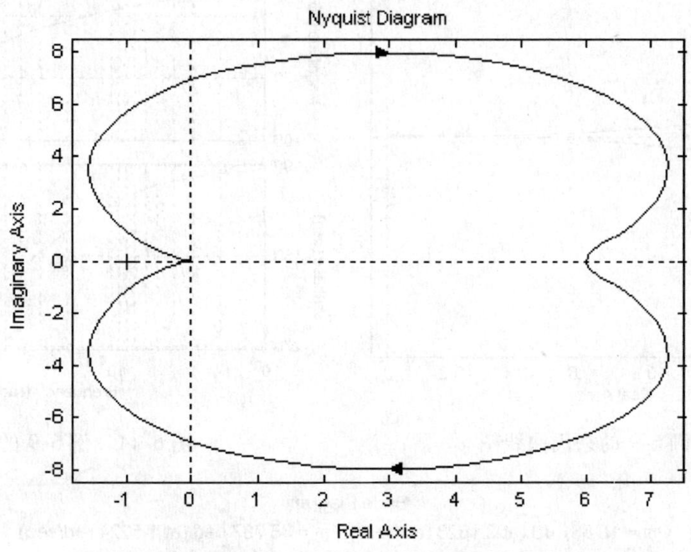

图6-9　例6-8的奈氏曲线图

MATLAB编程语言还提供了计算幅值裕量和相角裕量的命令margin，其基本格式为

$$[G_m, P_m, W_{cg}, W_{cp}] = \mathrm{margin}(SYS)$$

计算机将返回幅值裕量 G_m 和相角裕量 P_m，以及穿越零分贝线时的角频率 W_{cg} 和穿越负180°线时的穿越频率 W_{cp}。

【例6-9】 已知某线性定常系统的开环传递函数如下，试绘制其奈氏曲线、伯德图，并且判断闭环系统是否稳定。如果闭环系统稳定，求出其幅值裕量和相角裕量。

$$G(s) = \frac{2}{s(0.5s+1)(0.2s+1)}$$

解　在命令窗口中输入命令：G = tf([20],[1　7　10　0])，计算机返回：

```
Transfer function:
        20
-----------------
s^3 + 7s^2 + 10s
```

再输入命令：nyquist(G)，计算机就绘制出了图6-10所示的奈氏曲线图。从图6-10中我们看到奈氏曲线并没有包围（-1，j0）点，因此可以判断闭环系统是稳定的。

输入命令：bode(G),grid，计算机就绘制出了图6-11所示的系统的伯德图。

如果输入命令：margin(G)，则计算机不仅绘制出伯德图，并且还计算出幅值裕量（Gain Margin）为 $G_m = 10.881\mathrm{dB}$，相角裕量（Phase Margin）为 $P_m = 35.787°$（见图6-12）。

在绘制以上这些图时，当我们没有指定频率范围时，计算机自动选择了穿越频率附近的几个10倍频程范围。如果我们输入命令：w = logspace(-3,4,1000);bode(G,w)，表示在从 10^{-3}rad/s 到 10^4rad/s 的频率范围内的1000个频率点上绘制伯德图（见图6-13）。

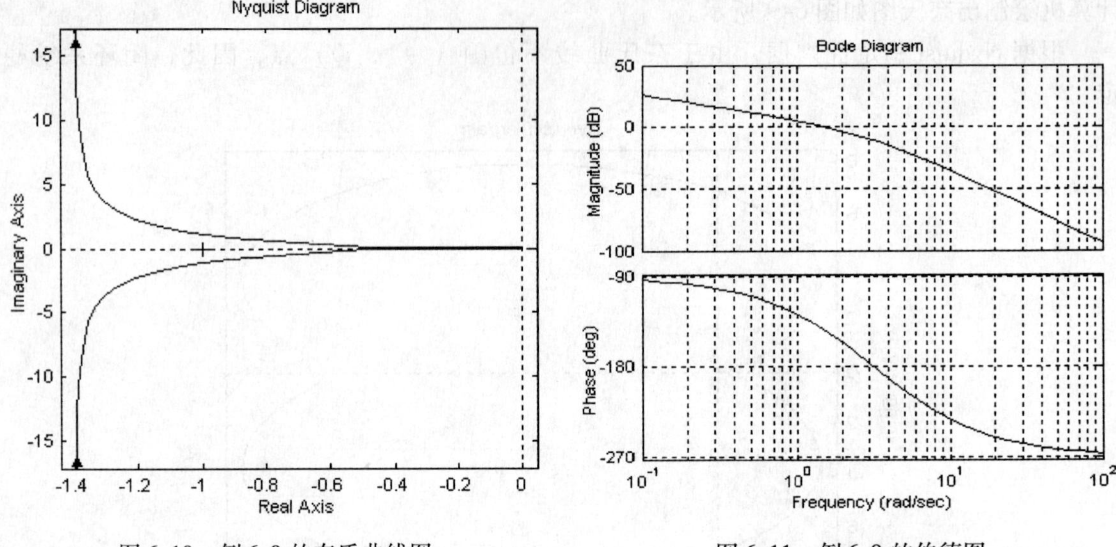

图 6-10 例 6-9 的奈氏曲线图　　图 6-11 例 6-9 的伯德图

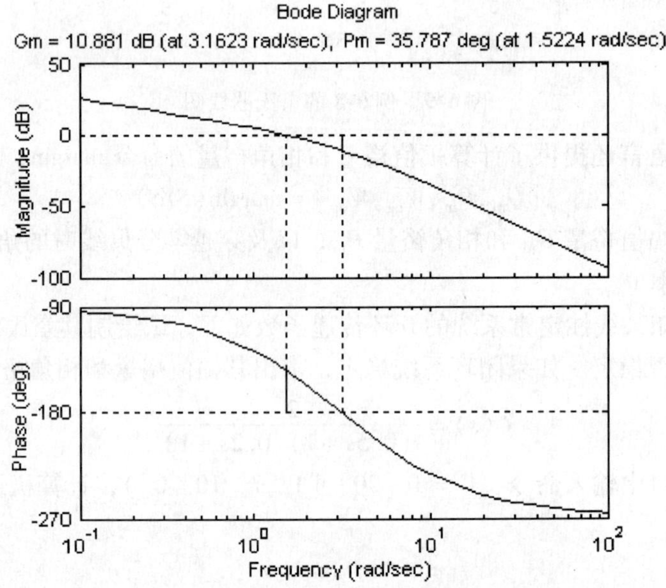

图 6-12 例 6-9 的幅值裕量和相角裕量

【例 6-10】 已知系统开环传递函数为

$$G(s)=\frac{1}{s(s+1)(s^2+2s+2)}$$

在尼柯尔斯图线和坐标线下，绘制其对数幅－相特性曲线。

解 输入命令：

```
num = 1;den = conv([1  1  0],[1  2  2]);
nichols(num,den),grid
```

计算机绘制出如图 6-14 所示的尼柯尔斯图。

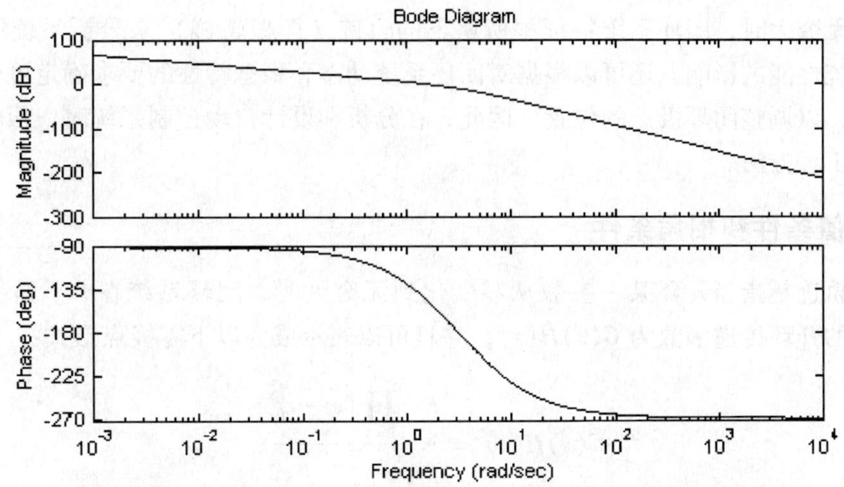

图6-13　例6-9从 10^{-3} rad/s 到 10^{4} rad/s 的频率范围的伯德图

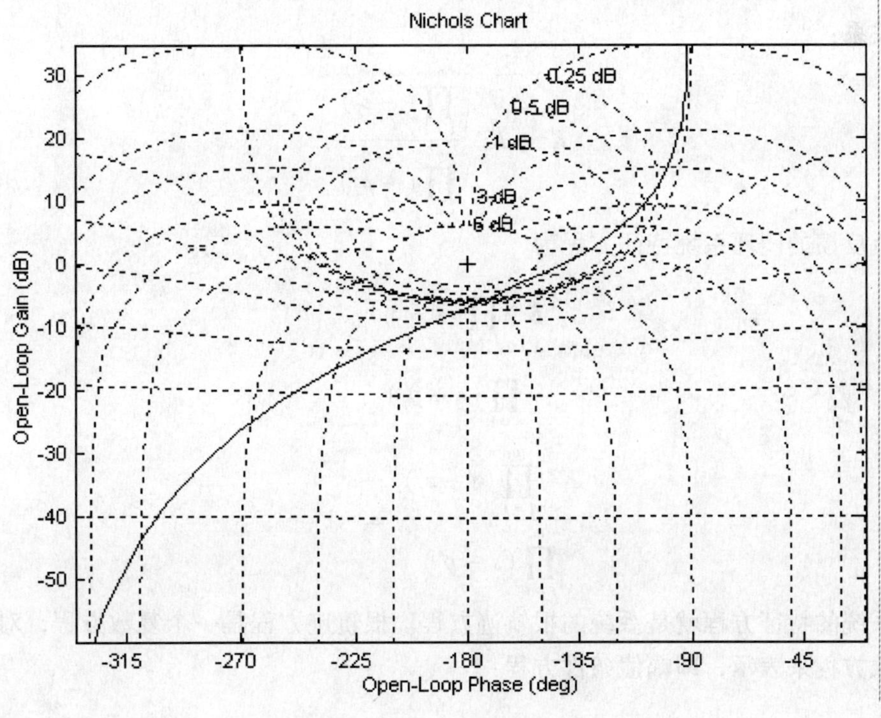

图6-14　例6-10的尼柯尔斯图

6.4　根轨迹分析方法

在经典控制理论中，传递函数是最重要的数学模型。闭环系统的稳定性取决于闭环极点在复平面中的位置，如果全部都位于左半复平面则系统稳定，如果有一个或者一个以上闭环极点位于右半复平面则闭环系统不稳定。而稳定系统的动态性能取决于它的极点在左半复平面中的位置。控制系统的根轨迹分析方法就是利用系统的某个参数（通常是开环增益 K）从 0 变化到无穷大时，闭环系统特征根所留下的轨迹（即根轨迹）来分析系统性能以及参数变化对系统性能的影响。还可以根据对闭环系统动态和稳态特性的要求确定可变参数或者加入控制器，以调整闭环极点的位置。因此，在分析和设计自动控制系统时，根轨迹是一种非常实用的工程方法。

6.4.1 幅值条件和相角条件

广义根轨迹是指当开环某一参数从零变化到无穷大时，闭环系统在 s 平面上变化的轨迹。设系统的开环传递函数为 $G(s)H(s)$，并且可以表示成为以下零极点形式：

$$G(s)H(s) = \frac{K^* \prod_{i=1}^{m}(s - z_i)}{\prod_{i=1}^{n}(s - p_i)} \tag{6-20}$$

则称 K^* 为系统的开环根轨迹增益。系统的开环根轨迹增益 K^* 与系统的开环增益 K 之间有以下关系：

$$K = K^* \frac{\prod_{i=1}^{m}(-z_i)}{\prod_{i=1}^{n}(-p_i)} \tag{6-21}$$

具有负反馈的闭环系统特征方程为

$$1 + \frac{K^* \prod_{i=1}^{m}(s - z_i)}{\prod_{i=1}^{n}(s - p_i)} = 0 \tag{6-22}$$

或

$$\frac{K^* \prod_{i=1}^{m}(s - z_i)}{\prod_{i=1}^{n}(s - p_i)} = -1 \tag{6-23}$$

控制系统的特征方程就是系统的根轨迹方程。根轨迹方程是一个复数方程，对应地可以用两个实数方程来表示，即幅值条件方程：

$$K^* \frac{\prod_{i=1}^{m}|s - z_i|}{\prod_{i=1}^{n}|s - p_i|} = 1 \tag{6-24}$$

和相角条件方程：

$$\sum_{i=1}^{m}\angle(s + z_i) - \sum_{j=1}^{n}\angle(s + p_j) = \pm(2k+1)\pi,(k = 0,1,2,\cdots) \tag{6-25}$$

复平面上满足相角条件的所有 s 点的集合就是系统的根轨迹。当 K^* 被确定为某一数值时，根据幅值条件就可以确定闭环极点的位置。

6.4.2 绘制根轨迹的常用函数及其应用实例

在学习经典控制理论时，手工绘制根轨迹图可以比较粗略地绘制根轨迹。而MATLAB为我们提供了绘制根轨迹的函数，可以非常方便地绘制出系统的根轨迹图。下面通过几个例子来讲解它们是如何使用的。

在MATLAB编程语言中，有绘制根轨迹的命令rlocus( )，其基本格式为

rlocus(*sys*)和rlocus(*sys*,*T*)

或者 rlocus(*num*,*den*,*T*)和rlocus(*num*,*den*,*T*)

执行该命令后，根轨迹图自动生成。如果给定参数T，则绘制当T从0变化到无穷大时的广义根轨迹图。

【例6-11】 已知系统开环传递函数为

$$G(s)=\frac{K^*(s+1)}{s^2+s+1}$$

绘制系统的根轨迹图。

解 在MATLAB命令窗口输入命令：

```
sys = tf([1  1],[1  1  1]);rlocus(sys)或者 rlocus([1  1],[1  1  1])
```

都得到系统根轨迹如图6-15所示。

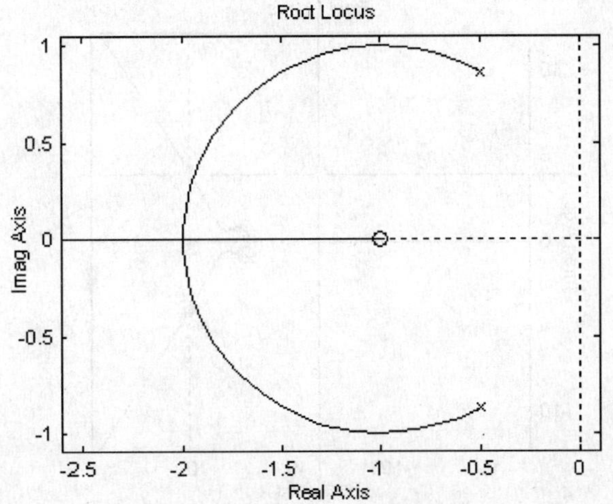

图6-15 例6-11的根轨迹图

如果要确定在根轨迹上某一点处的系统根轨迹增益K^*时，MATLAB语言中提供了rlocfind( ) 命令来实现这个功能。先执行命令rlocus(*num*, *den*)，得到根轨迹后，再执行如下命令：

[*K*,*poles*] = rlocfind(*num*,*den*)

执行该命令后，将在图形窗口中生成一个十字形光标，用鼠标将它移动到所期望的闭环极点位置，然后单击鼠标左键，即可得到相应的闭环极点位置值及其对应的根轨迹增益K值。需要指出：由于是手工移动鼠标，不可能很精确，每次选择的点都不可能完全相同。

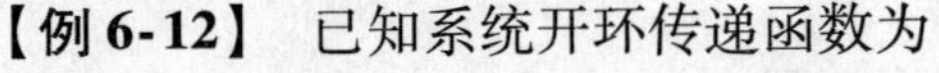

【例6-12】 已知系统开环传递函数为

$$G(s)H(s)=\frac{K^*(s+3)}{s(s+5)(s^2+6s+10)}$$

绘制系统根轨迹图，并求出闭环系统临界稳定时的根轨迹增益值。

解 在MATLAB命令窗口键入命令：

```
num = [1  3];den = conv([1  5  0],[1  6  10]);rlocus(num,den)
```

计算机绘制出系统根轨迹如图 6-16 所示。

再输入命令：

```
[K,poles] = rlocfind(num,den)
```

在图形窗口出现十字光标，如图 6-17a 所示。因为闭环系统为临界稳定，所以选择闭环极点在虚轴上，单击鼠标左键，就确定了闭环极点，如图 6-17b 所示。

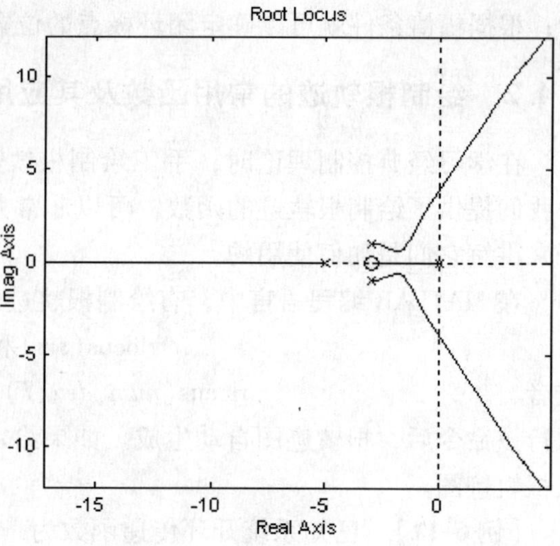

图 6-16　例 6-12 的根轨迹

同时，在命令窗口中，计算机给出了相应的数值。

```
selected_point =
  -0.0497 +4.0394i        P =
                            -8.0350
K =                         -0.0062 +4.0174i
                            -0.0062 -4.0174i
  127.6296                  -2.9525
```

如果在图形窗口中单击鼠标右键，并且选择“grid”，则在根轨迹图上出现极坐标栅格，这些栅格标出阻尼比和自然振荡频率。

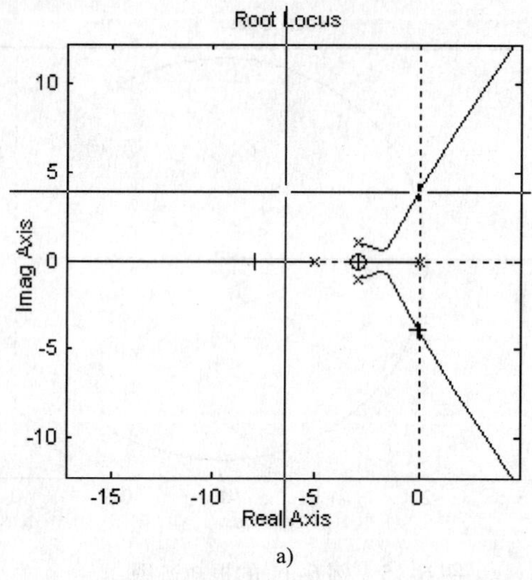

a)

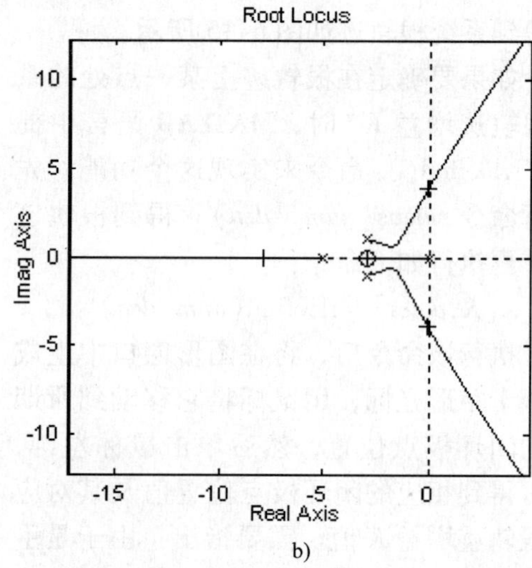

b)

图 6-17　例 6-12 根轨迹的十字光标和闭环极点

【例 6-13】 已知系统开环传递函数为

$$G(s)H(s)=\frac{K^{*}(s+6)}{(s+8)(s+5)(s^{2}+6s+10)}$$

绘制系统根轨迹图，并且确定阻尼比 $\zeta=0.5$ 时，闭环极点的位置及相应的根轨迹增益。

解　在 MATLAB 命令窗口输入命令：

```
num=[1  6];den=conv(conv([1  8],[1  5]),[1  6  10]);sys=tf(num,den);rlocus(sys)
```

计算机绘制出系统根轨迹，在图形窗口中单击鼠标右键，并且选择“grid”，在根轨迹图上出现极坐标栅格（见图5-18a）后，再输入：

```
[K,P] = rlocfind(sys)
```

在图形窗口出现十字形光标，在表示阻尼比为0.46的那根射线附近略微偏下处单击鼠标左键（见图6-18b）。

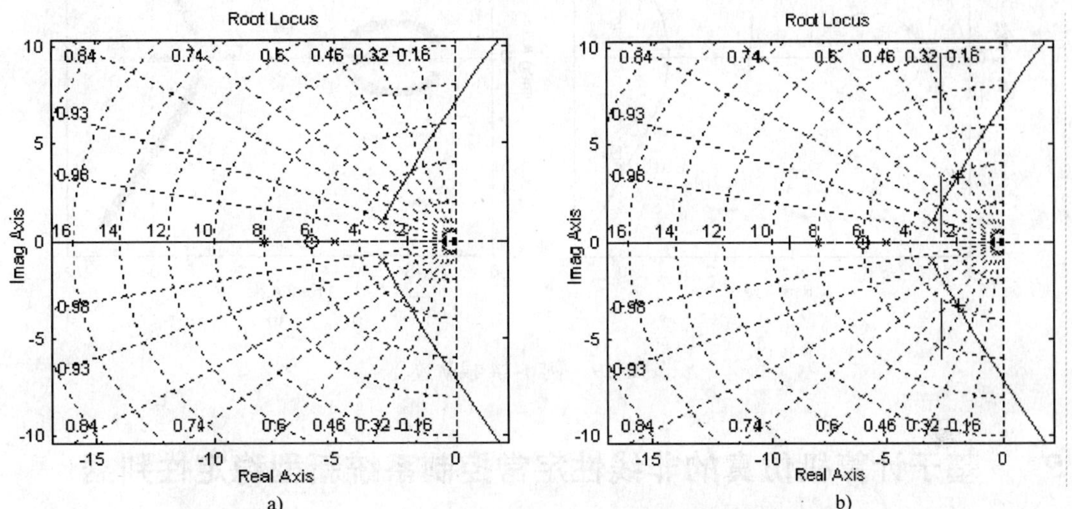

图6-18　例6-13根轨迹图

在命令窗口中，计算机返回以下信息：

```
selected_point =
-1.9484 + 3.2984i
                                          P =
                                              -9.2620
                                              -5.7740
K =                                           -1.9820 + 3.3151i
    66.3028                                   -1.9820 - 3.3151i
```

这表明当系统的根轨迹增益为 $K^* = 66.3$ 时，系统闭环极点位置为：-9.262、-5.774、$-1.982 \pm j3.315$。（注意：由于是手工移动鼠标，不可能很精确，每次选择的点都不可能完全相同，因此结果也不完全相同。）

【例6-14】　已知系统开环传递函数为

$$G(s)H(s) = \frac{K^*(s+6)}{s(s+5)(s^2+6s+10)}$$

绘制当 K^* 从0变化到200时系统的根轨迹图，每隔0.5绘制一个点。

解　如果在MATLAB命令窗口输入命令：

```
num = [1  6];den = conv([1  5  0],[1  6  10]);rlocus(num,den)
```

则计算机绘制系统的根轨迹如图5-19a所示。如果在MATLAB命令窗口输入命令：

```
K = 0:0.5:200;num[1  6];den = conv([1  5  0],[1  6  10]);rlocus(num,den,K)
```

则计算机绘制出系统的部分根轨迹，如图6-19b所示。

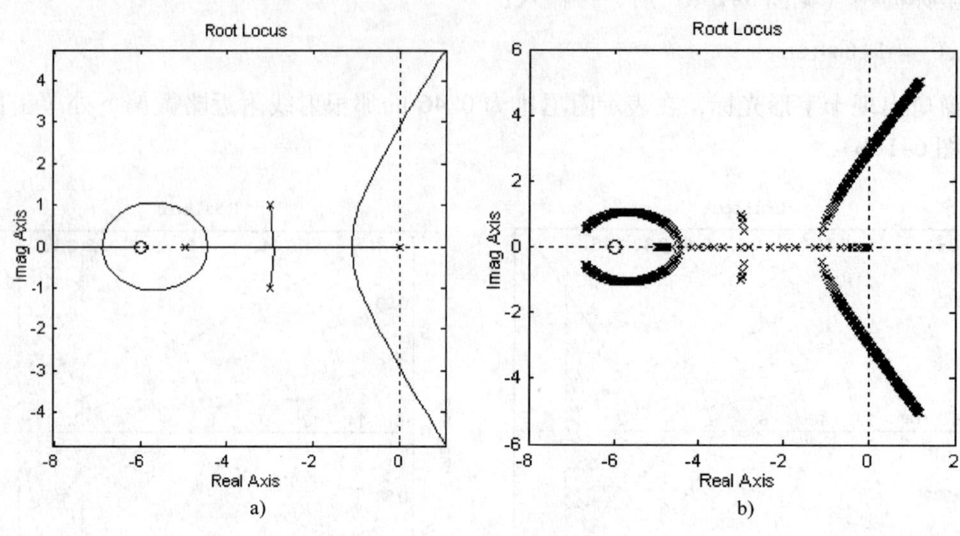

图 6-19 例 6-14 根轨迹

6.5* 基于计算机仿真的非线性定常控制系统新型稳定性判据

6.5.1 问题的提出

对于一个控制系统来说，其最重要的属性就是稳定性，一个不稳定的系统是无法工作的。长期以来，对于非线性控制系统的稳定性分析，通常采用李亚普诺夫第二法。但是，对于有些非线性系统构造合适的广义能量函数非常困难。自从 1892 年俄罗斯科学家 A. M. Lyapunov 第一次发表他的著作《运动系统稳定性的一般问题》以后，后人对他的稳定性理论也作了一些完善工作。到目前为止，仍然没有一个构造李亚普诺夫函数的一般性的方法，这是李亚普诺夫稳定性理论的一个主要缺陷。其主要原因在于控制系统的构造差别很大，而李亚普诺夫稳定性理论给出的是充分条件，要求广义能量函数为单调减函数，使得广义能量函数的选取，就很难有一个一般性的方法。对于模糊控制、神经网络控制等智能控制系统，寻找到这样一个广义能量函数是极其困难的。

近数十年来，计算机技术（不论硬件还是软件）取得了突飞猛进的发展，使得计算机智能控制（如模糊控制、神经网络控制等）这样性能优良的控制系统得到越来越广泛的应用，而这些控制系统却往往是非线性强耦合的系统。因此，迫切需要找到一种方便快捷的非线性定常控制系统的稳定性判别方法。

而高配置的个人计算机以及像 MATLAB 这样优秀的计算与仿真软件越来越普及，使用计算机仿真来分析非线性控制系统的稳定性成为可能的解决方法之一。可见，计算机不仅在技术层面，而且在理论层面，都深刻地影响着控制理论与控制工程学科的发展。

本书作者提出了一种新型的基于计算机仿真的非线性定常控制系统稳定性分析方法。该方法选择系统各状态变量的平方和函数作为广义能量函数，并且将李亚普诺夫稳定性判据第二法（即直接法）中有关局部稳定的充分条件扩展成为充分必要条件。对必要性和充分性都给出了证明。该方法应用于单级倒立摆模糊控制系统的实验中，取得了满意的实验结果。

6.5.2　新型稳定性判据

首先，作为一个例子，我们考察以下非线性方程：

$$\begin{cases} \dot{x}_1 = x_2 \\ \dot{x}_2 = -x_1^3 - 0.2x_2 \end{cases} \tag{6-26}$$

如果我们按照传统的方法，选取正定的李亚普诺夫函数如下：

$$V = \frac{13}{2}x_1^4 + \frac{1}{2}x_2^2 + \frac{1}{2}(x_1 + 5x_2)^2 \tag{6-27}$$

则其一阶导数

$$\dot{V} = -x_1^4 - x_2^2 \tag{6-28}$$

显然 $\dot{V}$ 为负定。并且当 $\|X\| \to \infty$ 时，$V \to \infty$，因此状态空间原点为大范围一致渐近稳定的平衡状态。李亚普诺夫函数 V 为单调减函数，而 $\dot{V}$ 为负定函数。它们随时间变化曲线如图 6-20所示。

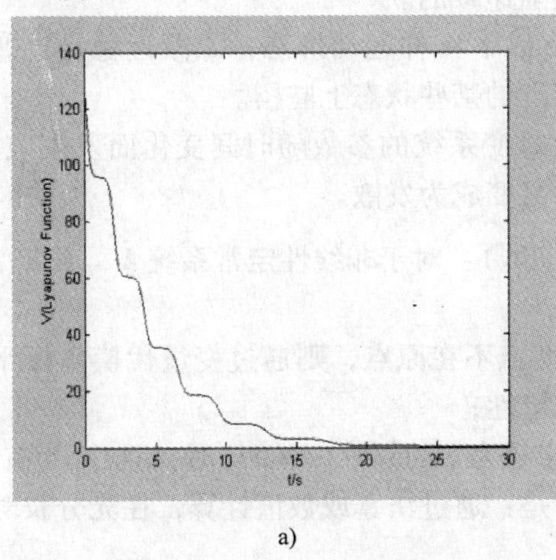

a)

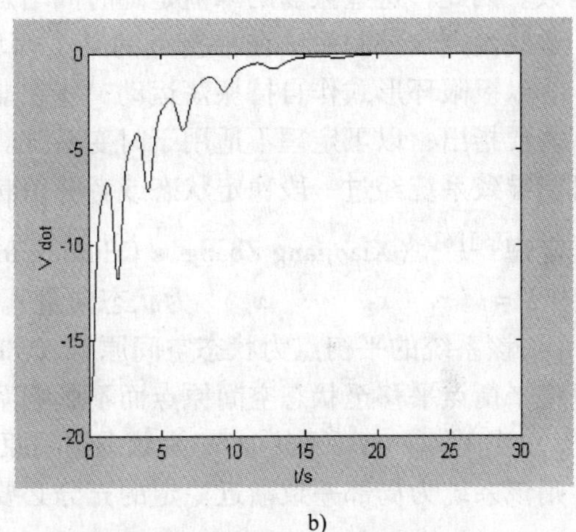

b)

图 6-20　李亚普诺夫函数 V 以及 $\dot{V}$ 随时间变化曲线

a) V 随时间变化曲线　b) $\dot{V}$ 随时间变化曲线

同样对于非线性定常系统见式（6-26），如果选择各状态分量的平方和函数：

$$V_{ss} = x_1^2 + x_2^2 \tag{6-29}$$

函数 V_{ss} 以及 $\dot{V}_{ss}$ 随时间变化曲线如图 6-21 所示。可以看出，对于以上这个大范围一致渐近稳定的系统，各状态分量的平方和函数 V_{ss} 不是单调减函数，而是振荡递减，并且最终收敛于零。其一阶导数为不定，$\dot{V}_{ss}$ 曲线的虽然有时为正，有时为负，但是其平均值为负，并且最终也是收敛于零。

从以上观察得到启示：是否可以根据各状态分量的平方和函数 V_{ss} 是否收敛到零来判别非线性系统的稳定性，而不必构造出李亚普诺夫函数。

在本例的 V_{ss} 函数随时间变化曲线中，我们看到出现一些振荡。通过该函数作傅里叶分

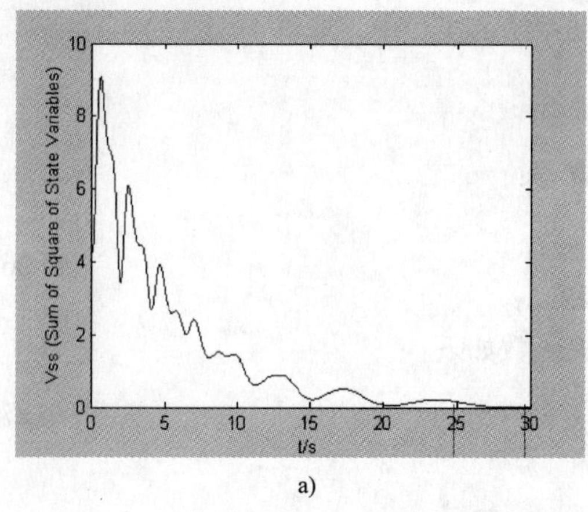

a)

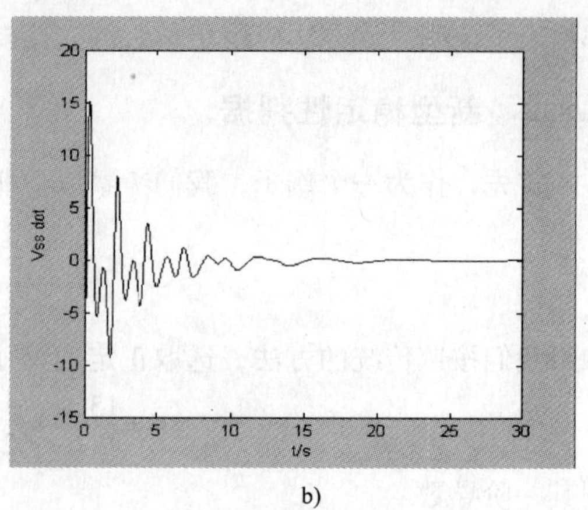

b)

图 6-21 各状态分量平方和函数 V_{ss} 以及 $\dot{V}_{ss}$ 随时间变化曲线

a) V_{ss} 随时间变化曲线 b) $\dot{V}_{ss}$ 随时间变化曲线

解可知，这些振荡其实是叠加在按指数规律衰减的主导函数上的、多种频率的振幅递减的正弦函数。因此，这些振荡的峰值是随时间增加而逐渐递减的。

非线性定常控制系统在平衡点的某个邻域内有以下 4 种运动形态：①渐近稳定；②发散；③以极限环形式作自持振荡运动；④在非平衡点的某些状态上驻留。

需要指出：以下定理不适用于时变系统。因为时变系统的参数随时间变化而发生改变，有可能导致系统经过一段稳定状态或者驻留状态后又变成为发散。

定理[5][6]（Xiaojiang Zhang's Criterion for Stability）：对于非线性定常系统 $\dot{X}=f(X)$（其中 $X=(x_1 \quad x_2 \quad \cdots \quad x_n)^{\mathrm{T}}$ 为状态向量）。设：

1）该系统的平衡点为状态空间原点（如果平衡点不在原点，则通过变量代换坐标平移可以将平衡点平移至状态空间原点而不影响系统稳定性；

2）当 $X(t_0)\in B_\varepsilon$（其中 B_ε 为状态空间原点的半径为 ε 的邻域），$t\geqslant t_0$ 时，$X(t)$ 为有界。

则该系统为局部一致渐近稳定的充分必要条件是：通过仿真或数值计算，在充分长时间之后，各状态分量的平方和函数趋向于零，$V_{ss}=\sum_{i=1}^{n}x_i^2=(x_1^2+x_2^2+\cdots+x_n^2)\to 0$。即如果 $V_{ss}\to 0$，则系统一致渐近稳定；如果 V_{ss} 不趋向零，则系统不是一致渐近稳定；如果 $V_{ss}\to\infty$，则系统不稳定；如果 V_{ss} 在有界的范围内波动，则该非线性系统为自持振荡。

证明

1. 充分性：显然当 $t\to\infty$ 时，$V_{ss}\to 0$，则必有状态向量的所有分量 $x_i\to 0$，（其中 $i=1, 2, \cdots, n$），因此 $X\to 0$，即表示该系统在平衡点 $X=0$ 处为一致渐近稳定。

2. 必要性：（采用反证法）假设当 $t\to\infty$ 时有某一个状态分量 x_i 不趋近于零，则表示该系统在平衡点 $X=0$ 处不是一致渐近稳定的，则 $V_{ss}=\sum_{i=1}^{n}x_i^2=(x_1^2+x_2^2+\cdots+x_n^2)$ 也不会趋近于零，与本定理条件不符。因此，如果该系统在平衡点 $X=0$ 处为一致渐近稳定，则必有当 $t\to\infty$ 时，$V_{ss}\to 0$。

根据以上定理，对于非线性定常系统来说，不必花很多时间去寻找李亚普诺夫函数，只要通过数值计算绘制出其各状态分量平方和函数随时间变化曲线（在原点的某个邻域内选择初始状态），如果它收敛于零，则该系统在状态空间原点的某一邻域内为局部一致渐近稳定。否则，该系统就不是渐近稳定的。

李亚普诺夫稳定性理论的条件是充分条件，而本节提出的定理将李亚普诺夫稳定性理论的条件放宽成为充分必要条件。不必千方百计地去寻找单调下降的广义能量函数，只要各状态分量平方和函数 V_{ss} 随时间变化曲线收敛于零即可。计算机技术的不断进步为这种新型的稳定性分析方法提供了物质条件。

说明1：在李亚普诺夫第二法中，条件“V 为正定且 $\dot{V}$ 为负定”可以确保得出结论：“当 $\|X\|\to\infty$ 时 $V\to\infty$，则系统大范围渐近稳定”。然而，本节提出的定理却不能得出大范围稳定性的这一结论。局部渐近稳定的状态空间原点邻域范围（即 B_ε 的半径），要通过仿真时设置多个不同的初始条件来确定。这是本节提出的稳定性判据的主要缺点。而在李亚普诺夫第一法（线性化法）和经典控制理论的线性化方法（小偏差法）中，如果得出系统稳定的结论，也只是局部渐近稳定，而不是大范围渐近稳定。

说明2：采用传统的李亚普诺夫稳定性理论来判断系统稳定性时，其可信度取决于系统数学模型与真实系统的接近程度。而本节提出的基于计算机仿真的稳定性判据，其可信度取决于所建立的系统仿真模型与真实系统的接近程度。在 MATLAB/Simulink 环境下，系统仿真模型就是依据系统数学模型建立的。如果恰当地选择算法和步长，则两者并无显著差别。因此，两种判据的可信度是相当的。

说明3：本定理的实质是：利用计算机求出非线性系统的数值解，是一种基于数值解的稳定性判据。

6.5.3 在单级倒立摆模糊控制系统中的应用

作为基于计算机仿真的非线性定常控制系统稳定性判据的一个应用实例，我们研究以下单级倒立摆模糊控制系统。

在本章的第2节中，建立了单级倒立摆的数学模型。

不失一般性，根据实际实验装置参数，选取倒立摆的参数如下：

摆杆长度 $L=1.2\text{m}$，则：$L/2=0.6\text{m}$；

摆杆质量线密度为 0.1kg/m，则 $m=1.2\times0.1\text{kg}=0.12\text{kg}$；

小车质量为 $M=1\text{kg}$；而重力加速度常数为 $g=9.8\text{m/s}^2$。

单级倒立摆模糊控制系统的结构如图6-22所示，采用模糊控制策略。倒立摆模糊控制系统不含时间 t，所以也是一种非线性定常系统。其位置上有一个扰动脉冲输入。

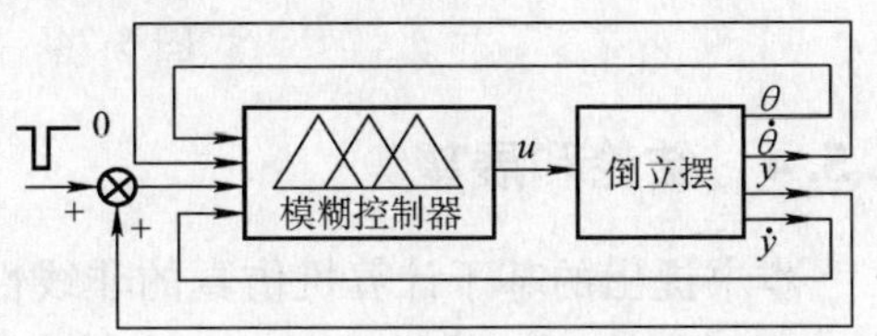

图6-22 单级倒立摆模糊控制系统结构

我们可以在 MATLAB/Simulink 环境下建立单级倒立摆模糊控制系统的仿真计算模型如图6-23所示。其中 $V_{ss}=\theta^2+\dot{\theta}^2+y^2+\dot{y}^2$。

从图6-24中看出，V_{ss} 随时间变化而振荡衰减收敛到零。根据本节的定理可以得知：对于实际的倒立摆模糊控制系统（参数设置和控制方法与仿真系统一致），该系统在状态空间原点为局域一致渐近稳定的平衡点。对该倒立摆模糊控制系统的实验也验证了该系统是稳定的。

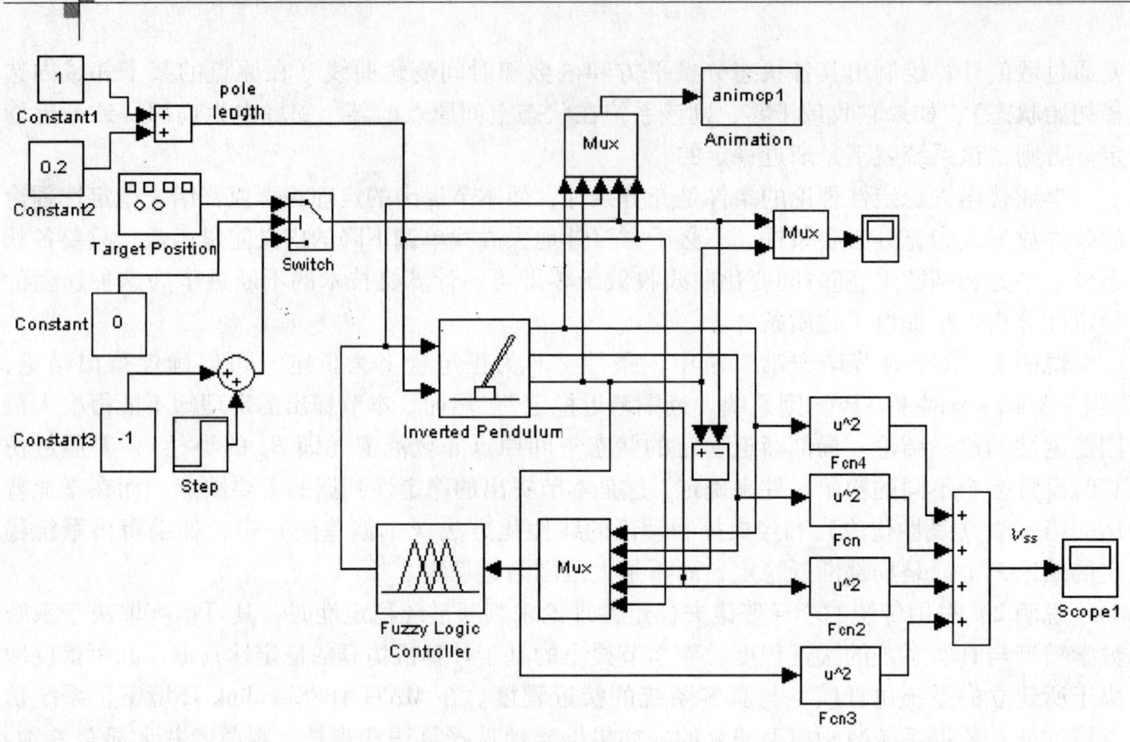

图 6-23 单级倒立摆模糊控制系统仿真模型

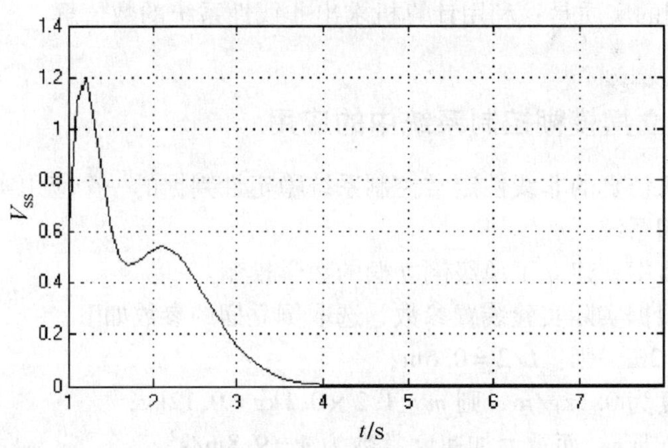

图 6-24 V_{ss}随时间而变化的曲线

6.5.4 结论和展望

本书提出的基于计算机仿真的非线性定常系统稳定性判据将李亚普诺夫稳定性理论中的第二法（直接法）的局部渐近稳定性条件由充分性条件扩展成为充分必要条件。这种稳定性判据的优点之一就是使得 V_{ss}的选取有一个规范的和简化的方法。近十年来，计算机硬件和软件的快速发展为基于计算机仿真的非线性控制系统稳定性判别方法提供了必要的物质条件。尤其对于那些难以找到广义能量函数的智能控制系统，采用本书提出的稳定性判据将比较容易地分析其稳定性。可见，计算机的发展（包括计算机仿真技术的发展）不仅在技术层面，也在理论层面，深刻地影响着控制理论与控制工程学科的发展。相信在未来，计算机技术将更加深刻地改变着控制系统分析与设计的理论和方法。

小　结

本章介绍了各种使用 MATLAB 判断自动控制系统稳定性的方法，其中包括求控制系统特征根的方法、求特征值的方法、时域分析的方法、李亚普诺夫法，以及频率域分析法和根轨迹法。本书还提出了一种新型的基于计算机仿真的控制系统稳定性判据，并且给出了相应的理论证明，以及实验验证。

习　题

6-1　分别采用求取特征值的方法和李亚普诺夫第二法判别下面系统的稳定性。

$$\dot{X}=\begin{bmatrix}-3 & 0 & 1\\ -2 & -3 & 0\\ -6 & 6 & 1\end{bmatrix}X+\begin{bmatrix}0\\ 2\\ 0\end{bmatrix}u$$

6-2　某单位负反馈系统的开环控制系统的传递函数为

$$G_{\mathrm{K}}(s)=\frac{K(s^2+0.8s+0.64)}{s(s+0.05)(s+5)(s+40)}$$

（1）绘制系统的根轨迹；

（2）当 $K=10$ 时，绘制系统的伯德图，判断系统的稳定性，并且求出幅值裕量和相角裕量。

第7章 自动控制系统计算机辅助设计

7.1 概述

本章将要讨论自动控制系统设计问题，即对于给定的控制对象模型寻找控制策略，设计控制器，构成满足性能指标要求的自动控制系统。使用MATLAB不仅可以解决控制系统的分析问题，还可以解决控制系统的设计问题。在掌握MATLAB以后，设计过程将大大简化，设计效率大大提高。将人们从以往繁琐的计算绘图工作中彻底解放出来。自动控制系统设计变得方便、快捷。本章将详细介绍如何利用MATLAB提供的功能函数进行控制系统的设计，并且将分别介绍工程上几种常见的控制系统设计方法及其基本原理、设计步骤和相应的MATLAB功能函数，然后分别以几个自动控制系统实例介绍具体设计过程。

单输入单输出（SISO）系统校正分为串联校正、并联校正和反馈校正等几种形式，在此我们仅以串联校正为例来说明。串联校正的单位负反馈闭环控制系统的基本结构如图7-1所示。而对于多输入多输出（MIMO）系统，本章第4节将介绍基于状态空间模型的控制器设计方法。

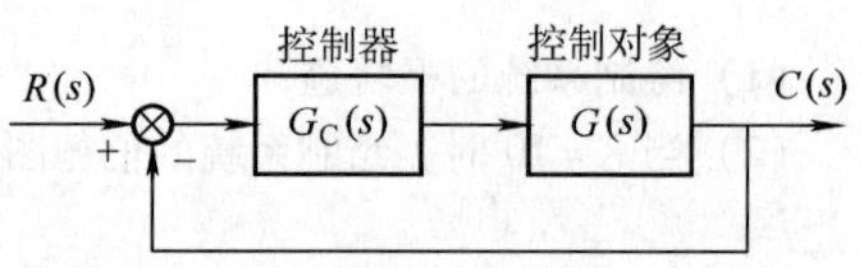

图7-1 SISO单位负反馈闭环控制系统的基本结构

7.2 超前校正、滞后校正以及滞后—超前校正的伯德图设计

超前和滞后校正器的伯德图设计主要是根据开环系统传递函数、零分贝线穿越频率ω_C以及相应的相角裕量P_m、$-180°$相角线穿越频率ω_g以及对数幅值裕量G_m来进行设计。

对于单位负反馈系统，其开环传递函数为$G(s)$，系统开环对数幅频特性在$\omega=\omega_C$处有$20\lg|G(j\omega_C)|=0(\mathrm{dB})$，因此$\omega_C$称为0dB穿越频率。系统的伯德图（即横坐标为对数坐标的系统开环对数幅频特性和相频特性）如图7-2所示。相角裕量（Phase margin）P_m定义为

$$P_m=180°+\angle G(j\omega_C) \tag{7-1}$$

式中，$\angle G(j\omega_C)$表示系统开环频率特性在$\omega=\omega_C$处的相位角。

设在$\omega=\omega_g$处，系统开环频率特性的相位角为：$\varphi=\angle G(j\omega_g)=-180°$。因此角频率$\omega_g$称为$-180°$相位穿越频率。幅值裕量（Gain margin，又译成增益裕量）G_m定义为

$$G_m=-20\lg|G(j\omega_g)| \tag{7-2}$$

在频率特性法中，由开环系统的伯德图来分析闭环控制系统稳定性时，通常采用相角

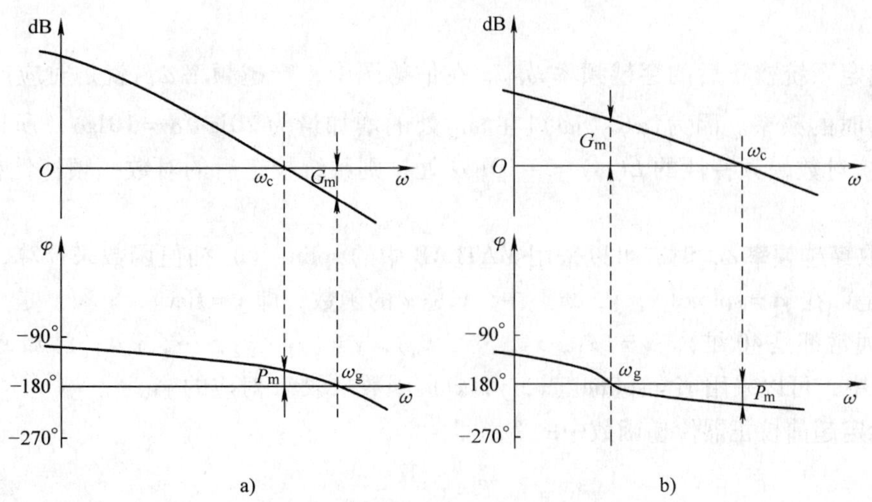

图7-2 系统的伯德图

a）$P_m>0$，$G_m>0$ 系统稳定 b）$P_m<0$，$G_m<0$ 系统不稳定

裕量 P_m 和幅值裕量 G_m 来描述闭环系统的相对稳定性。根据经典控制理论中的奈奎斯特判据可知，相角裕量 P_m 越大，则闭环系统的相对稳定性越好，如图7-2a所示；如果 $P_m=0$ 则闭环系统处于临界稳定；如果 $P_m<0$，则闭环系统不稳定，如图7-2b所示。系统的相角裕量 P_m 表示使闭环系统达到临界稳定状态所需要的附加相移。如果幅值裕量 G_m 越大，则闭环系统的相对稳定性越好，如图7-2a所示；如果幅值裕量 $G_m=0\text{dB}$（即 $|G(j\omega_g)|=1$），则闭环系统处于临界稳定状态；如果幅值裕量 $G_m<0\text{dB}$，则闭环系统不稳定，如图7-2b所示。

7.2.1 超前校正器的伯德图设计

给出了被控对象的传递函数，以及对控制系统性能指标的要求后，使用伯德图来设计超前校正器的步骤如下：

1）根据对稳态精度的要求，求出系统开环增益 K。

2）根据求得的开环增益 K，画出系统校正前的伯德图，并计算校正前系统的幅值裕量 G_m、相角裕量 P_m、穿越频率 ω_C。检验这些指标是否符合要求，如果不符合要求，则需要进行下面的校正过程。

3）计算需要增加的最大相角超前量 φ_m，即

$$\varphi_m=P_0-P_m+(5^\circ\sim10^\circ) \tag{7-3}$$

式中，P_m 是校正前系统的相角裕量；P_0 是所期望的校正后系统的相角裕量。式（7-3）中还增加了5°~10°，是考虑到系统在校正前后穿越频率的移动所带来的原系统频率特性相角的滞后量。

4）再由最大相角超前量 φ_m 确定超前校正器 $G_C(s)$ 中的 α：

$$G_C(s)=\alpha\frac{Ts+1}{\alpha Ts+1} \tag{7-4}$$

$$\alpha=\frac{1-\sin\varphi_m}{1+\sin\varphi_m} \tag{7-5}$$

式中，$\alpha<1$。

5）确定系统校正后的穿越频率 ω_{C2}。在伯德图中，穿越频率 ω_{C2} 就是对应产生期望相角裕量 P_0 时的频率。因为 $|\alpha G_C(j\omega)|$ 在 ω_{C2} 处的增加量为 $20\lg\sqrt{\alpha}=10\lg\alpha$，所以 ω_{C2} 应该选在原系统对数幅频特性的 $L(\omega)=-10\lg\alpha$ 处，则系统校正后的对数幅频特性在 ω_{C2} 处为 0dB。

在求取穿越频率 ω_{C2} 时，可以采用 MATLAB 中的 spline（）插值函数来计算，该函数的基本用法是：在 $yi=\text{spline}(x, y, xi)$ 中，y 是 x 的函数，即 $y=f(x)$，x 和 y 是一一对应的行向量（通常都是 40 维）。$x=(x_1, x_2, \cdots, x_n)$，$y=(y_1, y_2, \cdots, y_n)$；已知 xi 在闭区间 $[x_1, x_n]$ 中，可以采用 $yi=\text{spline}(x, y, xi)$ 函数求取 xi 对应的 yi。

6）确定超前校正器传递函数中的 T，即

$$T=\frac{1}{\omega_{C2}\sqrt{\alpha}} \tag{7-6}$$

7）在系统中串联一个增益为 $1/\alpha$ 的放大器，可以补偿超前校正器引入带来的增益损失，则超前校正器的传递函数为

$$G_C(s)=\frac{Ts+1}{\alpha Ts+1} \tag{7-7}$$

8）根据校正后的开环系统传递函数 $G_C(s)G(s)$ 绘制伯德图，验证系统性能指标。

【例 7-1】 某一个控制系统如图 7-3 所示，其中原单位负反馈系统的开环传递函数为

$$G(s)=\frac{K_0}{s(2s+1)(0.002s+1)}$$

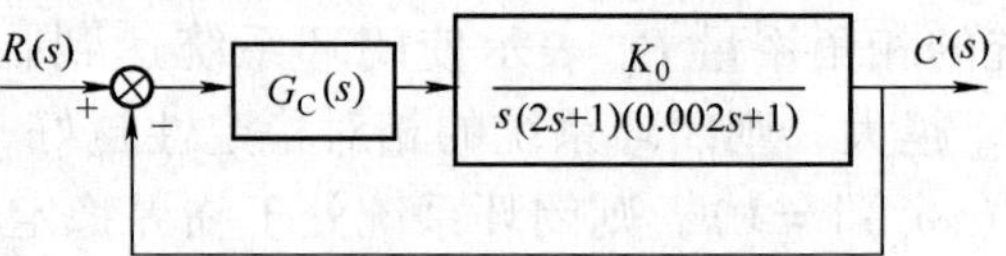

图 7-3 例 7-1 系统结构图

设计超前校正器 $G_C(s)$，使系统满足：

（1）在单位斜坡信号作用下，系统的稳态误差 $e_{ss}\leqslant 0.001$；

（2）校正后系统相角裕量 P_m 的范围为：40°～50°。

解 （1）根据稳态误差要求，在单位斜坡信号 $r(t)=t(t\geqslant 0)$ 作用下，$e_{ss}=\dfrac{1}{K_0}\leqslant 0.001$，所以，系统开环增益 $K_0\geqslant 1000$，选取 $K_0=1000$。则开环传递函数为

$$G(s)=\frac{1000}{s(2s+1)(0.002s+1)}$$

（2）此时使用 MATLAB 中命令 margin（），来计算校正前系统的幅值裕量、相角裕量和穿越频率。输入命令：

```
num=1000;den=conv([2  1  0],[0.002  1]);G0=tf(num,den);margin(G0)
```

计算机绘制出该系统的伯德图（见图 7-4），并且计算出相应的幅值裕量和相角裕量。可知此时幅值裕量 $G_m=-6.0119\text{dB}$，相角裕量 $P_m=-1.2771°$，穿越频率 $\omega_{C1}=22.346\text{rad/s}$，闭环系统将不稳定。需要进行超前校正。

（3）根据所要求的相角稳定裕量中间值 $\gamma=45°$，并且附加 5°，选取 $\gamma=50°$。

建立一个 m 文件（不妨命名为 fowrdgn. m）如下：

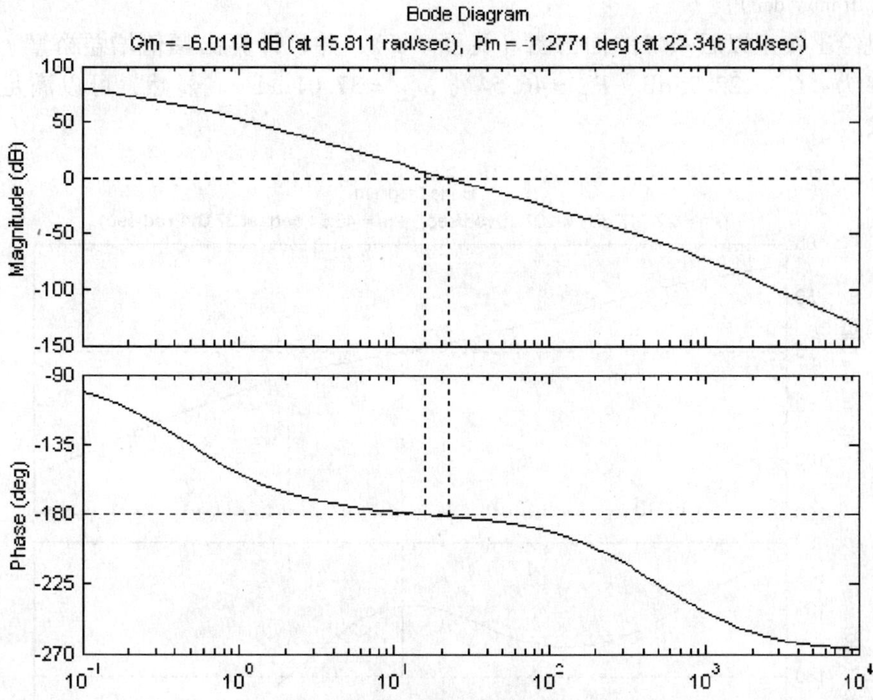

图7-4 系统校正前的伯德图

```
Pm = 50 * pi/180;      % 期望相角裕量换算成弧度
s = tf('s');           % 定义 s 为传递函数变量
G0 = 1000/(s * (2 * s + 1) * (0.002 * s + 1));   %校正前系统开环传递函数
[mag,phase,w] = bode(G0);
alfa = (1 - sin(Pm))/(1 + sin(Pm));           % 计算 α 值
adb = 20 * log10(mag);  am = 10 * log10(alfa);
wc = spline(adb,w,am);      % 计算期望的校正后系统穿越频率
T = 1/(wc * sqrt(alfa));  alfaT = alfa * T;
Gc = tf([T  1],[alfaT  1]) % 得出 Gc(s)
```

在命令窗口键入该文件名“fowrdgn”并且按回车键，计算机就显示：

```
Transfer function:
0.07423 s + 1
-----------------
0.009834 s + 1
```

即表示：

$$G_C(s) = \frac{0.07423s + 1}{0.009834s + 1}$$

于是，校正后系统的开环传递函数为

$$G_C(s)G(s) = \frac{0.07423s + 1}{0.009834s + 1} \frac{1000}{s(2s + 1)(0.002s + 1)}$$

输入以下命令：

```
num = [74.23  1000]; den = conv([2  1  0],conv([0.002  1],[0.009834  1]));
```

```
margin(tf(num,den))
```

计算机绘出校正以后系统的伯德图（见图7-5），并且计算出幅值增益裕量、相角裕量和穿越频率为：$G_m=22.75\text{dB}$、$P_m=46.54°$、$\omega_{C2}=37.01\text{rad/s}$。显然，可以满足系统的性能指标要求。

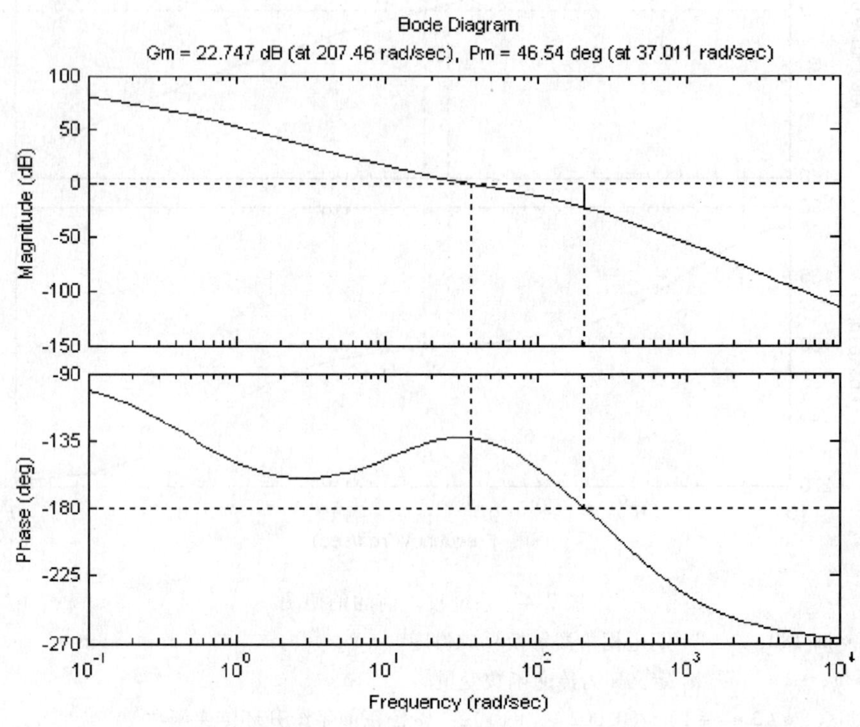

图7-5　系统校正后的伯德图

7.2.2　滞后校正器的伯德图设计

滞后校正器的基本特征是：其相频特性曲线具有滞后的相位角。滞后校正器是一个低通滤波器。应用滞后校正，可以抑制系统的高频干扰。采用滞后校正器，校正后系统的穿越频率降低，系统的快速性变差，但是系统的稳定性提高。

在给出受控对象传递函数和性能指标后，滞后校正器的伯德图设计步骤如下：

1）根据系统对稳态精度的要求，求出系统的开环增益 K。

2）根据求得的开环增益 K，画出系统校正前的伯德图，并计算校正前系统的幅值裕量 G_m、相角裕量 P_m 和穿越频率 ω_C。检验这些指标是否符合要求，如果不符合要求，则需要进行下面的校正过程。

3）根据对滞后校正后系统的期望相角裕量 P_0，确定一个新的穿越频率 ω_{C2}。其方法是：先由期望相角裕量 P_0，计算校正前系统在 ω_{C2} 处的相角 $\phi(\omega_{C2})$，即

$$\phi(\omega_{C2})=-180°+P_0+(5°\sim12°) \tag{7-8}$$

式中，$(5°\sim12°)$ 为相位滞后网络在 ω_{C2} 处的相角滞后量。

再根据校正前系统的相角 $\phi(\omega_{C2})$ 计算出对应的频率，就是所要求的期望穿越频率

ω_{C2}。

4）由新的穿越频率 ω_{C2} 求出滞后校正器 $G_C(s)$ 中的 β 值。

$$G_C(s)=\frac{Ts+1}{\beta Ts+1} \tag{7-9}$$

因为

$$20\lg\left(\frac{1}{\beta}\right)+L(\omega_{C2})=0 \tag{7-10}$$

则 $20\lg\beta=L(\omega_{C2})$，所以

$$\beta=10^{\frac{L(\omega_{C2})}{20}} \tag{7-11}$$

5）确定滞后校正器 $G_C(s)$ 中的 T 值，一般选择

$$\frac{1}{T}=\left(\frac{1}{10}\sim\frac{1}{2}\right)\omega_{C2} \tag{7-12}$$

6）绘制系统经过滞后校正后的伯德图，并且验证系统性能频域指标是否满足系统指标。

【例7-2】 某一单位负反馈控制系统如图7-6所示，其开环传递函数为

$$G(s)=\frac{K_0}{s(0.2s+1)(0.01s+1)}$$

设计滞后校正器 $G_C(s)$，使系统满足：

（1）在单位斜坡信号作用下，系统的稳态误差 $e_{ss}\leqslant 0.02$；

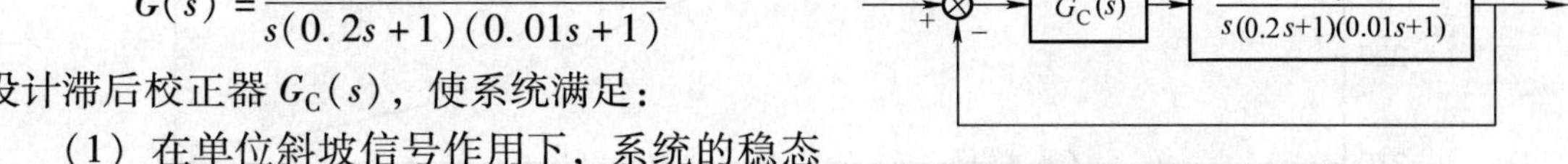

图7-6 例7-2系统结构图

（2）校正后系统相角裕量 P_m 的范围为：42°～50°；

（3）校正后系统的穿越频率为：$\omega_{C2}\geqslant 3\text{rad/s}$。

解 （1）根据稳态误差要求，在单位斜坡信号 $r(t)=t(t\geqslant 0)$ 作用下，$e_{ss}=\frac{1}{K_0}\leqslant 0.02$，所以，系统开环增益 $K_0\geqslant 50$，选取 $K_0=50$。则开环传递函数为

$$G(s)=\frac{50}{s(0.2s+1)(0.01s+1)}$$

（2）此时使用MATLAB中命令margin（），来计算校正前系统的幅值裕量、相角裕量和穿越频率。输入命令：

```
num=50;den=conv([0.2  1  0],[0.01  1]);margin(tf(num,den))
```

计算机绘制出系统的伯德图（见图7-7），并且计算出相应的幅值裕量、相角裕量和穿越频率。可知此时幅值裕量 $G_m=6.4444\text{dB}$，相角裕量 $P_m=9.3528°$，穿越频率 $\omega_{C1}=15.327\text{rad/s}$，系统的相角裕量不满足设计要求，需要进行滞后校正。

（3）求滞后校正器的传递函数。根据设计要求，选取校正后的相角裕量 $P_m=46°$。建立一个m文件（不妨命名为lagdgn.m），程序如下：

```
s=tf('s');          % 定义s为传递函数变量
Pm=46;Pfc=-180+Pm+10;   % Pm为希望的相角裕量,Pfc为此时相位角的值
G0=50/(s*(0.2*s+1)*(0.01*s+1));   % 校正前系统开环传递函数
[mag,phase,w]=bode(G0);
wc2=spline(phase,w,Pfc);                    % 计算期望的校正后系统穿越频率
d1=conv([0.2  1  0],[0.01  1]);
da=polyval(d1,j*wc2);Ga=50/da;g1=abs(Ga); % 计算穿越频率处幅值
```

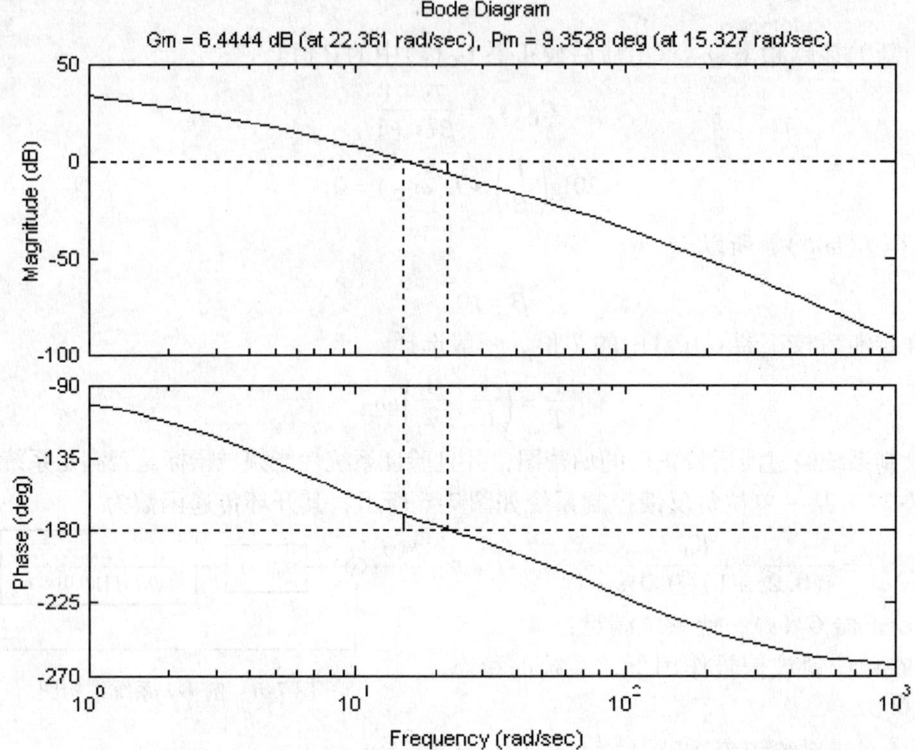

图 7-7 系统校正前的伯德图

```
L = 20 * log10(g1); beta = 10^(L/20);          % 计算 β 值
T = 1/(0.2 * wc2); betaT = beta * T;
Gc = tf([T  1],[betaT  1])                     % 得出 Gc(s)
G = Gc * G0;                     % 校正后的开环传递函数
margin(G)
```

在命令窗口键入该文件名 lagdgn 并按回车键，计算机就得出 $G_C(s)=\dfrac{1.588s+1}{21.33s+1}$。计算机同时绘出了校正后系统的伯德图，并且计算出幅值增益裕量、相角裕量和穿越频率为：$G_m=23.873\text{dB}$、$P_m=45.284°$、$\omega_{C2}=3.2\text{rad/s}$。显然，可以满足系统的性能指标要求。

7.2.3 滞后－超前校正器的伯德图设计

串联滞后—超前校正方法兼有滞后校正和超前校正的优点，校正后的系统响应速度也较快，超调量较小，同时抑制高频噪声的性能也较好。当被校正的系统不稳定，并且要求校正后系统的响应速度、相角裕量和稳态精度较高时，以采用串联滞后—超前校正为宜。该方法是利用滞后—超前校正器的超前部分来增大系统的相角裕量，同时又利用滞后部分来改善系统的稳态性能。

滞后—超前校正器的传递函数为

$$G_C(s)=G_{C1}(s)G_{C2}(s)=\frac{T_1s+1}{\beta T_1s+1}\,\frac{T_2s+1}{\alpha T_2s+1} \tag{7-13}$$

式中，$G_{C1}(s)=\dfrac{T_1 s+1}{\beta T_1 s+1}$为滞后校正器传递函数，$\beta>1$；$G_{C2}(s)=\dfrac{T_2 s+1}{\alpha T_2 s+1}$为超前校正器传递函数，$0<\alpha<1$。

在给出被控对象传递函数和性能指标的条件下，串联滞后—超前校正器设计步骤如下：

1）根据系统对稳态精度的要求，求出系统开环增益 K。

2）根据求得的开环增益 K，画出系统校正前的伯德图，并计算校正前系统的幅值裕量 G_m、相角裕量 P_m 和穿越频率 ω_C。检验这些指标是否符合要求，如果不符合要求，则需要进行下面的校正过程。

3）确定滞后校正器的参数。滞后校正器的传递函数为

$$G_{C1}(s)=\frac{T_1 s+1}{\beta T_1 s+1} \tag{7-14}$$

式中，$\beta>1$；$\dfrac{1}{T_1}$应该远小于校正前的穿越频率 ω_{C1}。工程上一般选择

$$\frac{1}{T_1}=0.1\omega_{C1} \tag{7-15}$$

$$\beta=8\sim10 \tag{7-16}$$

4）选取校正后系统的期望穿越频率 ω_{C2}。在选择 ω_{C2} 时，主要考虑两点：第一点，在 ω_{C2} 处校正后的系统幅值为0dB；第二点，在 ω_{C2} 处超前校正器提供的相位超前量达到系统所期望的相角裕量的要求。

5）确定超前校正器的传递函数。超前校正器的传递函数为

$$G_{C2}(s)=\frac{T_2 s+1}{\alpha T_2 s+1}\quad(0<\alpha<1) \tag{7-17}$$

如果原系统串联滞后校正器后的幅值为 $L(\omega_{C2})(\mathrm{dB})$，那么，经过滞后—超前校正后的期望穿越频率 ω_{C2} 处，应该满足 $20\lg\dfrac{1}{\alpha}+L(\omega_{C2})=0(\mathrm{dB})$，或 $20\lg\alpha=L(\omega_{C2})$，则

$$\alpha=10^{\frac{L(\omega_{C2})}{20}} \tag{7-18}$$

同时，因为

$$\omega_{C2}=\omega_m=\frac{1}{T_2\sqrt{\alpha}} \tag{7-19}$$

则由下式可确定 T_2

$$T_2=\frac{1}{\omega_{C2}\sqrt{\alpha}} \tag{7-20}$$

6）绘制系统经过滞后—超前校正后的伯德图，并且验证系统性能频域指标是否满足系统指标，如图7-8所示。

【例7-3】 某一单位负反馈控制系统如图7-9所示，其开环传递函数为

$$G(s)=\frac{K_0}{s(0.8s+1)(0.6s+1)}$$

设计滞后—超前校正器 $G_C(s)$，使系统满足：

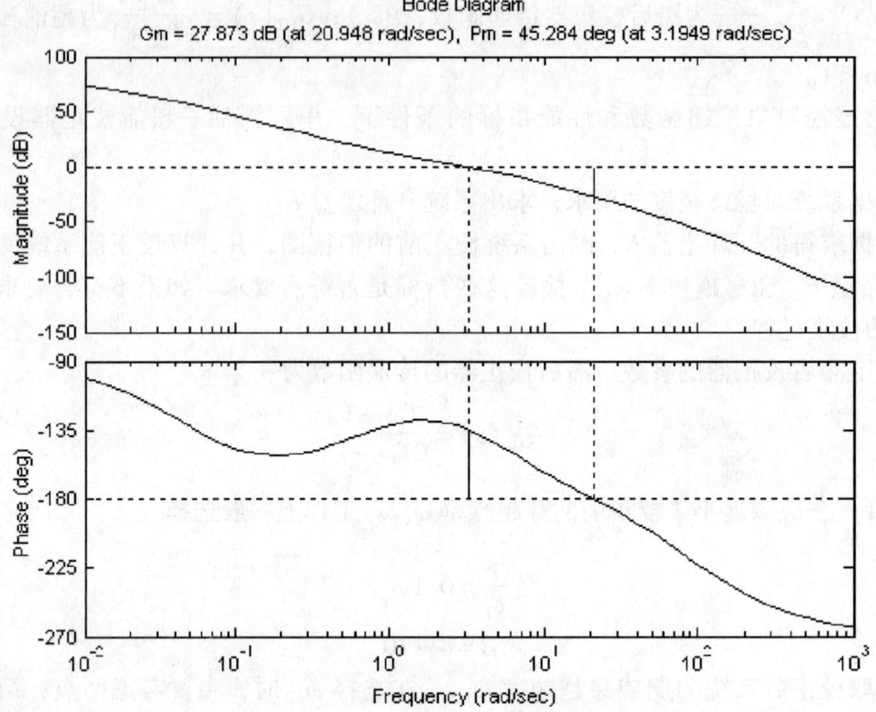

图 7-8　系统校正后的伯德图

（1）在单位斜坡信号作用下，系统的速度误差系数 $K_v = 10s^{-1}$；

（2）校正后系统相角裕量 P_m 的范围为：$50° \sim 60°$；

（3）校正后系统的穿越频率为：$\omega_{C2} \geqslant 1\text{rad/s}$。

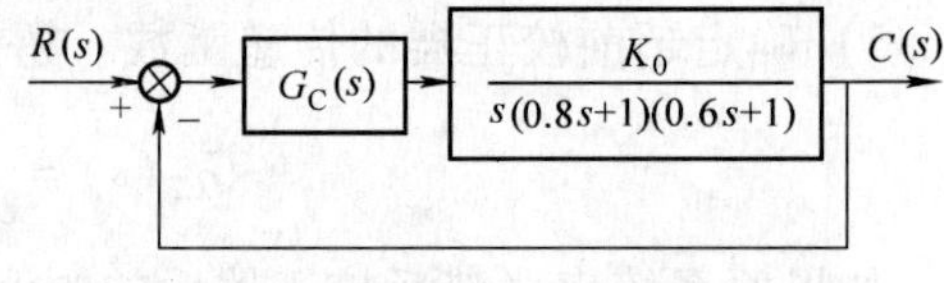

图 7-9　例 7-3 系统结构图

解　（1）根据稳态误差要求，在单位斜坡信号 $r(t)=t(t\geqslant 0)$ 作用下，$K_v = 10s^{-1}$；

$$K_v = \lim_{s\to 0} sG(s) = \lim_{s\to 0} s\frac{K_0}{s(0.8s+1)(0.6s+1)} = 10$$

因此，$K_0 = 10$。则被控对象的传递函数为

$$G(s) = \frac{10}{s(0.8s+1)(0.6s+1)}$$

（2）此时使用 MATLAB 中的命令 margin( )，来计算校正前系统的幅值裕量、相角裕量和穿越频率。输入命令：

```
num = 50; den = conv([0.2  1  0],[0.01  1]); margin(tf(num,den))
```

计算机绘制出系统的伯德图（见图 7-10），并且计算出相应的幅值裕量、相角裕量和穿越频率。可知此时幅值裕量 $G_m = -10.7\text{dB}$，相角裕量 $P_m = -29.6°$，穿越频率 $\omega_{C1} = 2.5\text{rad/s}$，系统不稳定，需要进行滞后—超前校正。

（3）求滞后校正器的传递函数。根据设计要求，选取校正后的相角裕量 $P_m = 55°$。建立一个 m 文件（不妨命名为 laglead. m），程序如下：

```
wc2 = 3;          % wc2 为可调参数,可选为 3
```

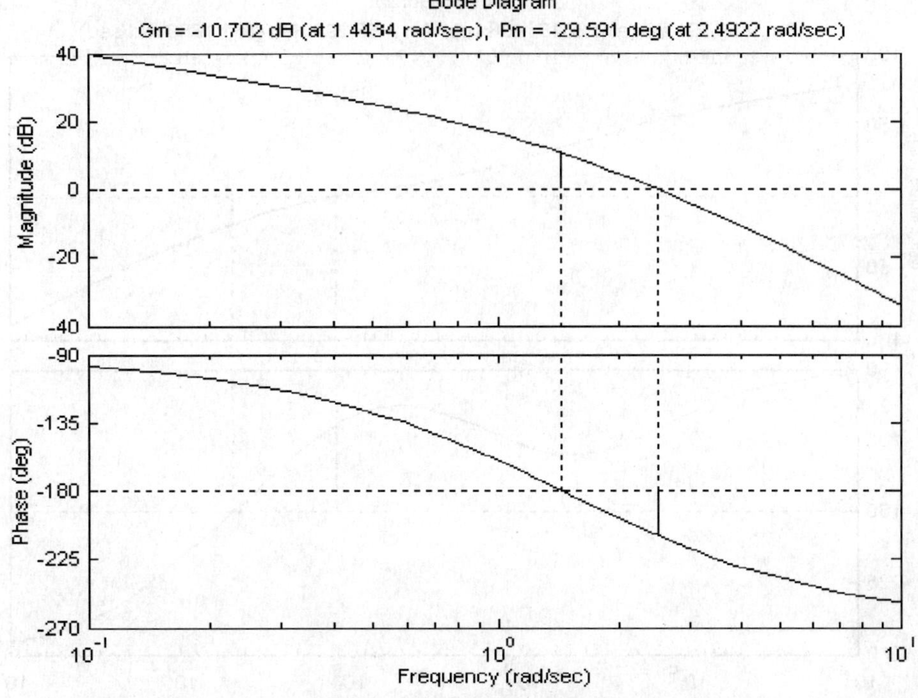

图 7-10 系统校正前的伯德图

```
s = tf('s');      % 定义 s 为传递函数变量
G0 = 10/(s * (0.8 * s + 1) * (0.6 * s + 1)); % 校正前系统开环传递函数
[Gm, Pm, wc1] = margin(G0); beta = 9;
T1 = 1/(0.1 * wc1); betaT = beta * T1;
Gc1 = tf([T1 1], [betaT 1]);   % 计算滞后校正器
Gs01 = G0 * Gc1;   % 计算原系统与滞后校正器串联后的传递函数
num = Gs01.num{1}; den = Gs01.den{1}; % 计算 Gs01 分子和分母多项式系数向量
na = polyval(num, j * wc2); da = polyval(den, j * wc2);
g1 = abs(na/da); L = 20 * log10(g1);
alfa = 10^(L/20);   % 计算 α 值
T2 = 1/(wc2 * sqrt(alfa)); alfaT = alfa * T2;
Gc2 = tf([T2 1], [alfaT 1]);   % 计算超前校正器
Gc = Gc1 * Gc2;   % 滞后—超前校正器的传递函数
G = G0 * Gc;      % 原系统与滞后—超前校正器串联后的传递函数
margin(G)
```

在运行以上程序时，采用试凑法调节 wc2 的值，直到满足系统要求的性能指标为止。在本例中，当 wc2 = 3 时，校正后系统的伯德图如图 7-11 所示。

计算机同时计算出幅值增益裕量、相角裕量和穿越频率为：$G_m = 19.29\text{dB}$、$P_m = 55.29°$、$\omega_{C2} = 1.189\text{rad/s}$。显然，可以满足系统的性能指标要求。系统滞后校正器为：$G_{C1}(s) = \dfrac{6.928s+1}{62.35s+1}$；超前校正器为 $G_{C2}(s) = \dfrac{1.267s+1}{0.08772s+1}$；而滞后—超前校正器为：$G_C(s) = G_{C1}(s)G_{C2}(s) = \dfrac{8.775s^2+8.195s+1}{5.47s^2+62.44s+1}$。

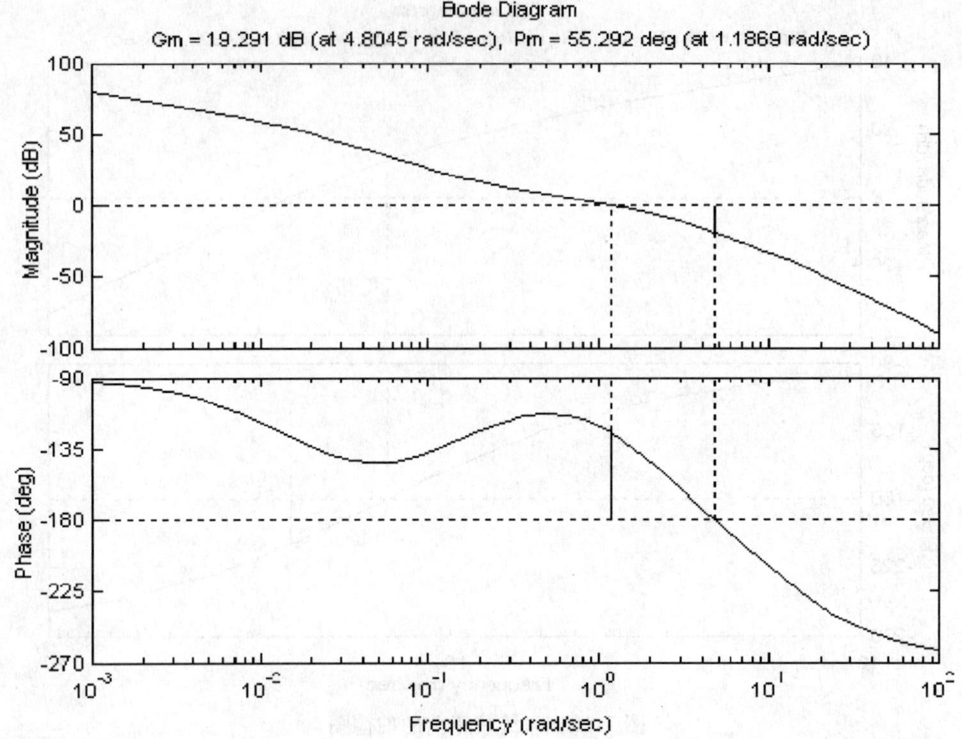

图 7-11 系统校正后的伯德图

7.3 PID 控制器设计

PID（比例 - 积分 - 微分）控制器是目前在实际工程中应用最为广泛的一种控制策略。PID 算法简单实用，不要求受控对象的精确数学模型。

7.3.1 PID 控制器的传递函数

1. 连续 PID 控制器的传递函数

控制系统结构如图 7-12 所示，连续系统 PID 控制器的表达式为

$$x(t) = K_P e(t) + K_I \int_0^t e(\tau)\mathrm{d}\tau + K_D \frac{\mathrm{d}e(t)}{\mathrm{d}t} \quad (7\text{-}21)$$

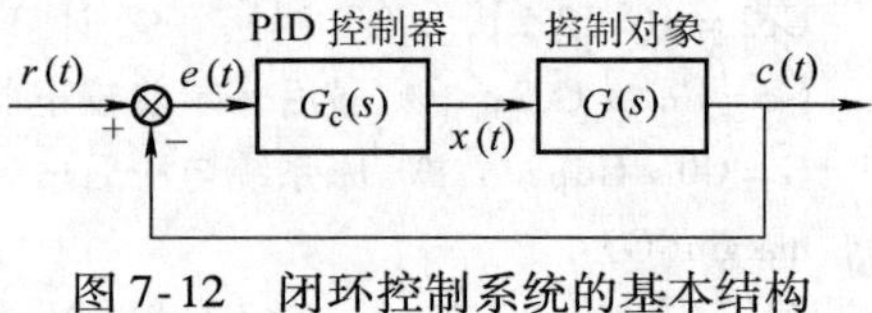

图 7-12 闭环控制系统的基本结构

式中，K_P、K_I 和 K_D 分别为比例系数、积分系数和微分系数，分别是这些运算的加权系数。

对式（7-21）进行拉普拉斯变换，整理后得到连续 PID 控制器的传递函数为

$$G_C(s) = K_P + \frac{K_I}{s} + K_D s = K_P\left(1 + \frac{1}{T_I s} + T_D s\right) \quad (7\text{-}22)$$

显然，K_P、K_I 和 K_D 这 3 个参数一旦确定（注意：$T_I = K_P/K_I$，$T_D = K_D/K_P$），PID 控制器的性能也就确定下来。为了避免纯微分运算，通常采用近似的 PID 控制器，其传递函数为

$$G_C(s)=K_P\left(1+\frac{1}{T_I s}+\frac{T_D s}{0.1T_D s+1}\right) \tag{7-23}$$

2. 离散 PID 控制器

如果采样周期为 T，在第 k 个采样周期 $e(t)$ 的导数可近似表示为

$$\frac{\mathrm{d}e(t)}{\mathrm{d}t}=\frac{e(kT)-e[(k-1)T]}{T} \tag{7-24}$$

在 k 个采样周期内对 $e(t)$ 的积分可近似表示为

$$\int_0^{kT} e(t)\,\mathrm{d}t = T\sum_{m=0}^{k} e(mT) \tag{7-25}$$

因此，离散 PID 控制器的表达式为

$$x(kT) = K_P e(kT) + K_I T\sum_{m=0}^{k} e(mT) + K_D\frac{e(kT)-e[(k-1)T]}{T} \tag{7-26}$$

离散 PID 控制器的表达式可简化为

$$x(k) = K_P e(k) + K_I T\sum_{m=0}^{k} e(m) + K_D\frac{e(k)-e(k-1)}{T} \tag{7-27}$$

离散 PID 控制器的脉冲传递函数为

$$G_C(z)=K_P+\frac{K_I}{1-z^{-1}}+K_D(1-z^{-1}) \tag{7-28}$$

式中，K_P、K_I 和 K_D 分别为比例系数、积分系数和微分系数，分别是这些运算的加权系数。

7.3.2 PID 控制器各参数对控制性能的影响

PID 控制器的 K_P、K_I 和 K_D 这 3 个参数的大小决定了 PID 控制器的比例、积分和微分控制作用的强弱。下面通过一个直流电动机调速系统的实例来介绍使用期望特性法来确定这 3 个参数的过程。并且分析这 3 个参数分别是如何影响控制系统性能的。

【例 7-4】 某直流电动机速度控制系统如图 7-13 所示，采用 PID 控制方案，使用期望特性法来确定 K_P、K_I 和 K_D 这 3 个参数。建立该系统的 Simulink 模型，观察其单位阶跃响应曲线，并且分析这 3 个参数分别对控制性能的影响。

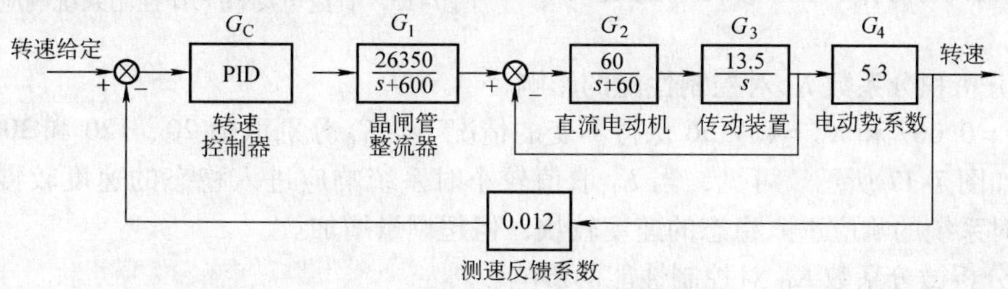

图 7-13　直流电动机 PID 控制系统

解　(1) 使用期望特性法来设计 PID 控制器。

首先，假设 PID 控制器的传递函数为：$G_C(s)=K_P+\frac{K_I}{s}+K_D s$，其中 K_P、K_I 和 K_D 这 3

个参数待定。图 7-13 所示的系统闭环的传递函数为

$$G_B(s)=\frac{113120550\times(K_Ds^2+K_Ps+K_I)}{s^4+660s^3+(36810+1357447K_D)s^2+(486000+1357447K_P)s+1357447K_I}$$

如果希望闭环极点为：-300、-300、$-30+j30$ 和 $-30-j30$，则期望特征多项式为：$s^4+660s^3+127800s^2+6480000s+162\times10^6$。对应系数相等，可求得：$K_D=0.067$，$K_P=4.4156$ 及 $K_I=119.34$。在命令窗口中输入这 3 个参数值，并且建立该系统的 Simulink 模型如图 7-14 所示。

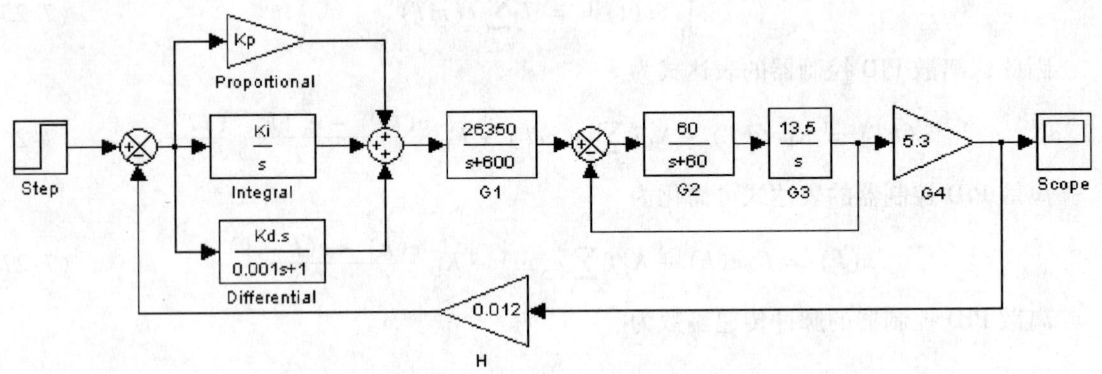

图 7-14　直流电动机 PID 控制系统的 Simulink 仿真模型

输入信号为单位阶跃信号，在 $t=1$s 时从 0 变化到 1。系统响应曲线如图 7-15 所示。

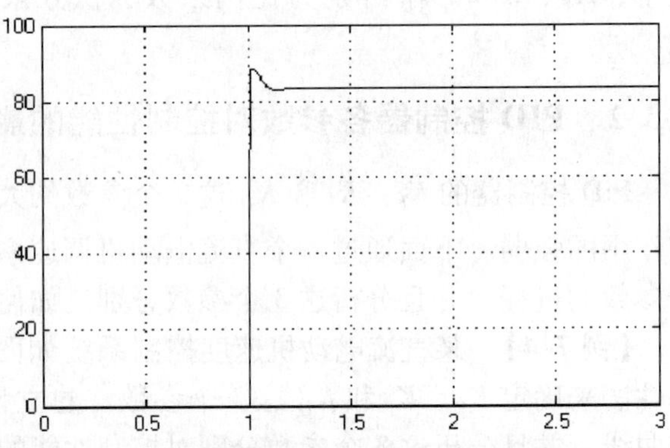

图 7-15　直流电动机 PID 控制系统响应曲线

（2）分析比例系数 K_P 对控制性能的影响

在 $K_I=119.34$ 和 $K_D=0.067$ 保持不变的情况下，K_P 分别取值 0.5、5 和 20，系统的响应曲线如图 7-16 所示。可见，当 K_P 取值较小时系统的响应较慢。而当 K_P 取值较大时系统的响应较快，但超调量增加。

（3）分析积分系数 K_I 对控制性能的影响

在 $K_D=0.067$ 和 $K_P=4.4156$ 保持不变的情况下，K_I 分别取值 20、120 和 300，系统的响应曲线如图 7-17 所示。可见，当 K_I 取值较小时系统响应进入稳态的速度较慢。而当 K_I 取值较大时系统的响应进入稳态的速度较快，但超调量增加。

（4）分析微分系数 K_D 对控制性能的影响

在 $K_P=4.4156$ 和 $K_I=119.34$ 保持不变的情况下，K_D 分别取值 0.01、0.07 和 0.2，系统的响应曲线如图 7-18 所示。可见，当 K_D 取值较小时系统响应对变化趋势的调节较慢，超调量较大。而当 K_D 取值较大时系统的响应进入稳态的速度较快。但是超调量增加。当 K_D 取值过大时，对变化趋势的调节过强，阶跃响应的初期出现尖脉冲。

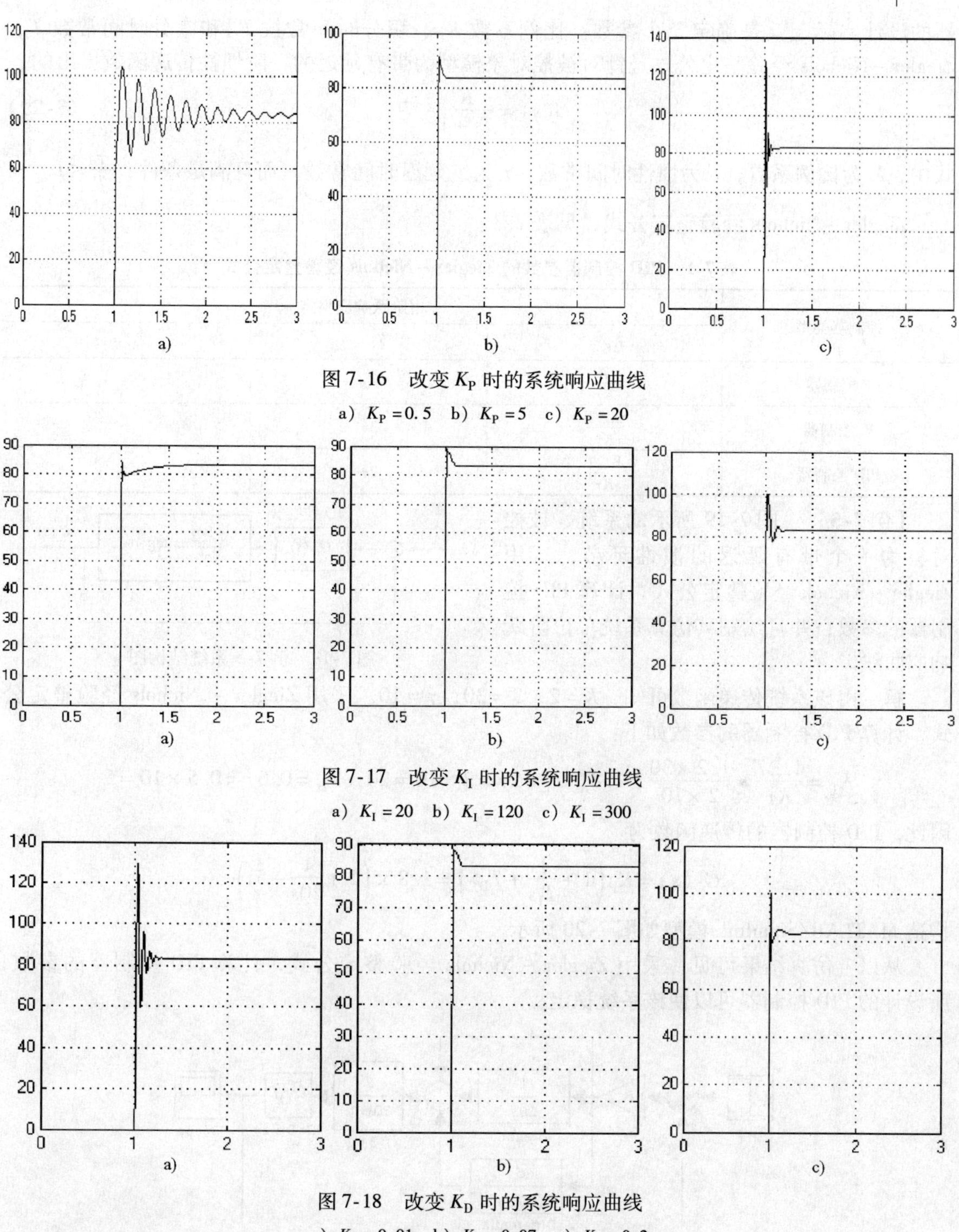

图 7-16　改变 K_P 时的系统响应曲线

a）$K_P=0.5$　b）$K_P=5$　c）$K_P=20$

图 7-17　改变 K_I 时的系统响应曲线

a）$K_I=20$　b）$K_I=120$　c）$K_I=300$

图 7-18　改变 K_D 时的系统响应曲线

a）$K_D=0.01$　b）$K_D=0.07$　c）$K_D=0.2$

7.3.3　使用 Ziegler－Nichols 经验整定公式进行 PID 控制器设计

假设 PID 控制器的传递函数为：$G_C(s)=K_P+\frac{K_I}{s}+K_Ds=K_P\left(1+\frac{1}{T_Is}+T_Ds\right)$，则 PID 控制

器的设计实际上就是确定 3 个参数：比例系数 K_P、积分时间常数 T_I 和微分时间常数 T_D。Ziegler－Nichols 经验整定公式是针对被控对象模型为带有延迟的一阶惯性传递函数提出的：

$$G(s)=\frac{K}{Ts+1}e^{-\tau s} \tag{7-29}$$

式中，K 为比例系数；T 为惯性时间常数；τ 为纯延迟时间常数。而且满足条件：$\frac{\tau}{T}\leqslant 1$。

Ziegler－Nichols 经验整定公式，见表 7-1。

表 7-1 PID 控制器参数的 Ziegler－Nichols 经验整定公式

控制器类型	由阶跃响应整定		
	$K_P=$	$T_I=$	$T_D=$
P 控制器	$\frac{T}{K\tau}$	—	—
PI 控制器	$\frac{0.9T}{K\tau}$	3τ	—
PID 控制器	$\frac{1.2T}{K\tau}$	2τ	0.5τ

【例 7-5】 图 7-19 所示的系统，被控对象为一个带有延迟的惯性环节，试用 Ziegler－Nichols经验整定公式，计算 PID 控制器的参数，并且绘制其仿真系统单位阶跃响应曲线。

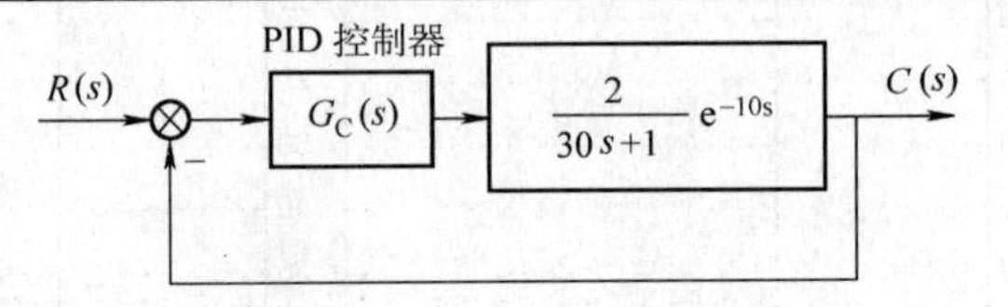

图 7-19 例 7-5 系统结构图

解 由该系统传递函数可知，$K=2$，$T=30$，$\tau=10$。采用 Ziegler－Nichols 经验整定公式，计算 PID 控制器的参数如下：

$$K_P=\frac{1.2T}{K\tau}=\frac{1.2\times 30}{2\times 10}=1.8,\quad T_I=2\tau=2\times 10=20,\quad T_D=0.5\tau=0.5\times 10=5$$

因此，PID 控制器的传递函数为

$$G_C(s)=K_P\left(1+\frac{1}{T_Is}+T_Ds\right)=1.8\times\left(1+\frac{1}{20s}+5s\right)$$

构造 MATLAB/Simulink 模型如图 7-20 所示。

从以上仿真结果可见，采用 Ziegler－Nichols 经验整定公式，计算 PID 控制器的参数，所设计的 PID 控制器可以使该系统稳定。

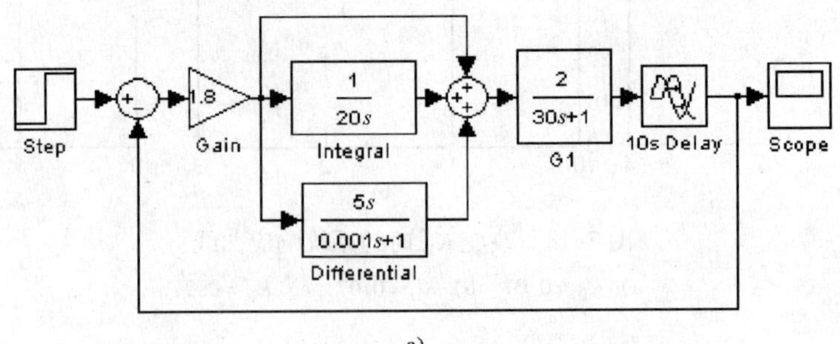

a)

图 7-20 例 7-5 系统仿真结构图和仿真曲线

a) 仿真结构图

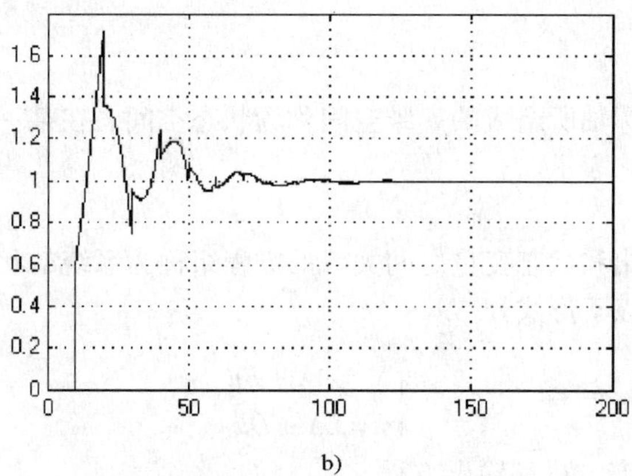

b)

图 7-20　例 7-5 系统仿真结构图和仿真曲线（续）

b）仿真曲线

7.4　基于状态空间模型的控制器设计方法

对于自动控制系统可以采用多种数学模型来描述，如微分方程、传递函数、状态空间表达式等。其中，状态空间表达式模型是最新型与最科学的描述方法。它能够全面地表达系统的全部状态信息。它不仅可以描述线性系统，而且可以描述非线性系统。状态空间模型既能够描述单输入单输出（SISO）系统，也能够描述多输入多输出（MIMO）系统。因此，状态空间模型是现代控制理论的基础。

7.4.1　状态空间表达式的基本概念以及状态方程的解

在现代控制理论中，用状态变量法来描述系统，这时控制系统是用一阶矩阵向量微分方程来描述的。采用矩阵表示法来描述系统，其数学表达式简洁明了、方便高效，并且容易用计算机求解。以下是几个相关的基本概念：

1. 状态

动力学系统的状态可以定义为系统的集合。在未来已知系统外部输入的条件下，这些信息对于确定系统未来的行为是充分必要的。因此，动力学系统在 t_1 时刻的状态由 t_0 时刻的状态和 $t_0 \leqslant t \leqslant t_1$ 时间内的输入唯一确定，而与 t_0 时刻以前的状态和输入无关。

2. 状态变量

动力学系统的状态变量是确定动力学系统状态的最小一组变量。如果以最少的 n 个变量 $x_1(t)$、$x_2(t)$、…、$x_n(t)$ 就可以完全描述动力学系统的行为，则这样的 n 个变量 $x_1(t)$、$x_2(t)$、…、$x_n(t)$ 就是系统的一组变量。要注意：系统状态变量的选择不是唯一的。

3. 状态向量

如果完全描述一个给定系统的动态行为需要 n 个状态变量，那么可以将这些状态变量看做是向量 $X(t)$ 的各个分量，即

$$X(t) = \begin{bmatrix} x_1(t) \\ x_2(t) \\ \vdots \\ x_n(t) \end{bmatrix} \tag{7-30}$$

$X(t)$称为 n 维状态向量。

4. 状态空间

以各状态变量为坐标轴所组成的 n 维空间称为状态空间。在某一时刻的状态向量则可以用状态空间的某一个点来表示。

5. 状态空间表达式

描述系统输入、输出和状态变量之间关系的方程组称为系统的状态空间表达式，对于线性定常系统而言，具有以下形式：

$$\begin{cases}\dot{X}=AX+Bu\\ y=CX+Du\end{cases} \tag{7-31}$$

式（7-31）分别称为状态方程和输出方程。

6. 系统状态方程的解

如果状态方程是齐次的，即 $\dot{X}=AX$，其解为

$$X(t)=e^{At}X(0)=\boldsymbol{\Phi}(t)X(0) \tag{7-32}$$

如果状态方程是非齐次的，即 $\dot{X}=AX+Bu$

$$X(t)=e^{At}X(0)+\int_0^t e^{A(t-\tau)}Bu(\tau)\,d\tau=\boldsymbol{\Phi}(t)X(0)+\int_0^t \boldsymbol{\Phi}(t-\tau)Bu(\tau)\,d\tau \tag{7-33}$$

【例 7-6】 已知线性系统齐次状态方程为

$$\dot{X}=\begin{bmatrix}0 & 1\\ -2 & -3\end{bmatrix}X,\quad X(0)=\begin{bmatrix}1\\ 0\end{bmatrix}$$

求系统状态方程的解。

解 用以下 MATLAB 程序计算齐次状态方程的解，其中 collect( ) 函数的作用是合并同类项，而 ilaplace( ) 函数的作用是求取拉普拉斯逆变换，det( ) 函数的作用是求方阵的行列式。

```
syms s phi0;% 声明符号变量
A=[0  1;-2  -3];I=[1  0;0  1];
E=s*I-A;C=det(E);D=collect(inv(E));
phi0=ilaplace(D)
x0=[1;0];x=phi0*x0
```

程序执行后：

```
phi0 =
[ -exp(-2*t)+2*exp(-t), exp(-t)-exp(-2*t)]
[ -2*exp(-t)+2*exp(-2*t), 2*exp(-2*t)-exp(-t)]
x =
[ -exp(-2*t)+2*exp(-t)]
[ -2*exp(-t)+2*exp(-2*t)]
```

即

$$\boldsymbol{\Phi}(t)=\begin{bmatrix}2e^{-t}-e^{-2t} & e^{-t}-e^{-2t}\\ -2e^{-t}+2e^{-2t} & -e^{-t}+2e^{-2t}\end{bmatrix},X(t)=\begin{bmatrix}2e^{-t}-e^{-2t}\\ -2e^{-t}+2e^{-2t}\end{bmatrix}$$

【例 7-7】 已知系统状态方程为

$$\dot{X}=\begin{bmatrix}0 & 1\\ -2 & -3\end{bmatrix}X+\begin{bmatrix}0\\ 1\end{bmatrix}u,\quad X(0)=\begin{bmatrix}0\\ 1\end{bmatrix},\quad u(t)=1(t)$$

求系统状态方程的解。其中，语句 phi = subs（phi0，'t'，（t - tao））表示将符号变量 phi0

中的自变量 t 用（t - tao）代换就构成了符号变量 phi，而语句 x2 = int（F，tao，0，t）表示符号变量 F 对 tao 在 0 到 t 的积分区间上求积分，运算结果返回到 x2。

```
syms s t x0 x tao phi phi0;   % 声明符号变量
A = [0 1; -2  -3];I = [1 0;0 1];B = [0;1];
E = s * I - A;C = det(E);D = collect(inv(E));
phi0 = ilaplace(D);x0 = [1;0];x1 = phi0 * x0;

phi = subs(phi0,'t',(t - tao));
F = phi * B * 1;x2 = int(F,tao,0,t);
x = collect(x1 + x2)
```

程序执行结果为：

```
x =
[ -1/2 * exp( -2 * t) + exp( -t) + 1/2]
[             -exp( -t) + exp( -2 * t)]
```

即

$$X(t) = \begin{bmatrix} 0.5 + e^{-t} - 0.5e^{-2t} \\ -e^{-t} + e^{-2t} \end{bmatrix}$$

7.4.2 状态反馈极点配置控制器设计

线性系统是状态能控时，可以通过状态反馈来任意配置系统的极点。把极点配置到 s 左半平面所希望的位置上，则可以获得满意的控制特性。

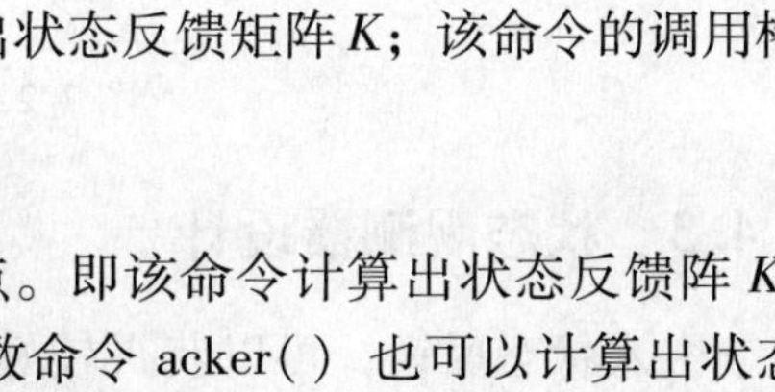

图 7-21 状态反馈系统结构

系统结构如图 7-21 所示。

状态反馈的系统方程为

$$\dot{X} = (A - BK)X + Bv, \ y = CX$$

在 MATLAB 中，用函数命令 place( ) 可以方便地求出状态反馈矩阵 K；该命令的调用格式为

$$K = \text{place}(A, B, P)$$

式中，P 为一个行向量，其各分量为所希望配置的各极点。即该命令计算出状态反馈阵 K，使得（$A - BK$）的特征值为向量 P 的各个分量。使用函数命令 acker( ) 也可以计算出状态矩阵 K，其作用和调用格式与 place( ) 相同，只是算法有些差异。

【例 7-8】 线性控制系统的状态方程为

$$\dot{X} = AX + Bu \qquad y = CX$$

其中 $A = \begin{bmatrix} -6 & -11 & -6 \\ 1 & 0 & 0 \\ 0 & 1 & 0 \end{bmatrix}$；$B = \begin{bmatrix} 1 \\ 0 \\ 0 \end{bmatrix}$，$C = [0 \quad 0 \quad 10]$ 要求确定状态反馈矩阵，使状态反馈系统极点配置为：$s_1 = -10$，$s_2 = -11$，$s_3 = -12$。

解 首先判断系统的能控性，输入以下语句：

```
A = [-6   -11   -6;1  0  0;0  1  0];B = [1;0;0];
```

```
r = rank(ctrb(A,B))
```

语句执行结果为:

```
r =
     3
```

这说明系统能控性矩阵满秩，系统能控，可以应用状态反馈，任意配置极点。

输入以下语句:

```
A = [ -6   -11   -6;1   0   0;0   1   0];B = [1;0;0];C[0   0   10];
P = [ -10   -11   -12];
K = place(A,B,P)
```

语句执行结果为:

```
K =
   1.0e +003 *
      0.0270   0.3510   1.3140
```

计算结果表明，状态反馈矩阵为 $K=(27\quad 351\quad 1314)$。如果将输入语句中的 $K=\text{place}(A,B,P)$ 改为 $K=\text{acker}(A,B,P)$，可以得到同样的结果。

用 MATLAB/Simulink 构造这一状态反馈控制系统模型如图 7-22 所示。在输入 A、B、C、P，并且运行命令 $K=\text{place}(A,B,P)$ 之后，使 Workspace 中已经存在矩阵 A、B、C、P 和 K，并且在积分器中设置初值，然后运行该仿真模型。运行结果（见图 7-23）显示状态反馈控制系统的动态性能良好。

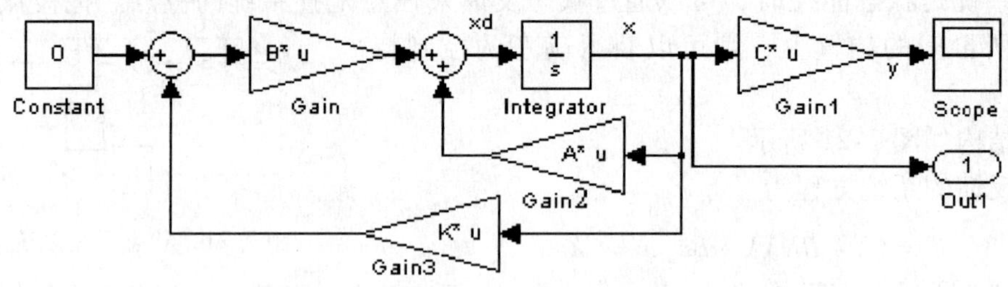

图 7-22 例 7-8 状态反馈系统反馈模型

7.4.3 状态观测器设计

引入状态反馈，可以获得较好的系统性能。可是需要测量系统全部的状态变量。而在实际系统中，大部分状态变量很难直接测量到。例如，系统中的某些状态变量是基于系统的结构特性，其本身无物理意义，因而无法测量；有些状态变量虽然可以测量，但是所需的传感器价格昂贵；有些状态变量信号很微弱且易混进噪声，因此，为了实现状态反馈控制，可以构造一个模型，利用已知信息（如输入量和输出量）对系统状态进行估计。这样构造的虚拟系统可以用来对实际系统的状态变量进行观

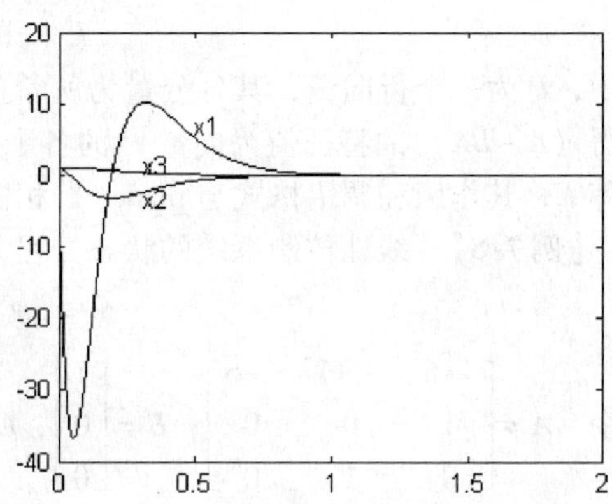

图 7-23 例 7-8 状态反馈控制系统仿真结果

测，进而使用状态变量的估计值 $\hat{X}$ 代替实际测量值 X，进行状态反馈控制。具有状态观测器的系统结构如图7-24所示。

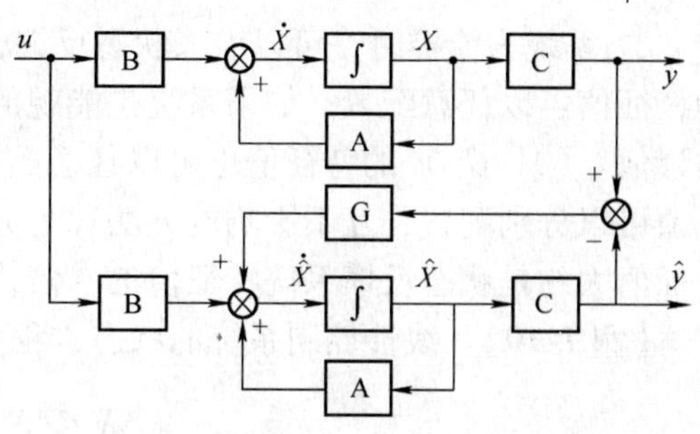

图7-24 具有状态观测器的系统结构图

【例7-9】 某线性控制系统的状态方程为

$$X = AX + Bu, \qquad y = CX$$

式中，$A=\begin{bmatrix}1&0&0\\0&2&1\\0&0&2\end{bmatrix}$;$B=\begin{bmatrix}1\\0\\1\end{bmatrix}$;$C[1\ 1\ 0]$,要求设计系统状态观测器,要求状态观测器的特征值为:-3、-4、-5。

解 首先判断系统的能观测性，输入以下语句:

```
A=[1 0 0;0 2 1;0 0 2];B=[1;0;1];C=[1 1 0];
r=rank(obsv(A,C))
```

语句运行结果为:

```
r=

   3
```

这说明系统能观测性矩阵满秩，系统能观，可以设计状态观测器。

输入以下语句:

```
A=[1 0 0;0 2 1;0 0 2];B=[1;0;1];C=[1 1 0];
A1=A';C1=C';P=[-3 -4 -5];
G1=acker(A1,C1,P);
G=G1'
```

语句运行结果为:

```
G=

   120
  -103
   210
```

计算结果表明，状态观测器矩阵为

$$G=\begin{bmatrix}120\\-103\\210\end{bmatrix}$$

状态观测器的方程为

$$\dot{\hat{X}}=(A-GC)\hat{X}+Gy+Bu=\begin{bmatrix}-119&-120&0\\103&105&1\\-210&-210&2\end{bmatrix}\hat{X}+\begin{bmatrix}120\\-103\\210\end{bmatrix}y+\begin{bmatrix}1\\0\\1\end{bmatrix}u$$

7.4.4 基于状态观测器状态反馈控制系统

单输入单输出线性定常系统方程为

$$\begin{cases}\dot{X}=AX+Bu\\y=CX\end{cases} \tag{7-34}$$

当系统为能控时，可以引入状态反馈，任意配置状态反馈系统的特征值，即 $(A-BK)$ 的特征值可以任意配置。如果系统是能观的，则可以构造状态观测器，得到系统状态变量的估计值。$(A-GC)$ 的特征值也可以任意配置。这种 $(A-BK)$ 的特征值和 $(A-GC)$ 的特征值可以分别配置，互不影响的方法称为分离原理。应注意，在系统设计时，状态观测器的特征值大约是状态反馈系统特征值的4倍，从而保证状态观测器有快的瞬态过程。

【例7-10】 线性控制系统的状态方程为

$$\dot{X}=AX+Bu\;;\;y=CX$$

式中，$A=\begin{bmatrix}-6 & -11 & -6\\ 1 & 0 & 0\\ 0 & 1 & 0\end{bmatrix}$；$B=\begin{bmatrix}1\\0\\0\end{bmatrix}$，$C=[0\quad 0\quad 10]$要求设计具有状态观测器的状态反馈控制系统（见图7-25），使状态观测器的极点为：-8、-8.5、-9，状态反馈系统极点配置为：-2、-2.5、-3。输入信号为单位阶跃信号。

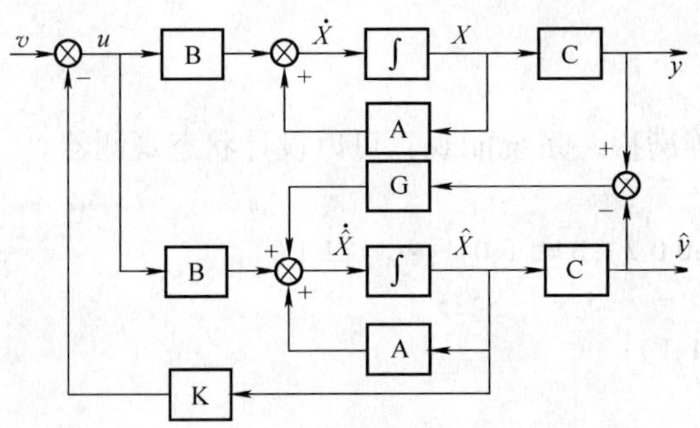

图7-25 具有状态观测器的状态反馈控制系统结构

解 首先判断系统的能控性和能观性，输入以下语句：

```
A=[-6  -11  -6;1  0  0;0  1  0];B=[1;0;0];C=[0  0  10];
rc=rank(ctrb(A,B))
ro=rank(obsv(A,C))
```

语句运行结果为：

```
rc =              ro =

     3                 3
```

这表明系统能控性矩阵满秩，系统能控，可以进行状态反馈极点配置；能观性矩阵满秩，系统能观，可以设计状态观测器。因此，可以设计具有状态观测器的状态反馈控制系统。

再输入以下命令：

```
P=[-2  -2.5  -3];K=place(A,B,P)
P1=[-8  -8.5  -9];G1=place(A',C',P1);G=G1'
```

计算出状态反馈矩阵 K 和状态观测器矩阵 G 如下：

```
K =

    1.5000    7.5000    9.0000
```

G =
 -13.9500
 8.8500
 1.9500

图7-26就是所设计的具有状态观测器的状态反馈控制系统Simulink仿真模型。在积分器中设置初值，然后运行该仿真模型。运行结果（见图7-27）显示状态反馈控制系统的动态性能良好。

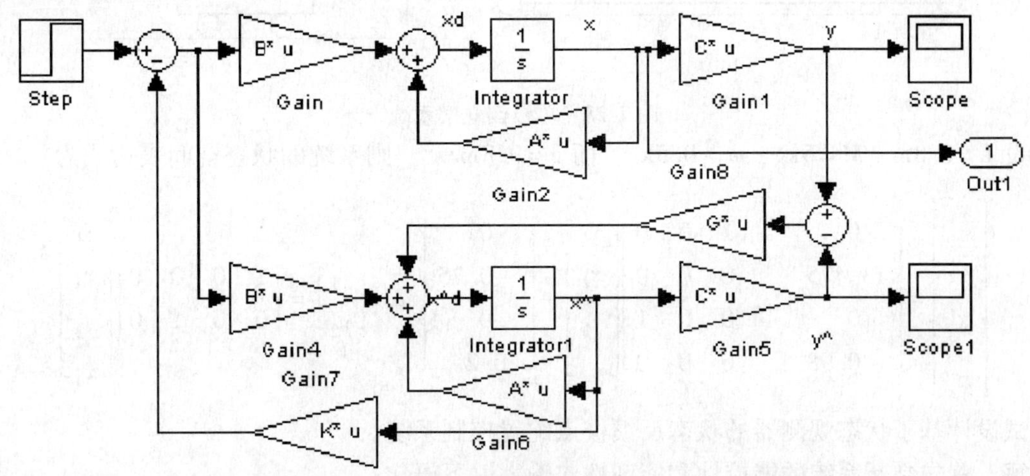

图7-26　具有状态观测器的状态反馈控制系统仿真模型

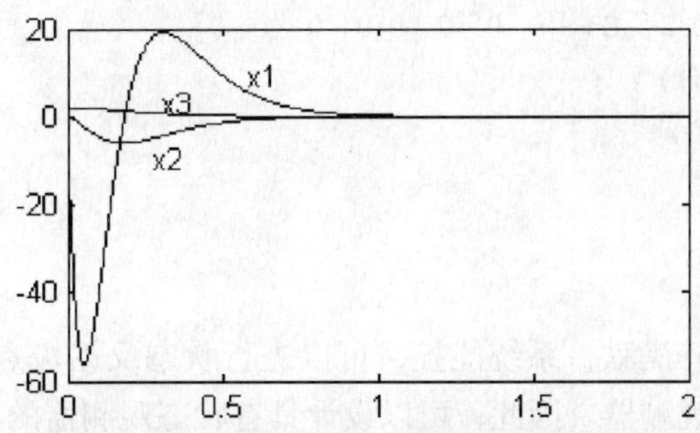

图7-27　具有状态观测器的状态反馈控制系统仿真结果

【例7-11】　与图6-6类似的另一台单级倒立摆系统如图7-28所示。摆杆长度为L，摆球质量（包括摆杆质量）为m，小车的质量为M，重力加速度为g。

选择状态变量：$x_1=\theta$，$x_2=\dot{\theta}$，$x_3=y$，$x_4=\dot{y}$。则其状态空间表达式为

$$\begin{bmatrix}\dot{x}_1\\\dot{x}_2\\\dot{x}_3\\\dot{x}_4\end{bmatrix}=\begin{bmatrix}0 & 1 & 0 & 0\\\dfrac{(M+m)\ g}{ML} & 0 & 0 & 0\\0 & 0 & 0 & 1\\-\dfrac{mg}{M} & 0 & 0 & 0\end{bmatrix}\begin{bmatrix}x_1\\x_2\\x_3\\x_4\end{bmatrix}+\begin{bmatrix}0\\-\dfrac{1}{ML}\\0\\\dfrac{1}{M}\end{bmatrix}u,\quad\begin{bmatrix}y_1\\y_2\end{bmatrix}=\begin{bmatrix}1 & 0 & 0 & 0\\0 & 0 & 1 & 0\end{bmatrix}\begin{bmatrix}x_1\\x_2\\x_3\\x_4\end{bmatrix}$$

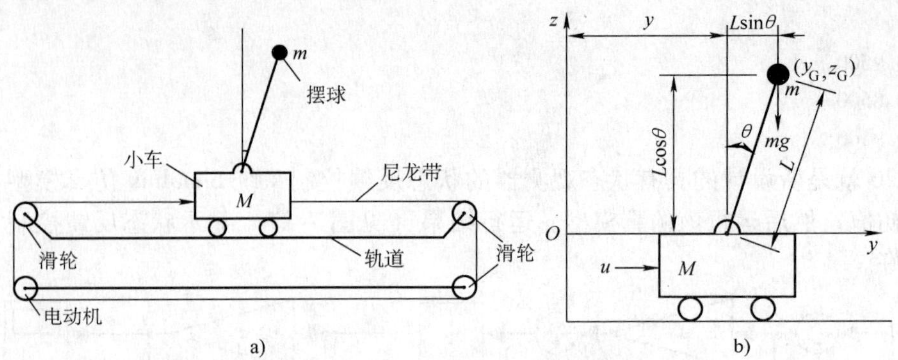

图 7-28 单级倒立摆系统

设 $L=0.8\text{m}$、$M=5\text{kg}$、$m=0.5\text{kg}$，而 $g=9.8\text{m/s}^2$。则系统的状态空间表达式为

$$\begin{bmatrix}\dot{x}_1\\ \dot{x}_2\\ \dot{x}_3\\ \dot{x}_4\end{bmatrix}=\begin{bmatrix}0 & 1 & 0 & 0\\ 13.475 & 0 & 0 & 0\\ 0 & 0 & 0 & 1\\ -0.98 & 0 & 0 & 0\end{bmatrix}\begin{bmatrix}x_1\\ x_2\\ x_3\\ x_4\end{bmatrix}+\begin{bmatrix}0\\ -0.25\\ 0\\ 0.2\end{bmatrix}u,\quad \begin{bmatrix}y_1\\ y_2\end{bmatrix}=\begin{bmatrix}1 & 0 & 0 & 0\\ 0 & 0 & 1 & 0\end{bmatrix}\begin{bmatrix}x_1\\ x_2\\ x_3\\ x_4\end{bmatrix}$$

试设计基于状态观测器的状态反馈极点配置控制系统。

解 首先判断系统的能控性和能观性，输入以下语句：

```
A=[0  1  0  0;13.475  0  0  0;0  0  0  1;-0.98  0  0  0];
B=[0;-0.25;0;0.2];C=[1  0  0  0;0  0  1  0];
rc=rank(ctrb(A,B))
ro=rank(obsv(A,C))
```

语句运行结果为：

```
rc =              ro =

     4                 4
```

这表明系统能控性矩阵满秩，系统能控，可以进行状态反馈极点配置；能观性矩阵满秩，系统能观，可以设计状态观测器。因此，可以设计具有状态观测器的状态反馈控制系统。

再输入以下命令：eig(A)，计算出系统矩阵 A 的特征值为

```
ans =
        0
        0
   3.6708
  -3.6708
```

因此，可以配置控制系统的极点为：−5、−5.2、−5.6、−6，并且可设计状态观测器的极点为：−20、−21、−22、−23。输入并且运行以下命令：

```
P=[-5  -5.2  -5.6  -6]; K=place(A,B,P)
P1=[-20  -21  -22  -23];G1=place(A',C',P1);G=G1'
```

计算出状态观测器矩阵和状态反馈矩阵分别为：

```
G =
```

```
   42.8514     1.0395
  417.8315    22.3914
    0.9384    43.1486
   19.1727   464.6411
K =
   1.0e+003 *
  -1.0508    -0.2976    -0.3566    -0.2630
```

即：$G=\begin{bmatrix}42.85 & 1.04\\ 471.83 & 22.39\\ 0.94 & 43.15\\ 19.17 & 464.64\end{bmatrix}$ 以及 $K=[-1050.8 \quad -297.6 \quad -356.6 \quad -263.0]$。

图 7-29 就是所设计的具有状态观测器的状态反馈控制系统 Simulink 仿真模型。在积分器中设置初值，然后运行该仿真模型。运行结果（见图 7-30）显示状态反馈控制系统的动态性能良好。

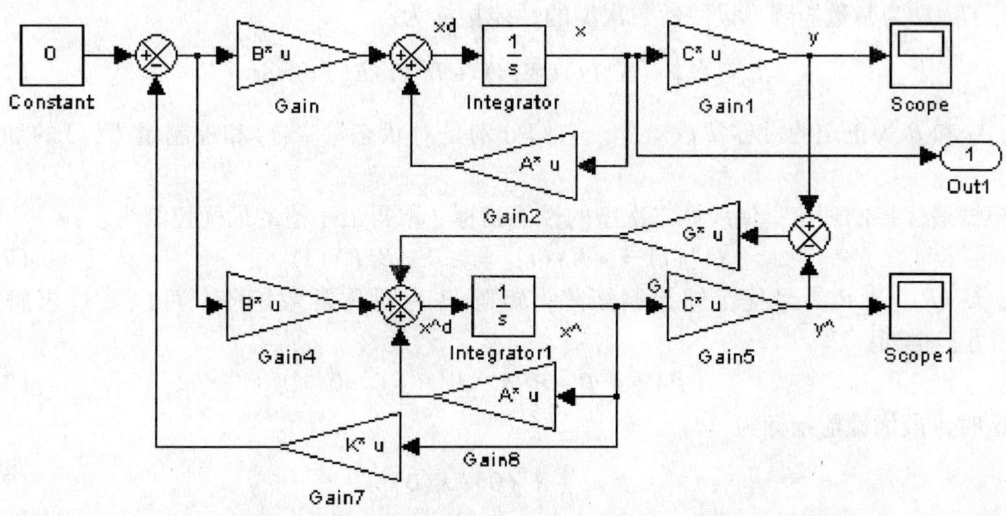

图 7-29　基于状态观测器的单级倒立摆系统状态反馈控制系统仿真模型

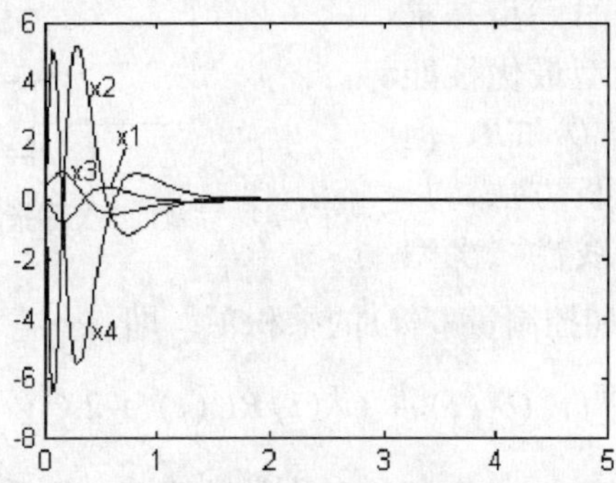

图 7-30　基于状态观测器的单级倒立摆系统状态反馈控制系统仿真结果

7.5* 线性二次型指标最优控制系统设计

7.5.1 线性二次型指标与黎卡提方程

最优控制系统是指在一定的具体条件下，在完成所要求的控制任务时，系统的某种性能指标达到最优值。根据系统的用途不同，其性能指标也不同。而最优控制就是确定所需要的控制信号以使系统的某种性能指标达到最优值。在实际的工程应用中，线性控制系统最优控制的性能指标通常采用二次型指标。它是最优控制系统的一种。本节将着重介绍线性连续定常系统二次型状态反馈最优控制系统设计。

对于线性定常系统，其状态空间表达式如下：

$$\begin{cases}\dot{X}(t)=AX(t)+BU(t)\\Y(t)=CX(t)+DU(t)\end{cases}\tag{7-35}$$

式中，$X(t)$为n维状态向量，其初始条件为$X(0)=X_0$；$U(t)$为p维控制向量，且不受约束；A、B、C、D为常数矩阵。设线性二次型的性能指标为

$$J=\frac{1}{2}\int_0^{\infty}[X^{\mathrm{T}}(t)QX(t)+U^{\mathrm{T}}(t)RU(t)]\mathrm{d}t\tag{7-36}$$

式中，Q和R为正定的对称常数矩阵，它们分别是对状态量$X(t)$和控制量$U(t)$的加权矩阵。

根据最优控制理论，使线性二次型的性能指标J取得最小值的最优控制为

$$U^*(t)=-KX(t)=-R^{-1}B^{\mathrm{T}}PX(t)\tag{7-37}$$

式中，$K=R^{-1}B^{\mathrm{T}}P$为最优反馈控制矩阵；矩阵P为对称常数矩阵，可以通过求解以下Riccati方程得到：

$$PA+A^{\mathrm{T}}P-PBR^{-1}B^{\mathrm{T}}P+Q=0\tag{7-38}$$

这时，最优性能指标为

$$J=\frac{1}{2}X^{\mathrm{T}}(0)PX(0)\tag{7-39}$$

线性二次型指标状态反馈最优控制系统结构如图7-31所示。

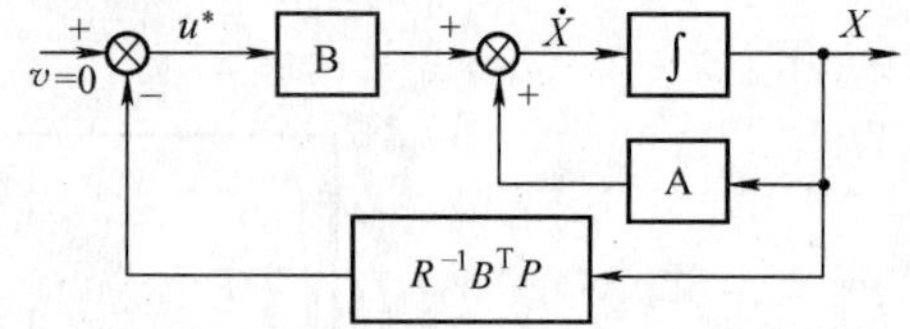

图7-31 线性二次型指标状态反馈最优控制系统结构

可见，设计线性二次型指标状态反馈最优控制系统的非常重要的一步是求解Riccati方程。而线性二次型最优性能指标J的确定取决于加权矩阵Q和R，但是这两个矩阵的选择没有解析方法，只能作定性的选择。如果考虑线性二次型性能指标中含有状态量$X(t)$和控制量$U(t)$的乘积项，即

$$J=\frac{1}{2}\int_0^{\infty}[X^{\mathrm{T}}(t)QX(t)+U^{\mathrm{T}}(t)RU(t)+2X^{\mathrm{T}}(t)NU(t)]\mathrm{d}t\tag{7-40}$$

式中，N为交叉乘积项的加权阵，是正定的对称常数矩阵。则系统的最优控制为

$$U^*(t)=-KX(t)=-R^{-1}(B^{\mathrm{T}}P+N^{\mathrm{T}})X(t)\tag{7-41}$$

式中，矩阵 P 是对称常数矩阵，满足以下代数 Riccati 方程：

$$PA + A^{\mathrm{T}}P - (PB + N)R^{-1}(B^{\mathrm{T}}P + N^{\mathrm{T}}) + Q = 0 \tag{7-42}$$

由此解出矩阵 P，可以得到系统的最优控制 $U^*(t)$。如果 $N=0$，则式（7-42）就成了式（7-38）。

7.5.2 设计线性二次型最优控制的 MATLAB 函数

MATLAB 提供了求解线性连续系统二次型状态最优控制的函数：lqr( )、lqr2( )与lqry( )。它们的调用格式为

$[K,S,E]=\mathrm{lqr}[A,B,Q,R,N]$

$[K,S,E]=\mathrm{lqr2}[A,B,Q,R,N]$

$[K,S,E]=\mathrm{lqry}[A,B,C,D,Q,R,N]$

式中，A、B、C、D 为系统状态空间表达式中的矩阵；Q 和 R 为线性二次型的性能指标式（7-36）中的矩阵；N 为线性二次型的性能指标式（7-40）中为交叉乘积项的加权阵；K 和 S 则分别对应是最优控制方程式（7-37）中的矩阵 K 和矩阵 P；E 为最优控制闭环系统的特征值，即特征方程 $\det(\lambda I-[A-BK])=0$ 的根。

lqr( )函数和 lqr2( )函数类似，只是 lqr2( )函数中采用了 Schar 算法，具有更好的稳定性。而 lqry( )函数是求解二次型输出反馈最优控制的，用输出反馈代替状态反馈，则最优控制方程就变成

$$U^*(t) = -KY(t) \tag{7-43}$$

其性能指标为

$$J = \frac{1}{2}\int_0^\infty [Y^{\mathrm{T}}(t)QY(t) + U^{\mathrm{T}}(t)RU(t)]\mathrm{d}t \tag{7-44}$$

这种输出反馈的最优控制称为准最优控制，通常性能不如状态反馈的最优控制好。

7.5.3 最优控制系统设计实例

【例 7-12】 已知连续系统状态方程与初始条件为

$$\begin{bmatrix}\dot{x}_1\\ \dot{x}_2\end{bmatrix}=\begin{bmatrix}0 & 0\\ 1 & 0\end{bmatrix}\begin{bmatrix}x_1\\ x_2\end{bmatrix}+\begin{bmatrix}1\\ 0\end{bmatrix}u;\begin{bmatrix}x_1(0)\\ x_2(0)\end{bmatrix}=\begin{bmatrix}0\\ 1\end{bmatrix}$$

性能指标为：$J = \int_0^\infty [x_2^2(t) + \frac{1}{4}u^2(t)]\mathrm{d}t$，试求最优控制 $u^*(t)$ 与最优性能指标 J^*。

解 选择矩阵：

$$Q=\begin{bmatrix}0 & 0\\ 0 & 2\end{bmatrix},\ R=\frac{1}{2}$$

编写 MATLAB 程序求解最优控制。

输入命令：

```
syms x1 x2;x=[x1;x2];x0=[0;1];
A=[0  0;1  0];B=[1;0];R=1/2;Q=[0  0;0  2];N[0;0];
[K,S,E]=lqr(A,B,Q,R,N)
u=-inv(R)*(B')*S*x
J=(1/2)*(x0')*S*x0
```

```
d=eig(A-B*inv(R)*(B')*S)
```

程序运行结果如下：

```
K =
    2.0000         2.0000
S =
    1.0000         1.0000
    1.0000         2.0000
E =
  -1.0000 + 1.0000i
  -1.0000 - 1.0000i
u =
 -2*x1 -2*x2
J =
    1.0000
d =
  -1.0000 + 1.0000i
  -1.0000 - 1.0000i
```

结果表明，Riccati 代数方程的解为以下常数正定矩阵（结果中的矩阵 S）

$$P=\begin{bmatrix}1 & 1\\ 1 & 2\end{bmatrix}$$

最优控制为：$u^*(t)=-2x_1(t)-2x_2(t)$

最优性能指标为：$J^*=1$

闭环特征值为：$\lambda_1=-1+\mathrm{j}$，$\lambda_2=-1-\mathrm{j}$。可见闭环系统为渐近稳定。

小　　结

本章介绍了多种用于自动控制系统设计的方法，包括频率特性法进行超前校正、滞后校正以及滞后-超前校正；PID 控制器的设计以及 3 个参数对系统动态性能有什么影响；基于状态反馈极点配置的设计方法以及状态观测器的设计；线性二次型指标系统最优控制方法。通过实例，读者可以学会如何使用 MATLAB 对一个控制系统进行设计，以满足其动态性能指标。

习　　题

7-1　已知某单位负反馈控制系统的开环传递函数为

$$G(s)=\frac{1}{s(0.1s+1)(0.01s+1)}$$

请设计一个串联校正控制器 $G_C(s)$，要求系统性能指标如下：相角裕度 $\gamma=45°$，开环增益 $K>200$，穿越频率 $\omega_C<15$。

7-2　某过程控制系统如图 7-32 所示，请使用 Ziegler-Nichols 经验整定公式设计 PID 控制器，使系统的动态性能最佳。

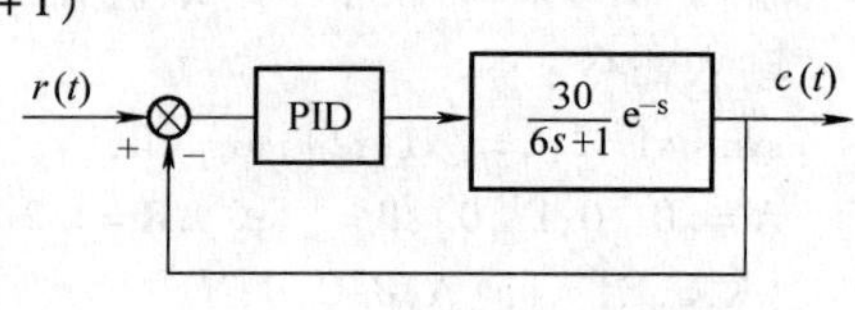

图 7-32　习题 7-2 图

第 8 章　电力系统工具箱及其应用实例

SimPowerSystems 需要在 Simulink 的环境下运行。要掌握 SimPowerSystems 工具箱，必须了解电路的建模与仿真。SimPowerSystems 可以对电路系统、电力电子系统、电机系统、电力传输系统等进行仿真。

8.1　SimPowerSystems（电力系统）模块集简介

可以在 Simulink 库浏览器中直接打开“SimPowerSystems”模块集，如图 8-1 所示。

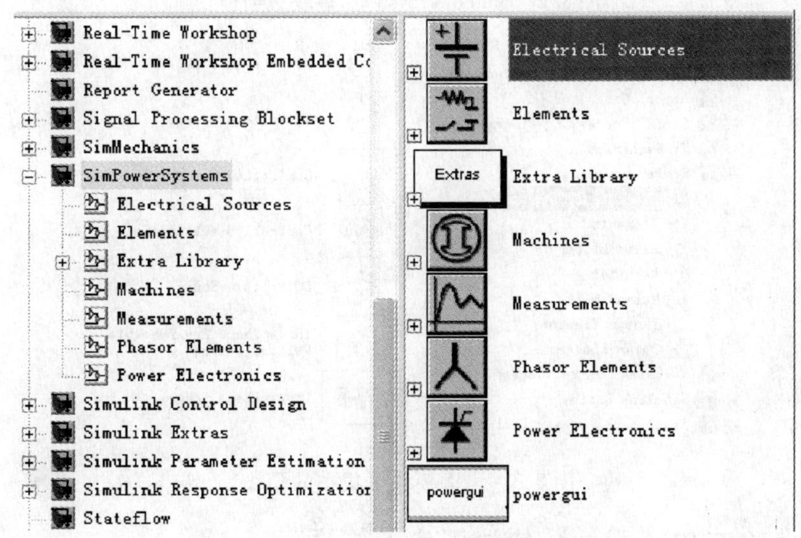

图 8-1　“SimPowerSystems”模块集

也可以在 MATLAB 的命令窗口中输入命令：

```
>>powerlib
```

系统就会弹出如图 8-2 所示的“SimPowerSystems”模块集窗口。

在“SimPowerSystems”模块集中，有 9 个模块子集，每个模块子集又包括若干模块。以下将对这些模块子集分别进行介绍。

8.1.1　Electrical Sources（电源）模块子集

单击 SimPowerSystems 模块集左侧的 Electrical Sources 模块子集，这时在右侧的列表框中就显示出如图 8-3 所示的电源模块子集中的模块。其中包括 AC Current Source（交流电流源）、AC Voltage Source（交流电压源）、Controlled Current Source（受控电流源）、Controlled Voltage Source（受控电压源）、DC Voltage Source（直流电压源）、Three - Phase Programmable Source（三相可编程电源）和 Three - Phase Source（三相电源）这 7 个模块。

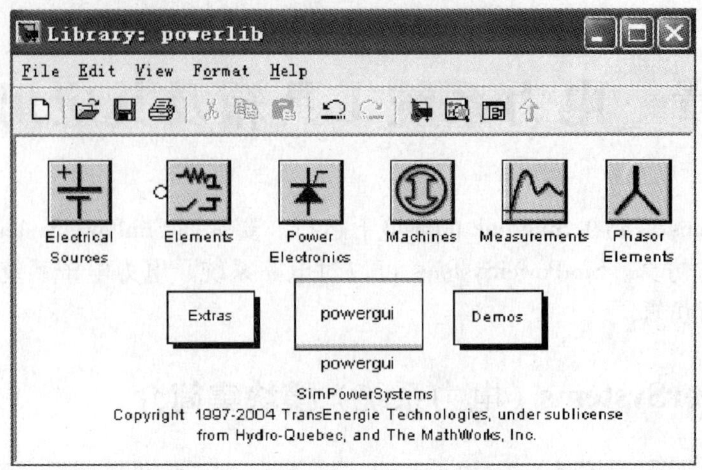

图 8-2 SimPowerSystems 模块集窗口

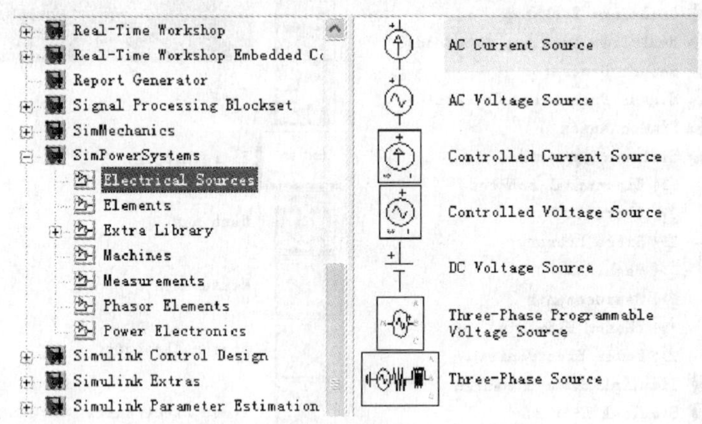

图 8-3 电源模块子集中的模块

8.1.2 Elements（电路元件）模块子集

单击 SimPowerSystems 模块集左侧的 Elements 模块子集，这时在右侧的列表框中就显示出如图 8-4 所示的电路元件模块子集中的模块。

该模块子集包括 29 个模块，它们包括 Breaker（断路器）、Connection Port（连接端口）、Distributed Parameters Line（分布参数导线）、Ground（接地）、Linear Transformer（线性变压器）、Multi－Winding Transformer（多绕组变压器）、Mutual Inductance（互感）、Neutral（中性点）、Parallel RLC Branch（并联 RLC 分支电路）、Parallel RLC Load（并联 RLC 负载）、Pi Section Line（π 界面导线）、Saturable Transformer（饱和变压器）、Series RLC Branch（串联 RLC 分支电路）、Series RLC Load（串联 RLC 负载）、Surge Arrester（尖峰电压保护器）、Three－Phase Breaker（三相断路器）、Three－Phase Dynamic Load（三相动态负载）、Three－Phase Fault（三相断路故障）、Three－Phase Harmonic Filter（三相谐波滤波器）、Three－Phase Mutual Inductance（三相互感）、Three－Phase Parallel RLC Branch（三相并联 RLC 分支电路）、Three－Phase Parallel RLC Load（三相并联 RLC 负载）、Three－Phase Series RLC Branch（三相串联 RLC 分支电路）、Three－Phase Series RLC Load（三相串联

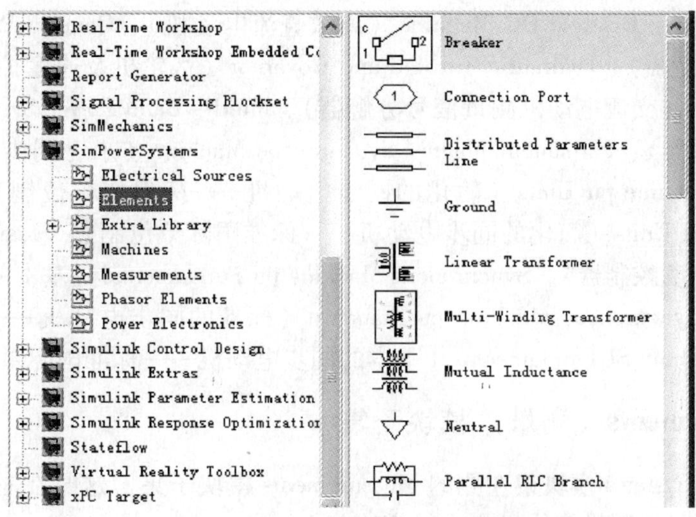

图 8-4　电路元件模块子集中的模块

RLC 负载）、Three - Phase Transformer（Three Windings）（三相变压器 - 3 个绕组）、Three - Phase Transformer（Two Windings）（三相变压器 - 2 个绕组）、Three - Phase Transformer 12 Terminals（三相变压器 - 12 个端子）和 Zigzag Phase - Shifting Transformer（锯齿移相变压器）。

8.1.3　Machines（电机）模块子集

单击 SimPowerSystems 模块集左侧的 Machines 模块子集，这时在右侧的列表框中就显示出如图 8-5 所示的电机模块子集中的模块。

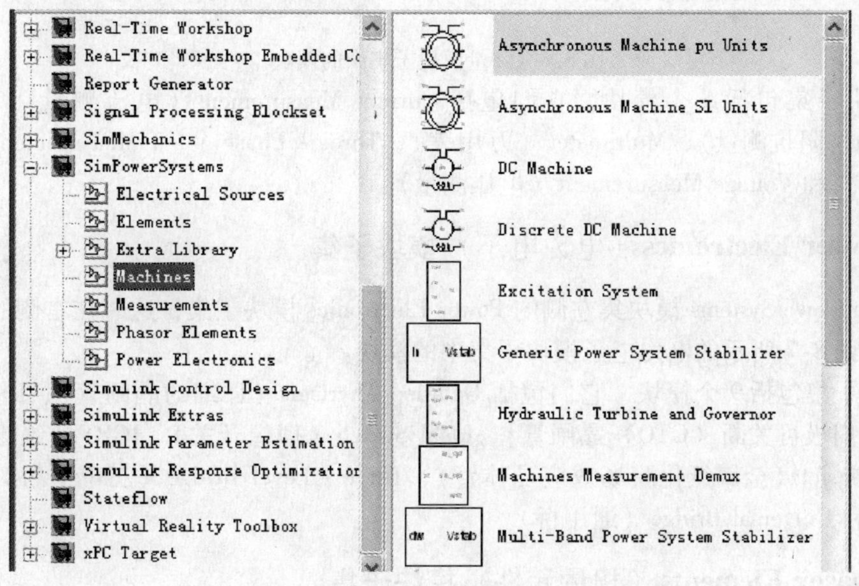

图 8-5　电机模块子集中的模块

该模块子集包括 16 个模块，它们包括 Asynchronous Machine pu Units（异步电动机——标幺值单位制）、Asynchronous Machine SI Units（异步电动机——标准国际单位制）、DC Machine（直流电动机）、Discrete DC Machine（离散直流电动机）、Generic Power System Stabilizer（发电系统稳定器）、Hydraulic Turbine and Governor（水轮机及速度控制器）、Machines Measurement Demux（交流电动机测量信号分解器）、Multi - Band Power System Stabilizer（多频带电力系统稳定器）、Permanent Magnet Synchronous Machine（永磁同步电动机）、Simplified Synchronous Machine pu Units（简化的同步电动机——标幺值单位制）、Simplified Synchronous Machine SI Units（简化的同步电动机——标准国际单位制）、Steam Turbin and Governor（蒸汽机及速度控制器）、Synchronous Machine pu Fundamental（基本的同步电动机——标幺值单位制）、Synchronous Machine pu Standard（标准的同步电动机——标幺值单位制）和 Synchronous Machine SI Fundamental（基本的同步电动机——标准国际单位制）。

8.1.4 Measurements（测量）模块子集

单击 SimPowerSystems 模块集左侧的 Measurements 模块子集，这时在右侧的列表框中就显示出如图 8-6 所示的测量模块子集中的模块。

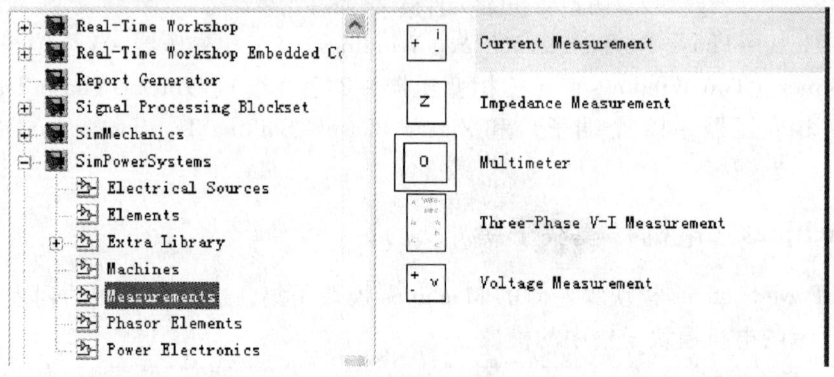

图 8-6 测量模块子集中的模块

该模块子集包括 5 个模块，它们包括 Current Measurement（电流测量）、Impedance Measurement（阻抗测量）、Multimeter（万用表）、Three - Phase V - I Measurement（三相电压电流测量）和 Voltage Measurement（电压测量）。

8.1.5 Power Electronics（电力电子）模块子集

单击 SimPowerSystems 模块集左侧的 Power Electronics 模块子集，这时在右侧的列表框中就显示出如图 8-7 所示的电力电子模块子集中的模块。

该模块子集包括 9 个模块，它们包括 Detailed Thyristor（详细的晶闸管）、Diode（二极管）、Gto［门极可关断（GTO）晶闸管］、Ideal Switch（理想开关）、IGBT（绝缘栅双极型晶体管）、Mosfet（金属氧化膜场效应晶体管）、Three - Level Bridge（三电平桥）、Thyristor（晶闸管）和 Universal Bridge（通用桥）。

8.1.6 Phasor Elements（相量元件）模块子集

单击 SimPowerSystems 模块集左侧的 Phasor Elements 模块子集，这时在右侧的列表框中就显示出相量元件模块子集中的模块。其中只有 Static Var Compensator（静态无功补偿器）

模块。

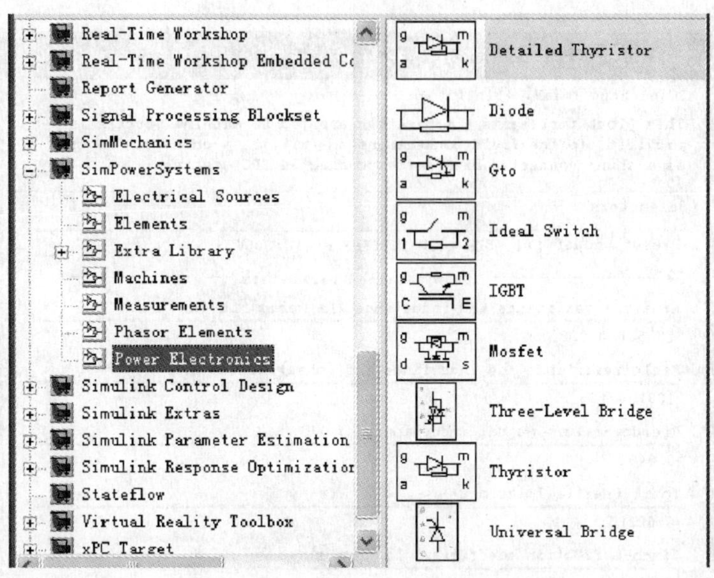

图8-7 电力电子模块子集中的模块

8.1.7 Extra Library（其他模块子集）

该模块子集包括 Additional Machines、Control Blocks、Discrete Control Blocks、Measurements、Discrete Measurements、Phasor Library 和 Three - Phase Library 等模块组。我们就不在此详细介绍了。

8.2 使用电力系统工具箱进行仿真的实例

【例8-1】 一台他励直流电动机电枢回路串接电阻起动，试用 MATLAB/Simulink 对其起动过程进行仿真。

解 首先启动 Simulink，出现 Simulink 库浏览器窗口，在该窗口菜单中选择“File”→“New”→“Model”命令，就可以建立一个新的模型编辑窗口。在此模型窗口中建立如图8-8 所示的模型，不妨以 dcstart 的文件名将该模型保存在 work 文件夹中。从 SinPowerSystem 模块集 Machines 模块子集中拖拽“DC Machine”模块到这个模型的窗口之中。双击这个模块，弹出一个对话框，可以设置这台电动机的各种参数，如图8-8 所示。本例中选择标准的5马力、额定电枢电压240V、额定转速为1750r/min、额定励磁电压为300V 的直流电动机。从 Electrical Sources 模块子集中拖拽“DC Voltage Source”模块到模型窗口中，经过适当的旋转，设置电压为300V，连接到直流电动机的磁场绕组。从 Simulink 的常用模块集中拖拽“Constant”和“Scope”分别作为负载转矩和示波器。再次拖拽“DC Voltage Source”模块到模型窗口中作为电枢的电源。将一个串接3个电阻起动的起动器封装成一个子系统。

用 Simulink/SimPowerSystem 构造的他励直流电动机电枢回路串接电阻起动的仿真模型如图8-9 所示，而起动器子系统如图8-10 所示。

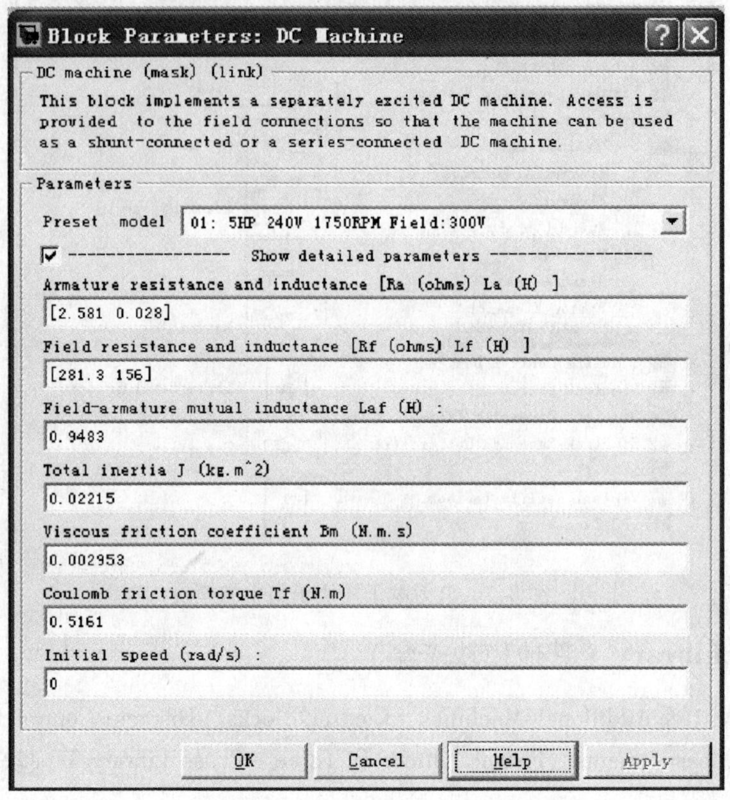

图 8-8 直流电动机参数设置对话框

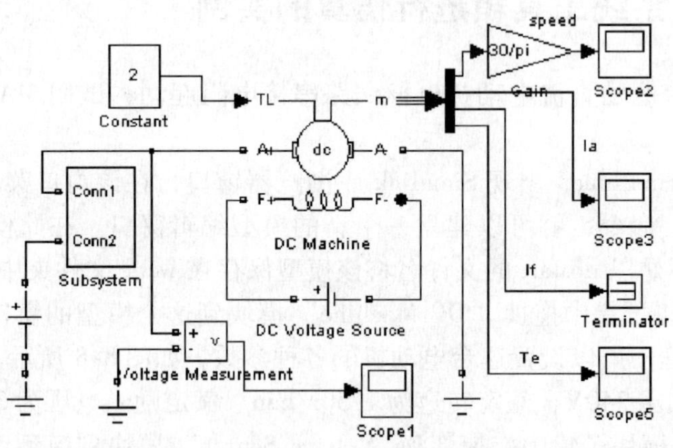

图 8-9 直流电动机串电阻起动仿真模型

在设置仿真参数时，在 Solver 中设置算法为变步长 ode15s(stiff)，仿真时间为 0 ~ 2s。在 Data Inport/Export 中，将“Limit data points to last 1000”前面的“√”去除，并且将示波器模块参数设置 Data history 中“Limit data points to last 5000”前面的“√”也去除，以显示完整的仿真过程曲线。仿真结果如图 8-11 所示。

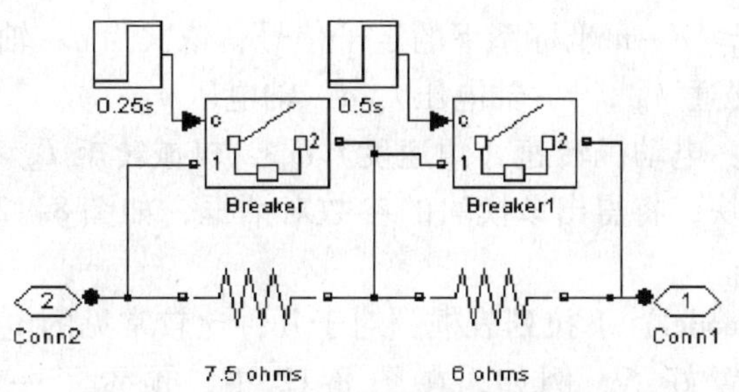

图 8-10 起动器子系统

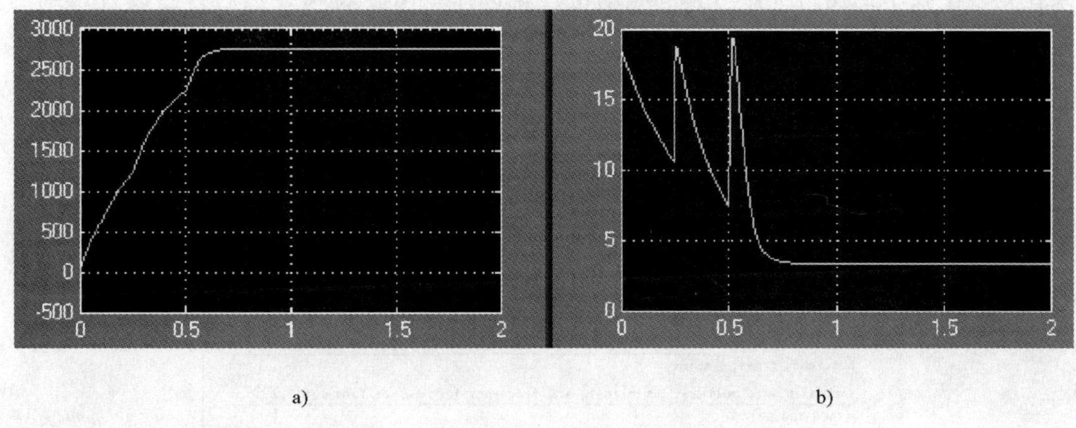

a) b)

图 8-11 直流电动机串电阻起动仿真结果

a）起动过程速度变化曲线 b）起动过程电枢电流变化曲线

【例 8-2】 对一台绕线转子异步电动机当转子串有电阻时的起动过程，试用 MATLAB/Simulink 进行建模并且仿真。

解 在命令窗口中键入 simulink 并按回车键。即启动了 Simulink，出现 Simulink 库浏览器（Simulink library browser）窗口。在该窗口菜单中选择“File”→“New”→“Model”命令，就可以建立一个新的模型编辑窗口。不妨以“ac_ test. mdl”文件名保存该模型文件。从 SimPowerSystems 模块集下面的 Machines 模块子集中，拖拽“Asynchronous Machine SI Units”模块到模型窗口中。

异步电动机模块有 8 个连接端子，其中端子（A，B，C）为电动机的定子电压输入，一般可直接接三相电压。输入端子 Tm 为轴上的负载转矩，可以直接接 Simulink 信号。另外 3 个端子（a，b，c）为转子绕组的端口，可以把它们短接在一起，或者连接到其他的附加电路中。还有一个输出端为 m 端子，它包含一系列电动机内部信号集，共有 21 路信号，通过从 Machines 模块子集拖拽另外一个“Machines Measurement Demux”模块连接到 m 端子上，可以将这 21 路信号分解开，并且选择我们所需要的信号。这 21 路信号构成如下：

第 1 到第 3 路：转子电流 i'_{ra}，i'_{rb}，i'_{rc}；

第 4 到第 9 路：$q-d-n$ 坐标系下的转子信号，依次为 q－轴电流 i'_{qr}，d－轴电流 i'_{dr}，q－轴磁通 ψ'_{qr}，d－轴磁通 ψ'_{dr}，q－轴电压 v'_{qr} d－轴电压 v'_{dr}；

第 10 到第 12 路：定子电流 i_{sa}，i_{sb}，i_{sc}；

第 13 到第 18 路：$q-d-n$ 坐标系下的定子信号，依次为 q－轴电流 i_{qs}，d－轴电流 i_{ds}，q－轴磁通 ψ_{qs}，d－轴磁通 ψ_{ds}，q－轴电压 v_{qs} d－轴电压 v_{ds}；

第 19 路到第 21 路：电动机转速（角速度）ω_m，机械转矩 T，电动机转子角位移 θ_m。

双击异步电动机模块，将得出该模块的参数对话框，如图 8-12 所示。在该对话框中需要输入如下参数：

预置模型（Preset model）下拉列表框：对于几种比较常见的电动机型号可以直接选择，它们的参数都已经预置好了。例如，在图 8-12 中，预置了一种额定功率为 10 马力（7.5kW）、额定线电压为 460V、额定频率为 60Hz、额定转速为 1760r/min 的异步电动机。如果在列表中找不到我们所要仿真的电动机，就选择“No”即可，然后自己设置详细的参数。

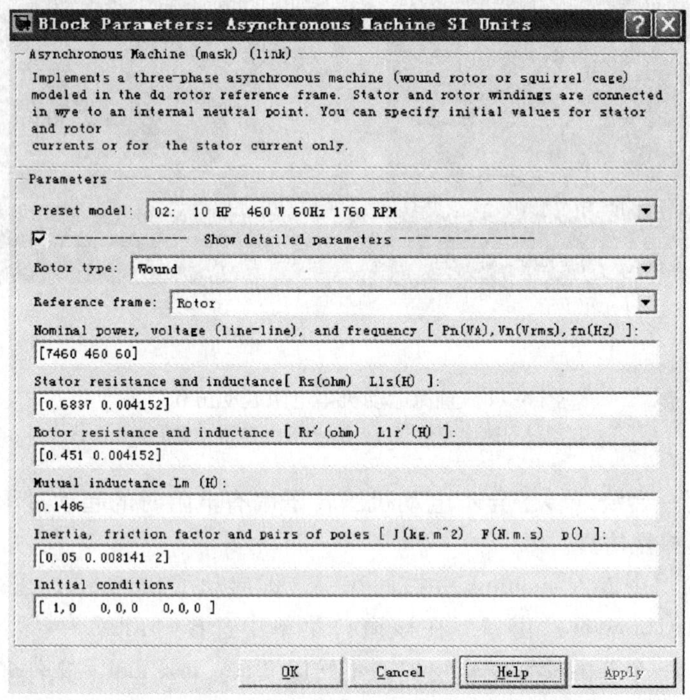

图 8-12 异步电动机参数设置对话框

1）转子绕组类型（Rotor type）下拉列表框：分为绕线式（Wound）和笼型（Squirrel－cage）两种，后者将不显示出转子绕组输出端 a、b、c，而直接将其在模块内部短接。

2）参考坐标系（Reference frame）下拉列表框：其中有 3 种选项：静止坐标系（Stationary）、基于转子坐标系（Rotor）和基于同步旋转磁场坐标系（Synchronous），一般常选择静止坐标系。

3）额定参数：额定功率，线电压，电源频率（Nom. Power，L－L volt. and freq. [Pn（VA）Vn（Vrms）fn（Hz）]）。

4）定子电阻和漏电感（Stator [Rs（ohm）Lls（H）]）。

5）转子电阻和漏电感（Rotor [Rr'（ohm）Llr'（H）]）。

6）互电感（Mutual Inductance Lm（H））。

7）转动惯量，摩擦系数和极对数（Inertia J，friction factor F，and pairs of poles P）。

8）初始条件（Initial conditions）。

这些参数基本上都是电动机的铭牌参数。如果已知某异步电动机的参数如下：

$P_N = 5.5\text{kW}$，$U_{1N} = 380\text{V}$，$f_N = 50\text{Hz}$，$R_1 = 0.0217\Omega$，$X_1 = 0.039\Omega$，$R_2 = 0.0329\Omega$，$X_2 = 0.0996\Omega$，$X_m = 3.6493\Omega$，$J = 11.4\text{kg}\cdot\text{m}^2$，极对数 $p = 2$，摩擦系数 $F = 0.008$，初始条件为零。

这里的电感由电抗形式给出，需要用公式 $L = X/(2\pi f)$ 计算出电感的数值。具体设置如图 8-13 所示。

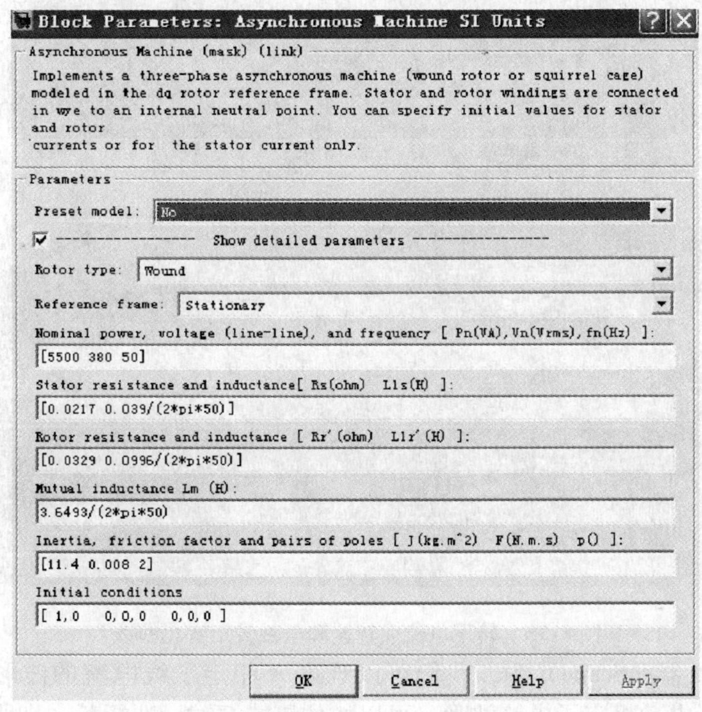

图 8-13 异步电动机参数设置

图 8-14 是所建立的绕线转子异步电动机转子串联电阻运行仿真模型。对其中测量分路器（Machine Measurement Demux）的设置只选择转子电流 ir_ abc、转速 wm 和电磁转矩 Te。而串接的电阻可以从元件（Elements）模块子集中得到，具体做法是：选择串联 RLC 分支（Series RLC Branch），然后设置电阻为 1Ω，电感为零，电容为无穷大即可。

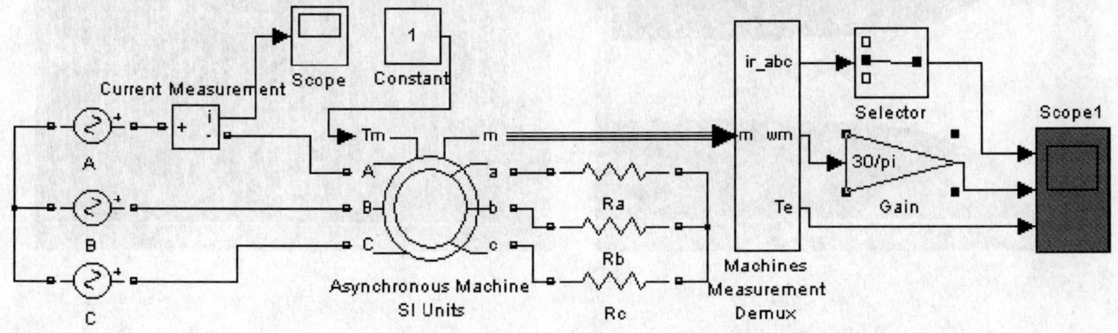

图 8-14 绕线转子异步电动机转子串联电阻运行仿真模型

还需要使用 Selector 元件（在 Simulink→Signal Routing 模块子集中）从输出的信号中提取所要求的单路信号。三相对称交流电源采用星形联结，考虑逆时针方向为正旋转方向。因此 A、B、C 三相电压的初始相位分别设置为 240°、120°、0°，而它们的幅值都是 $220\times\sqrt{2}$V ≈311. 08V。示波器可在“Simulink”→“Sink”模块子集中得到。

在运行仿真之后，从示波器（Scope）中得到异步电动机起动过程的 B 相转子电流、转速以及转矩的变化曲线，如图 8-15 所示。

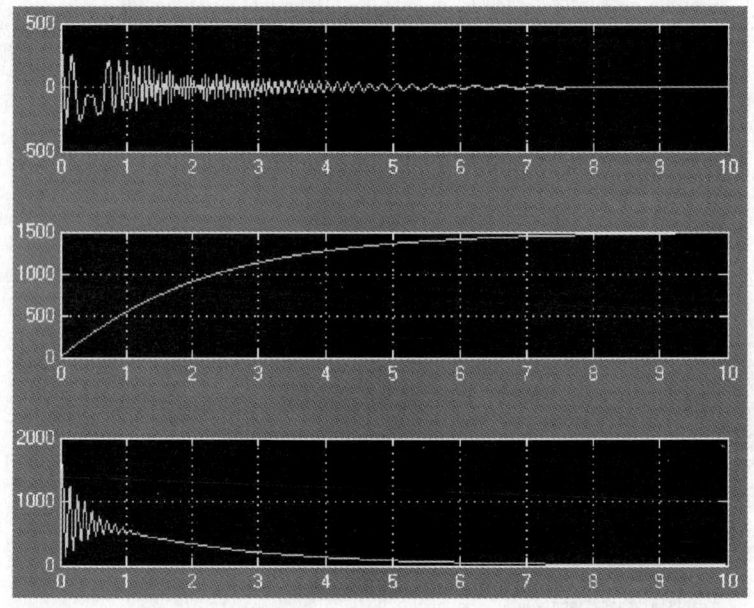

图 8-15 转子电流、转速和电磁转矩变化曲线

从另一个示波器（Scope）中，我们可以观察 A 相定子线电流的波形（见图 8-16a），为了详细观察异步电动机定子电流波形，可以按住鼠标左键，选择某一小段的电流波形来观察（见图 8-16b）。

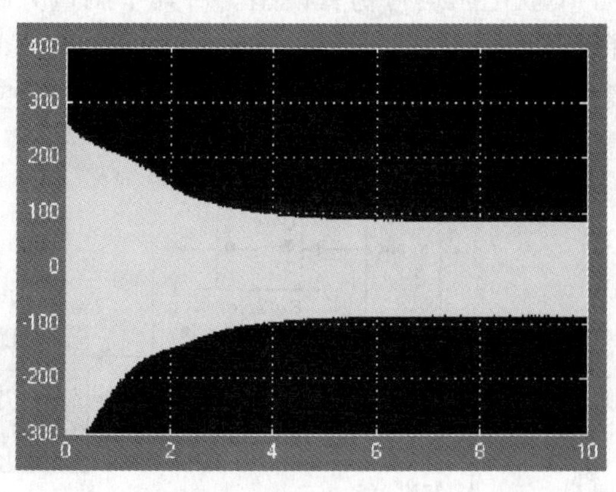

a)

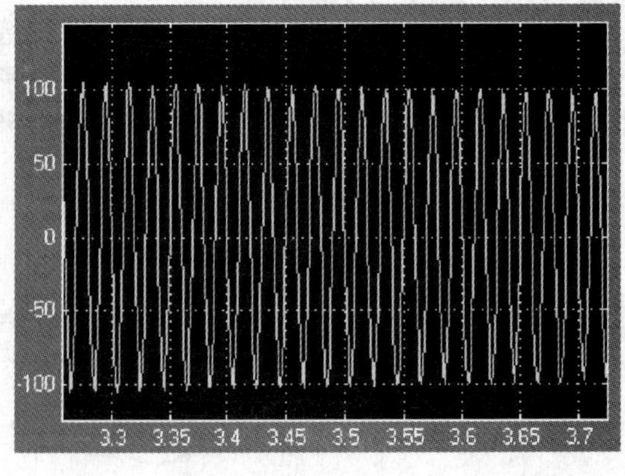

b)

图 8-16 定子电流波形图

【例8-3】 基于MATLAB/SimPowerSystem建立一个晶闸管三相全控桥供电的他励直流电动机转速开环控制系统仿真模型。电动机的额定参数如下：$U_N=220V$，$I_N=32A$，$n_N=850r/min$，$R_a=0.5\Omega$，已知电动机转子以及负载的飞轮惯量总计为$GD^2=49(N \cdot m^2)$，励磁绕组电压$U_f=220V$，滤波电抗器为0.01H。当整流桥触发延迟角α在7s内从35°变成为0°时，观察该直流电动机在带有额定负载的情况下，电动机电枢两端电压，电磁转矩以及转速随时间变化的仿真曲线。

解 首先建立MATLAB/Simulink仿真模型如图8-17所示。

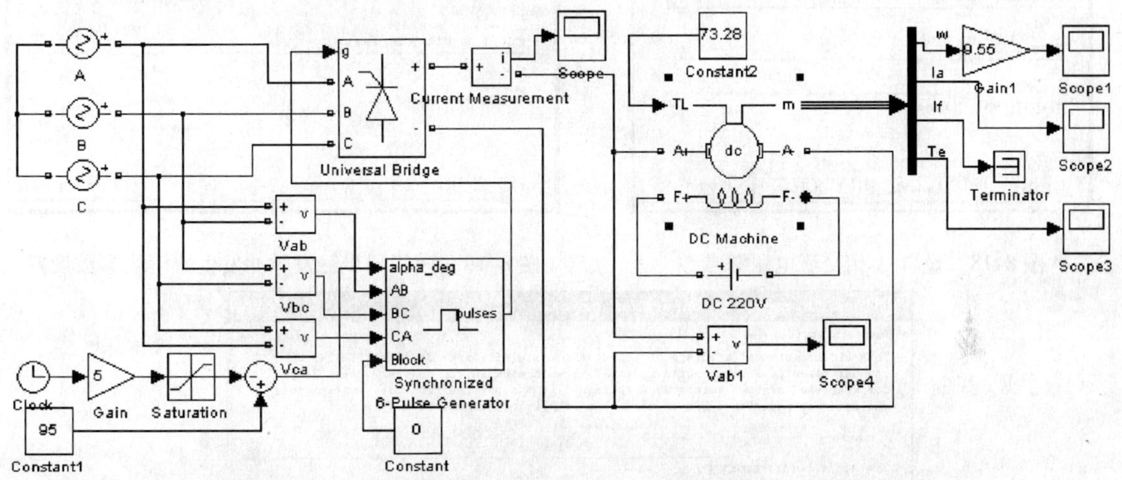

图8-17 晶闸管三相全控桥供电的他励直流电动机转速开环控制系统仿真模型

因为三相全控桥整流电路输出的直流平均电压为

$$U_d=2.34U_2\cos\alpha$$

式中，U_2为交流电源相电压的有效值；整流桥触发延迟角$\alpha=\alpha_1-60°$，而α_1为某相电压触发延迟角。在设置三相同步触发脉冲发生器模块参数时，可以在alpha_ deg端口设置α_1的值。

考虑当$\alpha=0$时，U_d取得最大值为$U_d=U_N=220V$。于是

$$U_2=\frac{220}{2.34}V=94V$$

而相电压的峰值为

$$U_{2m}=\sqrt{2}\times 94V=132.936V$$

因此，按照图8-18设置A相交流电压源的参数，B相和C相的参数设置和A相基本相同，只是相角分别为120°和240°。

三相同步触发脉冲发生器模块、三相晶闸管整流桥模块和直流电动机模块的参数设置分别如图8-19、图8-20和图8-21所示。

因为$C_e\Phi=\frac{U_N-I_NR_a}{n_N}=\frac{220-32\times 0.5}{850}=0.24$，$C_T\Phi=9.55C_e\Phi=2.29$，电动机带额定负载转矩为

$$T_z=T_N=C_T\Phi I_N=2.29\times 32N \cdot m=73.28N \cdot m$$

飞轮惯量为$GD^2=49(N \cdot m^2)$，则转动惯量为$J=\frac{GD^2}{4g}=\frac{49}{4\times 9.8}kg \cdot m^2=1.25kg \cdot m^2$。饱

和非线性模块上限取35，下限为0。

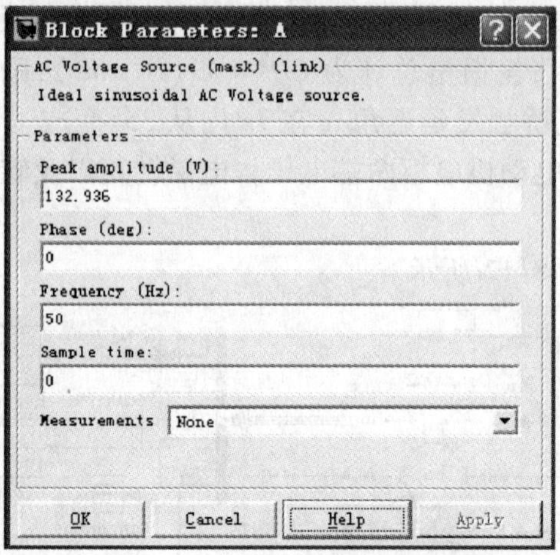

Block Parameters: A

AC Voltage Source (mask) (link)

Ideal sinusoidal AC Voltage source.

Parameters

Peak amplitude (V):
132.936

Phase (deg):
0

Frequency (Hz):
50

Sample time:
0

Measurements: None

OK Cancel Help Apply

图 8-18 设置A相交流电压源参数

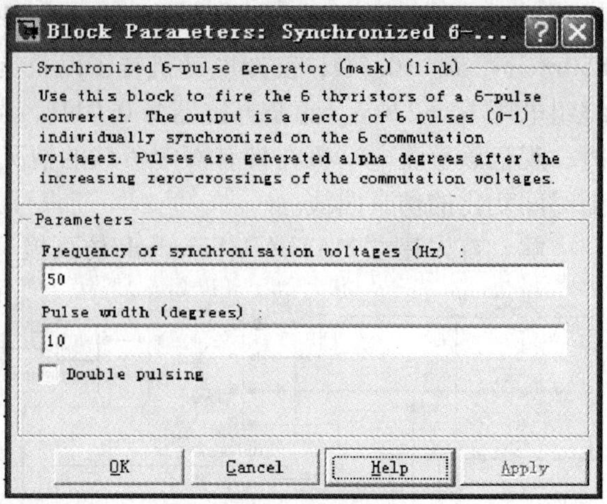

Block Parameters: Synchronized 6-...

Synchronized 6-pulse generator (mask) (link)

Use this block to fire the 6 thyristors of a 6-pulse converter. The output is a vector of 6 pulses (0-1) individually synchronized on the 6 commutation voltages. Pulses are generated alpha degrees after the increasing zero-crossings of the commutation voltages.

Parameters

Frequency of synchronisation voltages (Hz) :
50

Pulse width (degrees) :
10

Double pulsing

OK Cancel Help Apply

图 8-19 三相同步触发脉冲发生器模块参数设置

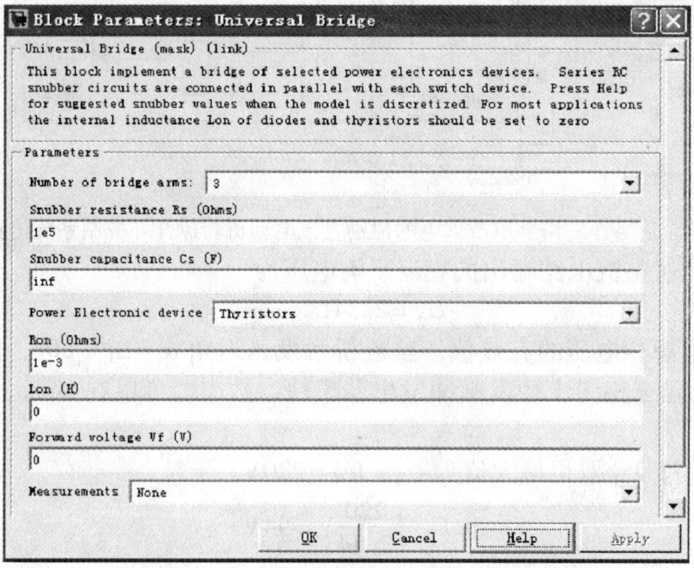

Block Parameters: Universal Bridge

Universal Bridge (mask) (link)

This block implement a bridge of selected power electronics devices. Series RC snubber circuits are connected in parallel with each switch device. Press Help for suggested snubber values when the model is discretized. For most applications the internal inductance Lon of diodes and thyristors should be set to zero

Parameters

Number of bridge arms: 3

Snubber resistance Rs (Ohms)
1e5

Snubber capacitance Cs (F)
inf

Power Electronic device: Thyristors

Ron (Ohms)
1e-3

Lon (H)
0

Forward voltage Vf (V)
0

Measurements: None

OK Cancel Help Apply

图 8-20 三相晶闸管整流桥模块参数设置

仿真时间为10s，仿真算法为ode15s，仿真结果如图8-22、图8-23和图8-24所示。

仿真结果显示，电动机的转速随着触发延迟角的减小而平稳地上升。

【例8-4】 基于MATLAB/SimPowerSystem建立一个电流跟踪型PWM直流电动机闭环调速系统的仿真模型。直流电动机的参数如下：额定功率 $P_N=10kW$、额定电枢电压 $U_N=240V$、额定励磁电压 $U_f=240V$、电枢电阻 $R_a=0.5\Omega$ 和电枢电感 $L_a=0.01H$。

解 直流电动机调速系统采用PI控制器作为速度控制器，速度控制器的输出即为直流电动机电枢电流的参考输入。实测的电流与电流参考输入相比较，当实测电流小于电流参考输入时，开通GTO；当实测电流大于电流参考输入时，关断GTO。这样通过GTO的通断实现了电流跟踪PWM控制。为了降低GTO的开关损耗，使它的开关频率不至于过高，在GTO的控制端加了一个具有继电特性的控制器。该调速系统的仿真模型如图8-25所示。

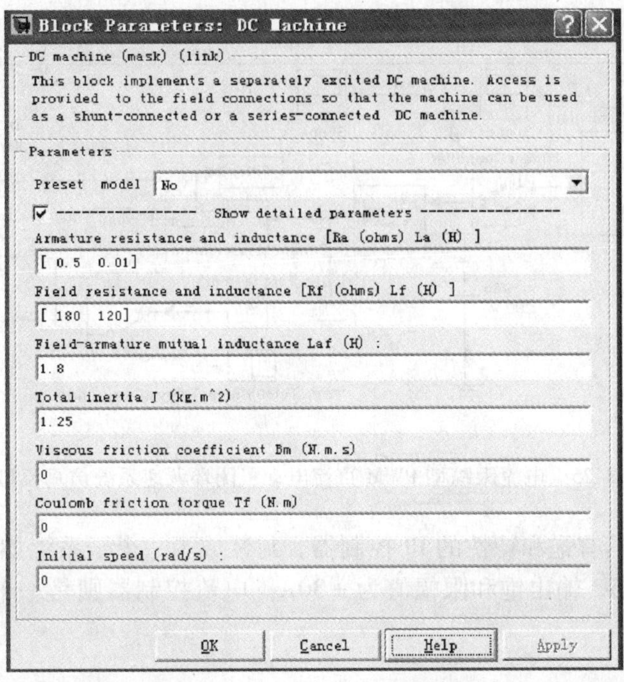

图 8-21　直流电动机模块参数设置

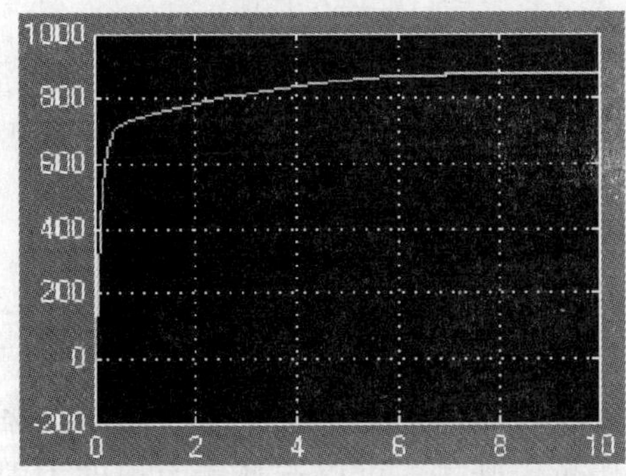

图 8-22　转速的时间响应曲线图

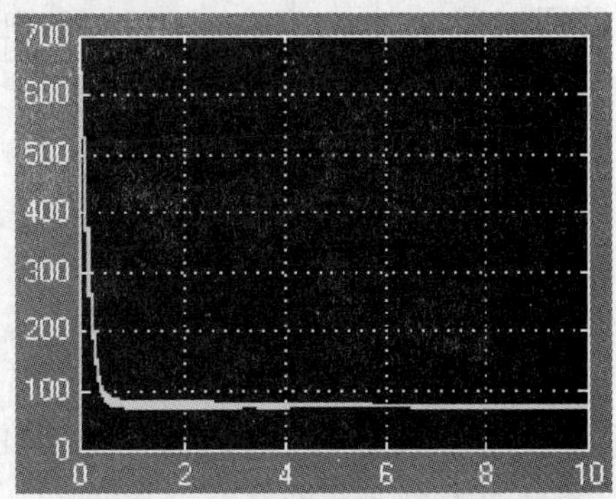

图 8-23　电磁转矩随时间变化的曲线

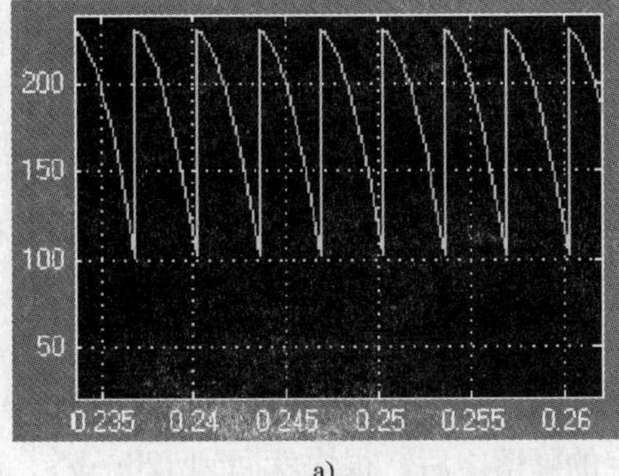

a)

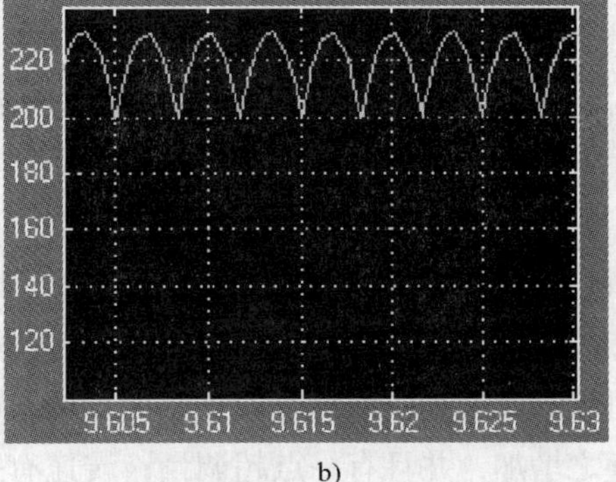

b)

图 8-24　调速过程起始时和结束时电枢电压的曲线

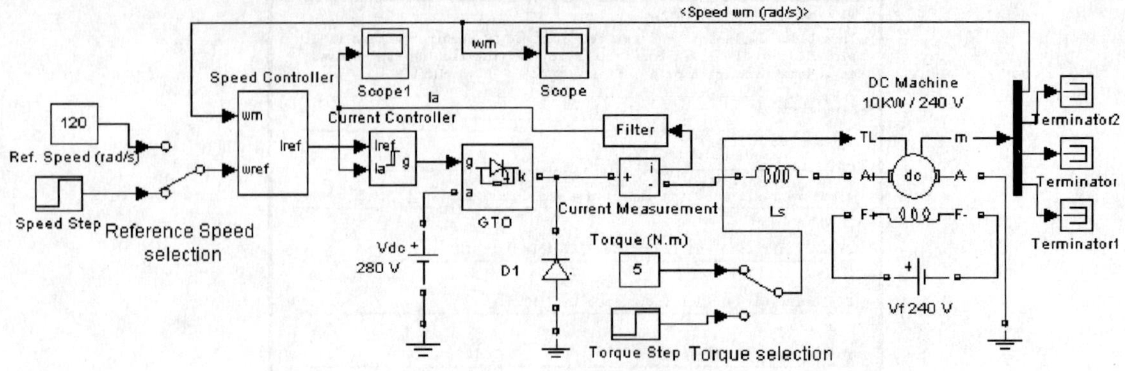

图 8-25　电流跟踪型 PWM 直流电动机闭环调速系统仿真模型

速度控制器采用具有饱和特性的 PI 控制器，封装成了一个子系统如图 8-26 所示。在本例中 $K_P=1.6$、$K_I=16$，输出饱和限幅值为 ±30A。电流控制器则是一个具有滞环的继电非线性模块。

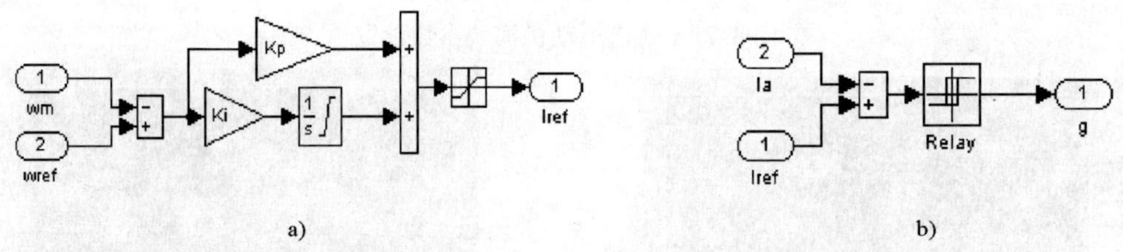

a)　　　　　　b)

图 8-26　速度和电流控制器子系统

a）速度控制器子系统　b）电流控制器子系统

电枢回路中串接一个电感 $L_S=0.001\text{H}$，其作用是对电流滤波；二极管 VD_1 则是续流二极管。通过双击参考速度选择（Reference Speed selection）开关，可以选择参考速度为固定值 120rad/s，也可以在 $t=1\text{s}$ 时，参考速度从 120rad/s 阶跃至 160rad/s。直流电动机的模块参数设置如图 8-27 所示。仿真算法采用 ode15s(stiff/NDF)。

当我们选择参考速度在 $t=1\text{s}$ 时从 120rad/s 阶跃至 160rad/s，而负载转矩为固定的 5N·m时，该调速系统的仿真结果，电枢电流的变化曲线以及电动机转速的变化曲线如图 8-28所示。可见电枢电流在电动机升速过程中被限制在 30A，转速有一点超调量，动态性能良好。

当我们选择参考速度固定为 120rad/s，而负载转矩在 $t=1.2\text{s}$ 时从 5N·m 阶跃变化到 25N·m，该调速系统的仿真结果，电枢电流的变化曲线以及电动机转速的变化曲线如图8-29 所示。可见起动过程中电枢电流被限制 30A，在 1.2s 之后负载转矩突然增加到25N·m，电枢电流也随之增加，并且有一点超调量；转速有一定的降落之后，很快就回到 120rad/s，PI 控制器可以消除静差。

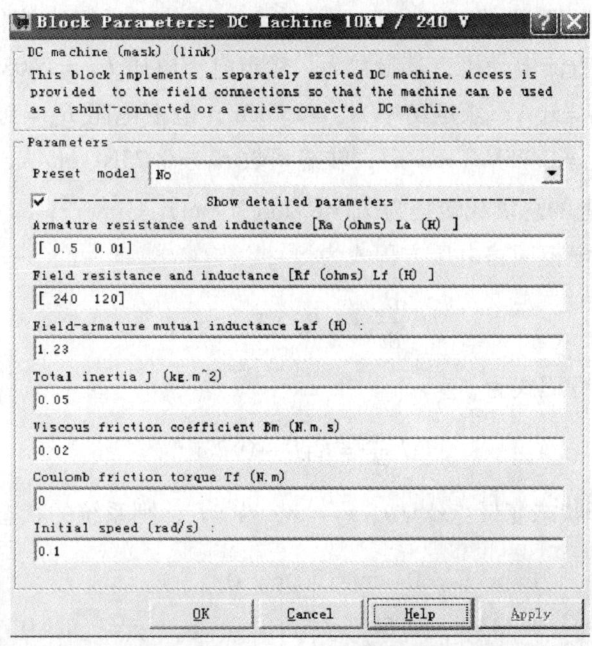

图 8-27　直流电动机模块设置

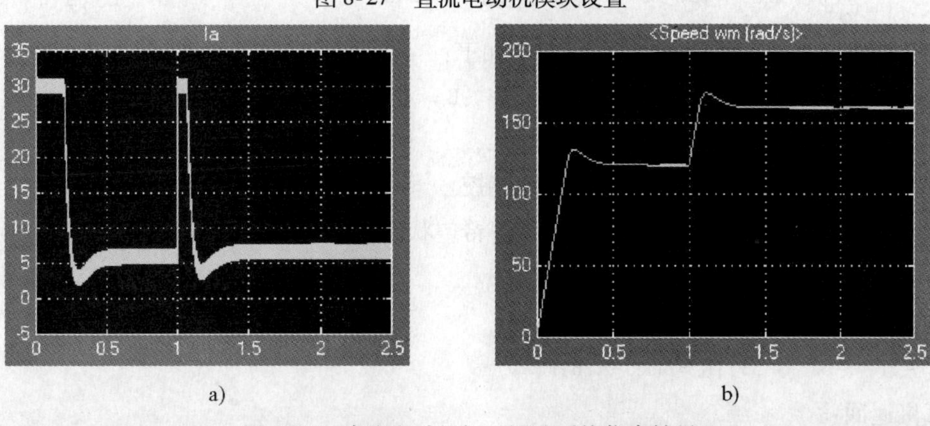

a)　　b)

图 8-28　直流电动机闭环调速系统仿真结果

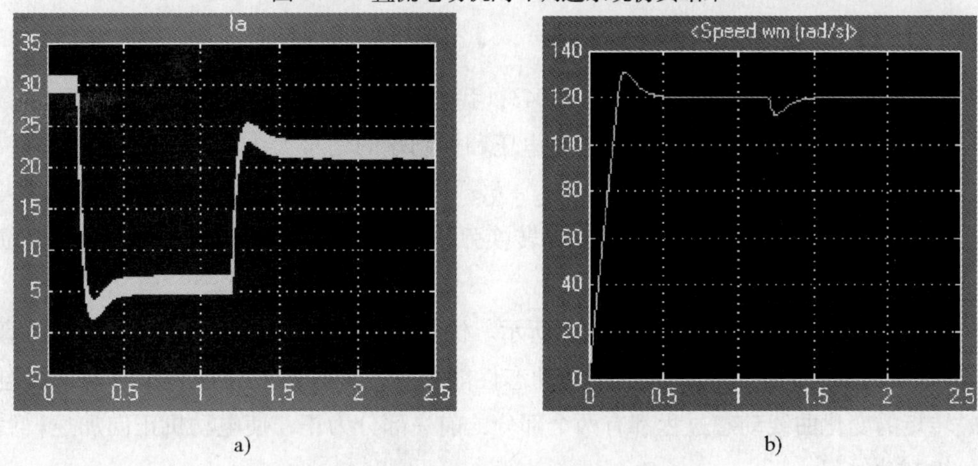

a)　　b)

图 8-29　直流电动机闭环调速系统仿真结果

【例 8-5】 基于 MATLAB/SimPowerSystem 建立一个状态反馈直流伺服系统的仿真模型。直流伺服电动机为他励直流电动机，其参数为：额定电枢电压 $U_N=240V$；额定励磁电压 $U_f=100V$；额定电枢电流 $I_N=16A$；额定功率 $P_N=2.5kW$；电枢电阻 $R_a=0.72\Omega$；电枢电感 $L_a=0.005H$；电动势系数 $K_e=0.75V/(rad/s)$；转矩系数 $K_T=0.75N\cdot m/A$；折算到轴上的转动惯量 $J=0.06kg\cdot m^2$，轴上的总负载转矩为 $T_z=0.2\omega(N\cdot m)$。

解 直流电动机的电枢回路电压方程式为

$$L_a\frac{dI_a}{dt}+I_aR_a+K_e\omega=u_a$$

电动机轴上的运动方程式为

$$J\frac{d\omega}{dt}=K_TI_a-0.2\omega$$

而 $\omega=d\theta/dt$，选择状态变量：$x_1=\theta$、$x_2=\omega$、$x_3=I_a$，则系统的状态空间表达式如下：

$$\begin{bmatrix}\dot{x}_1\\ \dot{x}_2\\ \dot{x}_3\end{bmatrix}=\begin{bmatrix}0&1&0\\0&-3.333&12.5\\0&-150&-144\end{bmatrix}\begin{bmatrix}x_1\\x_2\\x_2\end{bmatrix}+\begin{bmatrix}0\\0\\200\end{bmatrix}u_a,\quad y=\begin{bmatrix}1&0&0\end{bmatrix}\begin{bmatrix}x_1\\x_2\\x_2\end{bmatrix}$$

建立一个判断系统能控性的 m 文件程序如下：

```
A=[0  1  0;0 -3.333  12.5;0  -150  -144];B=[0;0;200];C=[1  0  0];
r=rank(ctrb(A,B))
```

运行结果显示能控性矩阵满秩，系统为能控。

伺服系统通常不能够有超调量，因此我们希望状态反馈后系统的极点为负实数。不失一般性，不妨选择期望极点为：-51、-52 和 -53。

运行以下程序，计算状态反馈矩阵 K。

```
P=[-51  -52  -53];K=place(A,B,P)
```

计算机返回：

```
K =
    56.2224    2.2909    0.0433
```

可知，$k_1=56.222$、$k_2=2.291$、$k_3=0.043$，我们构造系统仿真模型如图 8-30 所示。采用可控电压源作为直流电动机的电源，其输出电压和控制端的信号大小相同。

加入状态反馈之后，$u_a=v-(k_1x_1+k_2x_2+k_3x_3)$。输入信号设置为：在 $t=1s$ 时，从 0°阶跃到 60°，乘以系数 $K_5=\pi/180=0.01745$，转换弧度。转角反馈为主反馈，设置为单位负反馈。

直流电动机模块的参数设置如图 8-31 所示。仿真算法采用 ode15s(stiff/NDF)。仿真结果如图 8-32 所示。可见，该直流伺服系统的动态性能很好，转角的变化曲线没有超调。电枢电流和电磁转矩的变化曲线动态过程都有两个部分：前一部分为正，使电动机正向加速；后一部分为负，为制动过程。

wm
57.3
k7
Scope3
Integrator
1
s
thita
0.2
k6
Voltage Measurement
v
Scope5
TL
m
A+
dc
A-
F+
F-
DC Machine
100 V
Controlled Voltage Source
ua
wm
Ia
If
Te
Scope1
Scope2
Terminator
Scope4
Step
0.01745
k5
56.222
k1
2.291
k2
0.0433
k3

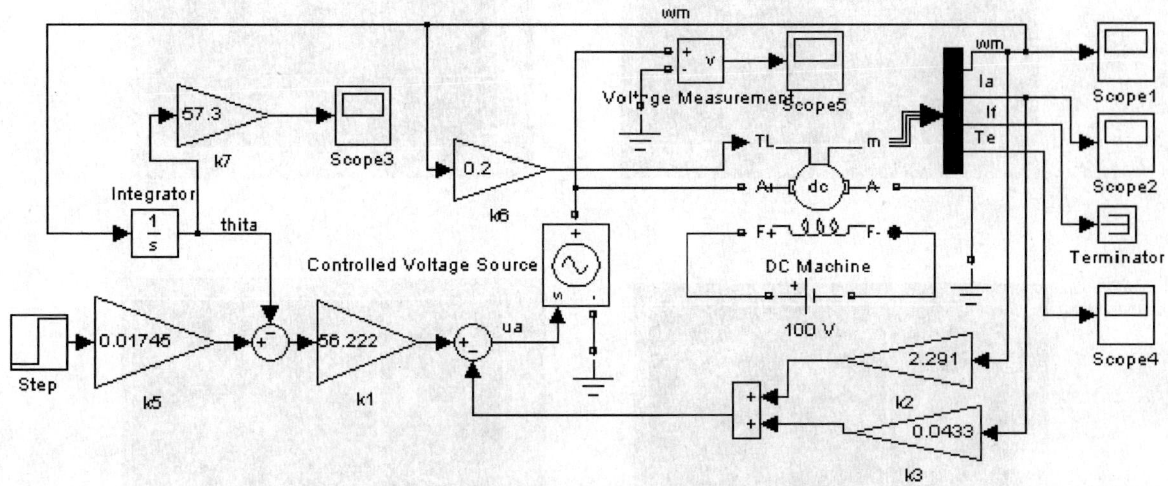

图 8-30 直流伺服状态反馈控制系统仿真模型

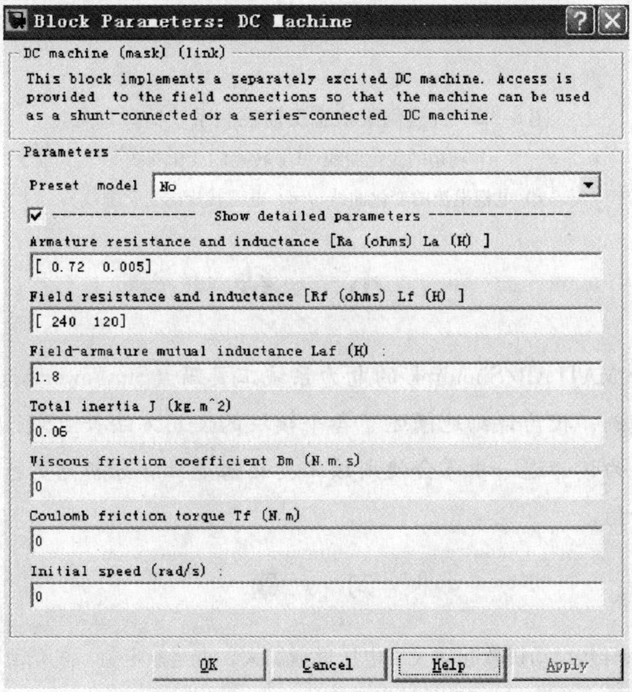

Block Parameters: DC Machine
DC machine (mask) (link)
This block implements a separately excited DC machine. Access is provided to the field connections so that the machine can be used as a shunt-connected or a series-connected DC machine.
Parameters
Preset model No
Show detailed parameters
Armature resistance and inductance [Ra (ohms) La (H)]
[0.72 0.005]
Field resistance and inductance [Rf (ohms) Lf (H)]
[240 120]
Field-armature mutual inductance Laf (H) :
1.8
Total inertia J (kg.m^2)
0.06
Viscous friction coefficient Bm (N.m.s)
0
Coulomb friction torque Tf (N.m)
0
Initial speed (rad/s) :
0
OK
Cancel
Help
Apply

图 8-31 直流电动机模块设置

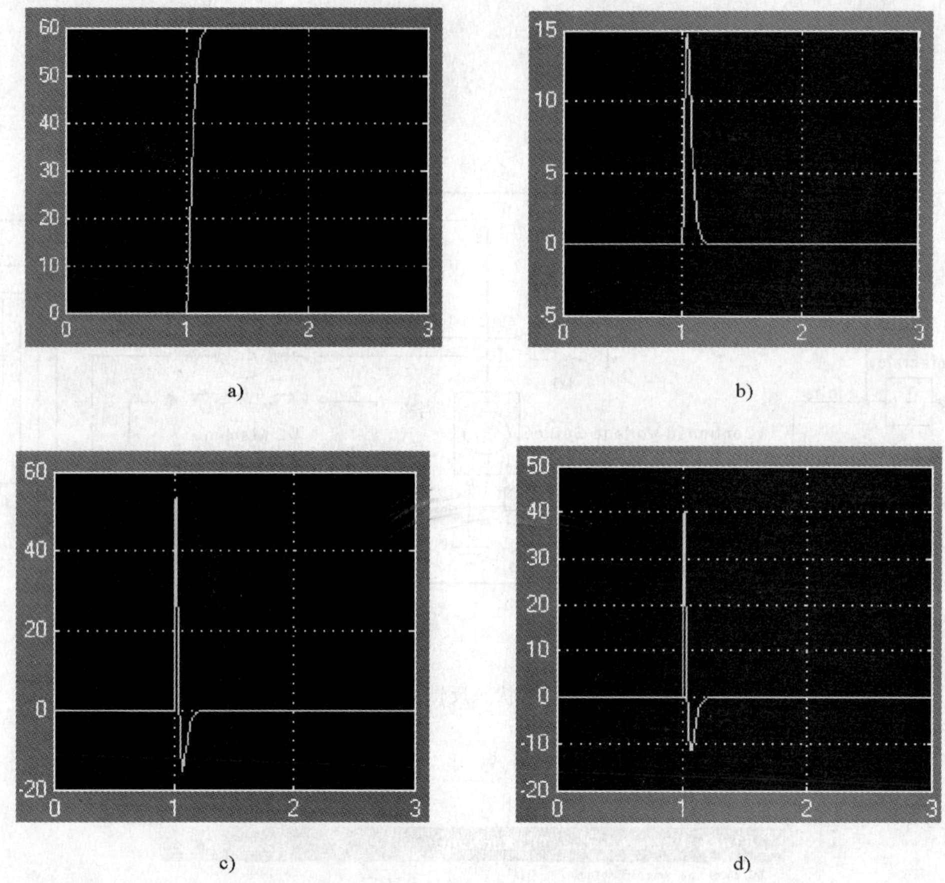

图 8-32 直流伺服状态反馈控制系统仿真结果

a）转角的变化曲线 b）转速的变化曲线

c）电枢电流的变化曲线 d）电磁转矩的变化曲线

小 结

本章介绍了基于 MATLAB/Simulink 的电力系统工具箱（SimPowerSystems）。通过几个电动机控制系统的模型实例，较为详细地阐述了各个模块的使用方法并且讨论了模型连接构造过程中需要注意的问题。为读者进一步学会使用该工具箱来建立和分析电力系统方面的各种控制系统具有很好的参考价值。

习 题

8-1 建立一个笼型异步电动机软起动（线电压逐渐加大，直至额定值）的仿真模型。

8-2 如何在电力电路中获得一个 2Ω 的纯电阻模块？

8-3 如何在电力电路中获得一个 0.05H 的纯电感模块？

参考文献

[1] 王孝武．现代控制理论基础［M］．2 版．北京：机械工业出版社，2006.

[2] 黄永安，马路，刘慧敏．MATLAB 7.0/Simulink 6.0 建模仿真开发与高级工程应用［M］．北京：清华大学出版社，2005.

[3] 顾绳谷．电机及拖动基础［M］．4 版．北京：机械工业出版社，2007.

[4] 薛定宇．控制系统仿真与计算机辅助设计［M］．北京：机械工业出版社，2005.

[5] 张晓江．基于计算机仿真的控制系统新型稳定性判据［J］．系统仿真学报，2008，20（13）.

[6] Zhang Xiaojiang, Man Zhihong. A New Stability Criterion and its Application on Process Control Systems with Time - delay［J］. Proceedings of 2008 3rd. IEEE Conference on Industrial Electronics and Applications, 2008.

[7] 黄忠霖．控制系统 MATLAB 计算及仿真［M］．2 版．北京：国防工业出版社，2004.

[8] 张晓华．控制系统数字仿真与 CAD［M］．2 版．北京：机械工业出版社，2005.

[9] 张晓华．系统建模与仿真［M］．北京：清华大学出版社，2006.

[10] 肖田元，张燕云，陈加栋．系统仿真导论［M］．北京：清华大学出版社，2000.

[11] 黄文梅，杨勇，熊桂林，等．系统仿真分析与设计：MATLAB 语言工程应用［M］．湖南：国防科技大学出版社，2001.

[12] 胡寿松．自动控制原理［M］．3 版．北京：国防工业出版社，1994.

[13] 薛定宇，陈阳泉．基于 MATLAB/Simulink 的系统仿真技术与应用［M］．北京：清华大学出版社，2002.

[14] 张志涌，杨祖樱，等．MATLAB 教程［M］．北京：北京航空航天大学出版社，2006.

参考文献